物联网工程技术及其应用系列规划教材

通信技术实用教程

谢　慧　袁志民　廖　巍　编著

北京大学出版社

PEKING UNIVERSITY PRESS

内 容 简 介

本书共分 10 章,以现代通信技术为背景,全面、系统地论述了通信的基本理论,包括信号、信道、调制解调技术、信源编码、数字信号特征、同步技术、扩频技术等。在内容安排上,既全面论述了通信的基本理论,又深入分析了现代通信系统,包括无线通信、光纤通信等系统的原理和架构。每章后面都有相应习题,帮助读者理解、提示该章节重点难点,供读者参考。

本书的特点是概念准确、内容丰富、图文并茂、深入浅出,可以帮助读者系统掌握通信技术及其发展方向。本书可作为普通高校通信、网络、信息、计算机等专业本科教材,也可作为相关专业研究生教学参考用书,对于从事通信工程的专业技术人员也有一定的学术参考价值。

图书在版编目(CIP)数据

通信技术实用教程/谢慧,袁志民,廖巍编著 . —北京:北京大学出版社,2015.7
(物联网工程技术及其应用系列规划教材)
ISBN 978-7-301-25386-1

Ⅰ.①通… Ⅱ.①谢…②袁…③廖… Ⅲ.①通信技术—高等学校—教材 Ⅳ.①TN91

中国版本图书馆 CIP 数据核字(2015)第 018008 号

书　　　名	通信技术实用教程	
著作责任者	谢　慧　袁志民　廖　巍　编著	
责 任 编 辑	郑　双	
标 准 书 号	ISBN 978-7-301-25386-1	
出 版 发 行	北京大学出版社	
地　　　址	北京市海淀区成府路 205 号　100871	
网　　　址	http://www.pup.cn　新浪微博:@北京大学出版社	
电 子 信 箱	pup_6@163.com	
电　　　话	邮购部 62752015　发行部 62750672　编辑部 62750667	
印 刷 者	三河市北燕印装有限公司	
经 销 者	新华书店	
	787 毫米×1092 毫米　16 开本　17.75 印张　407 千字	
	2015 年 7 月第 1 版　2015 年 7 月第 1 次印刷	
定　　　价	36.00 元	

前　言

随着信息化时代的到来，通信技术迅猛发展，日新月异。人类生活、工作、学习、娱乐等众多方面发生了巨大的进步与变化，而这其中许多进步都要归功于通信技术方面的革命。作为社会发展的积极推动力，通信技术已经渗透到全球的各个角落，促进了全人类经济与文化的发展，直接改变了人们的生活面貌，极大提升了人们的生活质量。移动和宽带技术让人们感受到丰富多彩的通信体验；互联网实现了不同国家和不同地区间人们的"亲密接触"，这一切都显示出了通信技术的勃勃生机。通信技术的基本原理和常见应用已成为高校通信、网络、信息、计算机等专业学生所应了解和掌握的专业基础。

本书按照教学大纲要求，根据编者长期的教学与实践经验编写，是一本系统全面介绍通信技术、从基础知识到实际应用均有涉猎的教材。为满足不同层面不同领域读者的阅读需要，本书从第 8 章开始，各章节具有一定的独立性，读者可以通读，亦可选取特定章节进行阅读学习。

本书在结构安排上，从信号与系统的基本概念入手，进而介绍通信的基本概念与原理，最后引申到其在各领域内的具体应用。本书采用循序渐进，由浅入深的编写思路，在强调基础知识重要性的同时，又注重技术的实用性与新颖性，不仅能够使读者对通信技术的体系结构及发展趋势有较为全面的理解与把握，更能培养读者的发散思维，强化理论联系实际的意识。

本书以信号和通信原理为主线，分设 10 章内容，详细介绍信号的概念、信号通过 LTI 系统的时频域分析、模拟通信模型、数字通信模型、模拟调制技术、模拟信号的数字化传输、现代数字调制技术、卫星通信技术、光纤通信技术等的基本原理。读者通过对本书的学习，可掌握在工程技术岗位任职和未来发展中所需的专业基础知识。

本书由海军工程大学谢慧、袁志民、廖巍编著，具体分工为：第 1~4、8、9 章由谢慧编写，第 5~7 章由袁志民编写，第 10 章由廖巍编写。张志明、严承华、王甲生等参与了部分编写工作，并认真校对了书稿，提出了宝贵的修改意见与建议。感谢李静、李杰、王孟、杨建利 4 名研究生在文稿的录入和校改中付出的辛勤劳动。感谢在本书编写过程中，给予悉心指导和帮助的信息安全系的领导以及秦艳琳、朱婷婷等老师。

由于本书覆盖面广，编者水平有限，书中难免存在一些不足之处，恳请读者批评指正。

编者

2014 年 12 月

目　　录

第1章

信号与系统概述

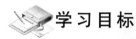
学习目标

(1) 了解信号与系统的概念和常见的分类方法。
(2) 熟悉典型信号的定义、波形及性质。
(3) 掌握信号的基本运算。

本章知识结构

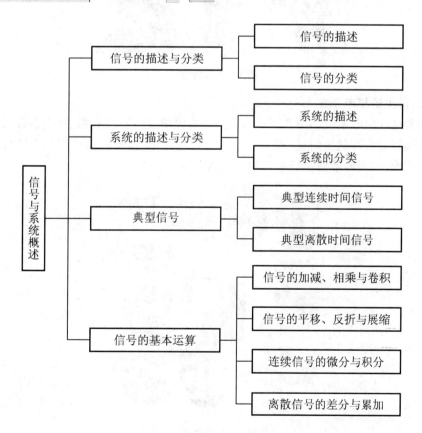

信号与系统与每一个人都是息息相关的,而且随着科技的发展,信号与系统在各领域的重要性日益突出。

案例一:视频会议系统

视频会议系统如图1所示。视频会议使不同地方的人"坐"在了一起,不管他们之间是10分钟的步程还是10小时的飞机行程,它能够使人们像在同一房间一样交流思想、交换信息,人们不用在等信件、传真或者快递中度过工作时间,极大地提高了工作效率,同时可以减小旅行、住宿花费,节省传统会议中的各项开支。

图1 视频会议

案例二:常见的机电系统

生活中常见的机电系统如图2所示,如电梯、电磁炉、冰箱、洗衣机、吸尘器等,这些机电系统中的传感器对各种状态信息(如温度、速度、时间等)进行精确而可靠的自动检测,并将其转换成可用输出信号,然后系统做出相关控制决策。

图2 家用电器

案例三:雷达、声呐系统

雷达、声呐系统如图3所示。雷达将电磁能量以定向方式发射至空中,并接收空间物体所反射的电波,可以计算出该物体的方向、高度及速度,并且可以探测物体的形状。声呐是利用水中声波进行探测、定位和通信的电子设备。声呐系统用于对水下目标进行探测、分类、定位和跟踪,进行水下通信和导航。

图3 舰载雷达

1.1 引 言

我们身边存在着各种信息,如起床铃声、天气预报、交通指示、饮食温度等,人类通过信息来认识和改造世界。信号是信息的表现形式,可体现信息的具体内容,如光信号、电信号、声信号等。信号作为信息的载体,使得信息便于存储、传输和处理。

信号的产生、存储、传输和处理,需要一定的物理装置,这样的物理装置常称为系统,如光纤通信系统、卫星定位系统等。信号与系统是紧密关联的,系统没有信号的输入输出就没有存在的意义,信号也只有经过系统的加工、变换、发送、接收等相关处理才能有实用价值和意义。信号与系统可抽象地用图 1-1 表示。

图 1-1 系统的框图模型

人类通信的历史,也是信号与系统的发展史。早期的烽火狼烟、击鼓鸣金、灯塔旗语等方式可以迅速有效地传递信息,但这样的通信系统不能传输事先没有约定的未知信号。后来的信鸽、驿站等手段虽然在信息容量上有明显提高,但直到电的介入才使得通信发生革命性的突破。1837 年美国人摩尔斯在华盛顿和巴尔的摩试拍有线电报获得成功,1876 年美国人贝尔发明电话,1877 年美国人爱迪生发明留声机,1887 年德国人赫兹用实验验证了电磁波的存在,1889 年意大利人马可尼在英法两国间试拍无线电成功,1901 年跨大西洋电缆铺设成功,1915 年巴黎与华盛顿长距离无线电通信成功,1950 年美国纽约与芝加哥微波通信成功,1962 年美国通信卫星与欧洲通信获得成功,1980 年美国发射第一颗全数字网络通信卫星。20 世纪末,高速计算机技术、全球卫星定位技术、数字信号处理技术和光纤通信系统的发展,推动了远距离大容量信息传输技术和复杂信号处理技术的发展,最终推动了国际互联网络系统的发展,标志着信号与系统在通信领域的发展进入了崭新的时代。

几乎所有与通信相关的教材的开篇都是讲"信号",如果不是,那么一定会在前言中注明——"本书的读者应当具备'信号与系统'的相关知识。"所以,用信号作通信技术的课程的敲门砖是很自然的,信号承载了人们所要传递的信息,如果没有信号要传递,那么还要通信系统干什么呢?因此人们常说,"无信号,不系统",如果都没有信号要传递,那么再先进的通信系统也就失去了它的意义。

什么是信号?什么是系统?我们要传递的信息就是信号。比方说,"飞鸽传书",鸽子腿上绑着的书信就是信号,这识路的鸽子就是通信系统;再比方说,"烽火连三月",烽火台上燃起的熊熊狼烟代表的就是有敌入侵的信号,这一站接一站的烽火台就是古代的战争通信系统。当然,在我们现代通信中,传输最多的不是烽火狼烟,也不是鸿雁传书,而是电磁信号。

1.2　信号的描述与分类

1.2.1　信号的描述

信号定义为传达某种物理现象特性信息的函数,自变量可以是时间、位置、频率或其他形式变量。

描述信号的基本方式是图形成数学表达式,而数学表达式利用两种方法描述信号的特性:时间特性法(时域特性法)和频率特性法(频域特性法)。不同的信号在于它们有不同的时域特性和频域特性。

电信号是随时间变化而变化的,可表示为以时间 t 为自变量的函数 $f(t)$,可描绘成随时间 t 变化的波形图。信号出现的时间、在某一时刻的大小、信号持续的时间长短、信号的重复周期以及变化快慢等都可以从波形图上反映出来,信号的这一特性称为信号的时域特性。如斜坡信号 $r(t)$ 的数学表达式为

$$r(t)=\begin{cases} t & (t\geqslant 0) \\ 0 & (t<0) \end{cases} \tag{1.2-1}$$

斜坡信号的波形图如图 1-2 所示。

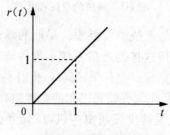

图 1-2　斜坡信号

同时,信号又可以分解为不同频率的正弦分量之和,正弦分量的振幅、主要频率以及相位之间存在一定关系,称为信号的频域特性,可用频率 f 或角频率 ω 为自变量的数学函数来表征,例如 $F(j\omega)$、$Y(j\omega)$、$\varphi(j\omega)$ 等。

有时为了分析复杂的信号,还用正交变换以及其他方式来描述信号。

1.2.2 信号的分类

信号的分类方法很多,可以从不同的角度对信号进行分类。

1. 连续时间信号与离散时间信号

按照信号在时间轴上取值是否连续,信号可分为连续时间信号与离散时间信号。

对于信号 $f(t)$,若其自变量 t 是连续变化的,则信号 $f(t)$ 称为连续时间信号(简称连续信号)。如心电图与脑电图、高压线中的电流,广播电台的无线电波等都是常见的连续时间信号。连续信号的幅值可以是连续的,为任何实数,如图 1-3(a)所示。也可以是离散的,只能取有限个规定的数值,如图 1-3(b)所示。对于时间和幅值都是连续的信号,称为模拟信号。

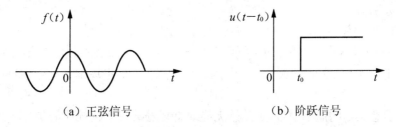

（a）正弦信号 （b）阶跃信号

图 1-3 连续时间信号

如果 t 是一个离散变量,即信号 $f(t)$ 只在离散时间点上才有定义,则称为离散时间信号 $f(k)$。如数字计算机、股票市场指数等。如果离散信号的幅值是连续的,即幅值可取任何实数,则称为抽样信号,如图 1-4(a)所示。如果幅值是离散的,即只能取某些规定的数值,则称为数字信号,如图 1-4(b)所示。

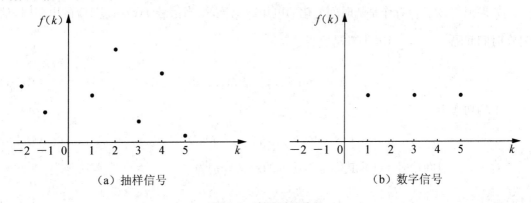

（a）抽样信号 （b）数字信号

图 1-4 离散时间信号

2. 确定信号与随机信号

按照信号的确定性划分,信号可分为确定信号与随机信号。

确定信号是可以用一个确定的数学表达式来表示的信号。确定信号的特点是变化规律可知,例如电路中的正弦信号、马路上的交通信号等,其任意时刻的值是确定的(包括可预知未来的任意时刻)。

随机信号(不确定信号)与之相反,它不是时间的确定函数,如无线电台的设备振动干扰。当给定某一时间值时,随机信号函数值并不确定。但随机信号具有统计特性,可以通过统计方法来表征,预测在某一时刻取某个值的概率。

由于受噪声和干扰的影响,通信系统中传输的实际信号具有不确定性。但实际信号与确定信号有相近的特性,通常可以将实际信号看成是主要由确定信号组成。确定信号作为一种近似的、理想化了的信号,能够使问题分析大为简化,它不仅广泛应用于系统分析与设计中,也是研究随机信号的基础。确定信号的研究具有重要意义,是十分必要的。

3. 周期信号与非周期信号

根据信号的周期性,信号可分为周期信号与非周期信号。

周期信号是每隔一个固定的时间间隔重复变化的信号。连续周期信号与离散周期信号的数学表示分别为

$$f(t)=f(t+nT) \quad (n=\pm1,\pm2,\pm3\cdots;-\infty<t<+\infty) \tag{1.2-2}$$

$$f(k)=f(k+nN) \quad (n=\pm1,\pm2,\pm3\cdots;-\infty<k<+\infty,k\ \text{取整数}) \tag{1.2-3}$$

满足以上两式的最小正数 T、N 分别称为周期信号的基本(基波)周期,通常简称周期。

严格数学意义上的周期信号,是无始无终地重复着某一变化规律的信号。当然,这样的信号实际上是不存在的,所谓的周期信号只是在较长时间内按照某一规律重复变化的信号。非周期信号的幅值在时间上不具有周而复始变化的特性,它不具有周期值,或者周期值看作无穷大。

4. 能量信号与功率信号

根据信号的可积性,信号可分为能量信号与功率信号。

如果把信号 $f(t)$ 看作是随时间变化的电压或电流,则当信号 $f(t)$ 通过 1Ω 的电阻时,信号在时间间隔 $\left(-\dfrac{T}{2},\dfrac{T}{2}\right)$ 内所消耗的能量为

$$E=\lim_{T\to\infty}\int_{-\frac{T}{2}}^{\frac{T}{2}}|f(t)|^2\mathrm{d}t \tag{1.2-4}$$

平均功率为

$$P=\lim_{T\to\infty}\frac{1}{T}\int_{-\frac{T}{2}}^{\frac{T}{2}}|f(t)|^2\mathrm{d}t \tag{1.2-5}$$

对于离散时间信号 $f(k)$,其能量与功率的定义分别为

$$E=\lim_{N\to\infty}\sum_{k=-N}^{N}|f(k)|^2 \tag{1.2-6}$$

$$P=\lim_{N\to\infty}\frac{1}{2N+1}\sum_{k=-N}^{N}|f(k)|^2 \tag{1.2-7}$$

若信号的能量为非零的有限值,功率为零,即 $0<E<\infty,P=0$,则该信号为能量有限信

号,简称能量信号;若信号的能量为无限值,功率为非零的有限值,即 $E \to \infty, 0 < P < \infty$,则该信号为功率有限信号,简称功率信号。若信号的能量和功率均为无穷大,则为非功非能信号。

一般地,连续的直流信号、周期信号和单位阶跃信号是功率信号,只讨论它们的功率;时限脉冲信号、单边指数衰减信号等是能量信号,只从能量的角度去考察。值得注意的是一个信号不可能既是能量信号又是功率信号,但却有少数信号既不是能量信号也不是功率信号,如 $t^n(t > 0)$ 及指数增长信号。

5. 奇信号与偶信号

对于连续信号 $f(t)$ 或离散信号 $f(k)$,如果其波形图关于纵坐标轴(时间原点)对称,即满足

$$f(t) = f(-t)$$

或

$$f(k) = f(-k)$$

则称该信号 $f(t)$ 或 $f(k)$ 为偶信号。

同理,对于信号 $f(t)$ 或 $f(k)$,如果其波形图关于坐标原点对称(时间原点反对称),即满足

$$f(t) = -f(-t)$$

或

$$f(k) = -f(-k)$$

则称该信号 $f(t)$ 或 $f(k)$ 为奇信号。

凡不具有上述奇偶特性的信号,均称为非奇非偶信号。

6. 时限信号与无时限信号

根据信号时间域的定义范围,信号可分为时限信号与无时限信号。

时限信号为在时间域内有始有终的信号,即在时间区域 (t_1, t_2) 外的值为零。无时限信号为时间域无始无终的信号,如 $f(t) = e^{-t}$。

若信号在 $t > t_0$ 不等于零,$t < t_0$ 为零,称为有始信号(又称右边信号)。如果 $t_0 = 0$,则称为因果信号,因果信号常以 $f(t) = g(t)u(t)$ 形式出现,其中 $u(t)$ 为单位阶跃信号。

若信号在 $t < t_0$ 不等于零,$t > t_0$ 为零,称为有终信号(又称左边信号)。如果 $t_0 = 0$,则称为反因果信号,反因果信号是因果信号的反折,常以 $f(t) = g(t)u(-t)$ 形式出现。

除上述介绍的几种信号分类外,还有实信号和复信号、一维信号和多维信号等分类方法。

1.3 系统的描述与分类

1.3.1 系统的描述

系统是由若干个相互作用和相互依赖的事物组成的具有特定功能的整体,如计算机系

统、通信系统和高压传输系统等。电系统是由各种具体电路组成,产生电信号,并对信号进行变换、转化、运算和传输等,系统中的信号分为输入信号(激励)和输出信号(响应)。

系统的功能和特性就是通过由怎样的激励产生怎样的响应反映出来的,不同的系统具有不同的特性。研究和分析一个系统,首先要建立描述该系统基本特性的数学模型,然后用数学方法进行求解,并对所得的结果做出物理解释,赋予物理意义。图1-5为一般通信系统模型。

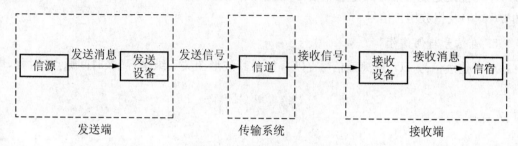

图 1-5 一般通信系统模型

不同类型的系统,其系统分析的过程是一样的,但系统的数学模型不同,因而其分析方法也不同。线性时不变系统的分析是最基础、最重要的系统分析方法,其他方法大多是在该方法的基础上引申来的。

1.3.2 系统的分类

系统可按多种方法进行分类。从系统所处理信号的不同分为连续时间系统、离散时间系统和混合系统,也可从系统本身的特性来分为线性与非线性系统、时变与时不变系统、即时和动态系统、因果和非因果系统、可逆和不可逆系统、稳定和不稳定系统等。

1. 连续时间系统与离散时间系统

连续时间系统与离散时间系统是根据它们所传输和处理的信号的性质而定的。如果系统的输入 $f(t)$ 和输出 $y(t)$ 都是连续时间信号,且其内部也未转换为离散时间信号,则称此系统为连续时间系统,简称连续系统,用符号 $h(t)$ 表示。如果系统的输入 $f(k)$ 和输出 $y(k)$ 都是离散时间信号,则称此系统为离散时间系统,简称离散系统,用符号 $h(k)$ 表示。如果一个系统内既出现连续信号又出现离散信号,这种系统称为混合系统。RLC电路是连续时间系统,而数字计算机就是一个典型的离散时间系统。在实际工作中,离散系统常常与连续系统联合运用,数字通信系统和用计算机来进行控制的自动控制系统等都属此类。

连续时间系统的数学模型是微分方程,而离散时间系统则用差分方程描述。

2. 线性系统与非线性系统

线性系统是指具有线性特性的系统。线性特性包括齐次性与叠加性。

齐次性也称比例性或均匀特性,当系统的输入 $f(t)$ 增加 k 倍时,其输出响应 $y(t)$ 也随之增加 k 倍,k 为任意常数,即

若

$$f(t) \rightarrow y(t)$$

则
$$kf(t) \rightarrow ky(t)$$

叠加性也称可加性,当若干个输入信号同时作用于系统时,其输出响应等于每个输入信号单独作用于系统产生的输出响应的叠加,即

若
$$f_1(t) \rightarrow y_1(t), f_2(t) \rightarrow y_2(t)$$

则
$$f_1(t) + f_2(t) \rightarrow y_1(t) + y_2(t)$$

同时具有齐次性与叠加性,即为线性特性,可表示为

若
$$f_1(t) \rightarrow y_1(t), f_2(t) \rightarrow y_2(t)$$

则
$$k_1 f_1(t) + k_2 f_2(t) \rightarrow k_1 y_1(t) + k_2 y_2(t)$$

式中:k_1, k_2 为任意常数。

同样,判断一个离散时间系统是否为线性系统也是看其是否满足齐次性和叠加性。不具有线性特性的系统称为非线性系统。线性系统的数学模型是线性微分方程或线性差分方程。

3. 时变系统与时不变系统

系统根据其中是否包含有随时间变化参数的元件而分为时不变系统和时变系统。如果系统的参数与时间无关,或者系统的输出仅取决于输入而与输入的时间无关,这样的系统称为时不变系统,否则为时变系统。时不变系统又称非时变系统或定常系统。时不变系统满足时不变特性,即如果输入信号在时间轴上平移,那么输出信号也作相应的平移,如图1-6所示。

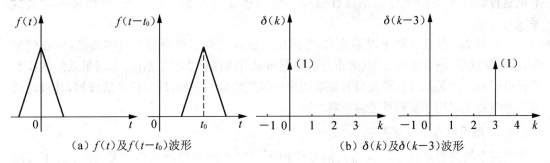

（a）$f(t)$ 及 $f(t-t_0)$ 波形 　　　　　　（b）$\delta(k)$ 及 $\delta(k-3)$ 波形

图1-6　时不变特性

连续系统,若 $f(t) \rightarrow y(t)$,则
$$f(t-t_0) \rightarrow y(t-t_0)$$

离散系统,若 $f(k) \rightarrow y(k)$,则
$$f(k-k_0) \rightarrow y(k-k_0)$$

时不变系统是由定常参数的元件构成的,例如,通常的电阻、电容元件的参数 R、C 等均视为时不变的。时变系统中包含有时变元件,这些元件的某些参数是时间的函数。例如,变

容元器件的电容量就是受某种外界因素控制而随时间变化的。时变系统的参数随时间而变化,所以它的性质也随时间而变化。

系统是否线性和是否时变是两个互不相关的独立概念,线性系统可以是时不变的或者是时变的,非线性系统也可以是时不变的或者时变的。既满足线性又满足时不变特性的系统称为线性时不变系统(简称 LTI 系统)。LTI 系统的特性用符号表示如下。

连续系统,若

$$f_1(t) \rightarrow y_1(t), f_2(t) \rightarrow y_2(t)$$

则

$$k_1 f_1(t-t_0) + k_2 f_2(t-t_0) \rightarrow k_1 y_1(t-t_0) + k_2 y_2(t-t_0)$$

同理,离散系统也可以使用与此类似的表达式。

4. 即时系统与动态系统

如果系统在某一时刻的输出响应 $y(t)$ 或 $y(k)$ 的值仅取决于输入 $f(t)$ 或 $f(k)$ 在该时刻的值,而与此时刻前的输入信号历史无关,则称为即时系统(或瞬时无记忆系统)。全部由无记忆元件组成的系统是即时系统,如纯电阻系统。即时系统用代数方程来描述,此类系统无记忆性。

如果系统在某一时刻的输出响应的值不仅取决于该时刻输入,而且还与之前系统的工作状态有关,则称为动态系统(或记忆系统),如含有电容、电感、磁芯、寄存器的系统。动态系统用微分方程或差分方程来描述。

5. 因果系统与非因果系统

对于实际的物理系统,输入信号是产生输出信号的原因,响应是激励引起的结果。像这种响应不出现于激励之前的系统,称为因果系统或物理可实现系统。也就是说,因果系统在任何时刻的输出响应与未来的输入信号无关,而只与当前或以前时刻的输入有关,系统所具有的这种特性称为因果性。不具有因果特性的系统称为非因果系统(或物理不可实现系统)。

一切可实现的系统均为因果系统,非因果系统在物理系统中是不可实现的,但在气象学、地球物理学、语音信号处理、股市分析等领域都可能遇到非因果系统,非因果系统的模型性能分析对于因果系统的研究具有重要的理论研究价值。例如,理想低通滤波器,其理论研究的某些结论可用于实际低通滤波器之中。

6. 可逆系统与不可逆系统

可逆系统是指系统在不同输入信号作用下产生不同的输出响应信号,反之为不可逆系统。

对于每个可逆系统都存在一个"逆系统",当原系统与此逆系统级联组合后,输出信号就是原系统的输入。可逆系统由于其输入和响应间存在一一对应关系,如果系统的响应已知,则可通过一个逆映射来求出原来的输入信号,这个逆映射便是原系统的逆系统,如图 1-7 所示。

可逆系统的概念在信号传输与处理技术领域中得到广泛的应用。例如在通信系统中,为满足某些要求,可将待传输信号进行特定的加工(如编码),在接收信号之后仍要恢复原信号,此编码器应当是可逆的。这种特定加工的一个实例是信号的加解密系统。

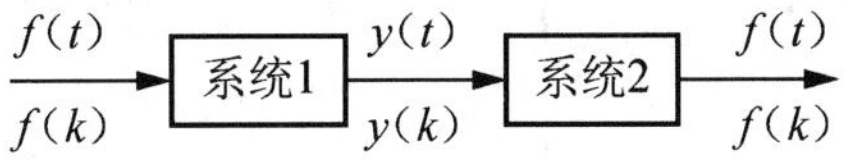

$$f(t) \quad \boxed{系统1} \quad y(t) \quad \boxed{系统2} \quad f(t)$$
$$f(k) \qquad\qquad y(k) \qquad\qquad f(k)$$

图 1-7 可逆系统及其逆系统级联

7. 稳定系统与不稳定系统

如果系统在任意有界输入信号作用下,产生的输出信号也是有界的,那么该系统就称为稳定系统。如果系统的输入信号有界,而输出信号无界,这样的系统称为不稳定系统。一个不稳定的系统将无法正常工作,而只有稳定的系统才有使用价值。

除上述介绍的几种系统分类外,还有集总参数系统与分布参数系统、单输入单输出系统与多输入多输出系统等分类方法。

1.4 典型信号

1.4.1 典型连续时间信号

1. 实指数信号

实指数信号 $f(t)$ 简称为指数信号,函数公式为

$$f(t) = Ae^{at} \tag{1.4-1}$$

式中:A 为 $t=0$ 时的信号幅值,为实数;a 为实数。

若 $a>0$,信号 $f(t)$ 为指数增长信号;若 $a<0$,信号 $f(t)$ 为指数衰减信号;$a=0$ 时为直流信号。指数信号的波形如图 1-8 所示。

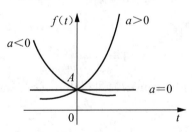

图 1-8 指数信号

通常把 $|a|$ 的倒数称为指数信号的时间常数,记作 $\tau = \dfrac{1}{|a|}$,它反映了信号幅度增长与衰减的速率。时间常数越大,增长或衰减的速率就越慢。实际中常见是单边指数衰减信号,如一阶 RC 放电电路中,电容的端电压 $u_C(t) = U_0 e^{-\frac{1}{RC}}$($t>0$)。常用的单边指数信号定义为

$$f(t) = \begin{cases} Ae^{at} & (t \geq 0, a<0) \\ 0 & (t<0) \end{cases} \tag{1.4-2}$$

单边指数衰减信号的波形如图 1-9 所示。

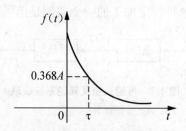

图 1-9 单边指数衰减信号

指数信号的一个重要特性是它对时间的微分和积分仍然是指数信号。

2. 正弦信号

正弦信号数学表达式为

$$f(t) = A\cos(\omega t + \varphi) \tag{1.4-3}$$

式中：A 为正弦信号振荡的振幅；ω 为正弦信号振荡的角频率，单位为 rad/s；φ 为正弦信号的初始相位。余弦信号和正弦信号仅仅是在相位上相差 $\dfrac{\pi}{2}$，故统称为正弦信号。

一种简单的单频正弦信号的波形如图 1-10 所示。

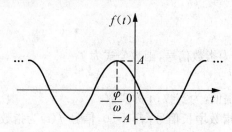

图 1-10 单频正弦信号

正弦信号是周期信号，其周期

$$T = \frac{1}{f} = \frac{2\pi}{\omega}$$

根据欧拉公式 $e^{j\omega t} = \cos(\omega t) + j\sin(\omega t)$，可得正、余弦信号的指数表达式为

$$\sin(\omega t) = \frac{1}{2j}(e^{j\omega t} - e^{-j\omega t}) \tag{1.4-4}$$

$$\cos(\omega t) = \frac{1}{2}(e^{j\omega t} + e^{-j\omega t}) \tag{1.4-5}$$

与指数信号的性质类似，正弦信号对时间的微分与积分仍为同频率的正弦信号。

3. 复指数信号

如果指数信号的指数因子为复数，则称为复指数信号，其数学表达式为

$$f(t) = Ae^{st} \tag{1.4-6}$$

式中：$s = \sigma + j\omega$；σ 为复数 s 的实部；ω 为复数 s 的虚部。

借助欧拉公式展开，可得

$$Ae^{st} = Ae^{(\sigma + j\omega)t} = Ae^{\sigma t}\cos(\omega t) + jAe^{\sigma t}\sin(\omega t) \tag{1.4-7}$$

上式表明,一个复指数信号可分解为实部和虚部两部分,且实部和虚部都是幅度按指数规律变化的正弦信号。若 $\sigma>0$,实部和虚部是增幅振荡;若 $\sigma<0$,实部和虚部是衰减振荡,如图 1-11 所示。这里有几种特殊情况:当 $\sigma=0$,即 s 为虚数,则正弦信号是等幅振荡;当 $\omega=0$,即 s 为实数,复指数信号则成为一般的指数信号。若 $\sigma=0$ 且 $\omega=0$,即 $s=0$,则复指数信号的实部和虚部均与时间无关,成为直流信号。

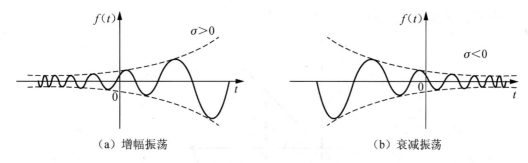

图 1-11 复指数信号的波形

复指数信号仅有数学上的意义,实际上是不存在的,但是它概括了多种情况,可以利用复指数信号来描述各种基本信号,如指数信号、正弦信号、直流信号等。复指数信号的微分和积分仍然是复指数信号,利用复指数信号可使许多运算和分析得以简化,因此,复指数信号是信号分析理论中非常重要的基本信号。

4. 单位阶跃信号

单位阶跃信号 $u(t)$ 的数学表达式为

$$u(t)=\begin{cases}1 & (t>0)\\0 & (t<0)\end{cases} \tag{1.4-8}$$

波形如图 1-12(a)所示。在跳变点 $t=0$ 处,单位阶跃信号 $u(t)$ 函数值从 0 跳变到 1。单位阶跃信号可以延时任意时刻 t_0,$u(t-t_0)$ 的表达式为

$$u(t-t_0)=\begin{cases}1 & (t>t_0)\\0 & (t<t_0)\end{cases} \tag{1.4-9}$$

单位阶跃信号的波形如图 1-12(b)所示。

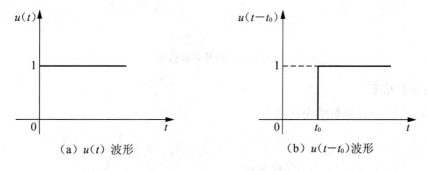

图 1-12 单位阶跃信号波形

阶跃信号表现出的信号单边特性十分有用,任意无时限信号 $f(t)$ 与单位阶跃信号 $u(t-t_0)$

相乘,即 $f(t)u(t-t_0)$,可截断该信号,变成一个因果信号。

5. 单位斜变(斜坡)信号

单位斜变信号 $r(t)$ 的数学表达式为

$$r(t)=\begin{cases} t & (t\geqslant 0) \\ 0 & (t<0) \end{cases} \tag{1.4-10}$$

单位斜坡信号的波形如图 1-13 所示。

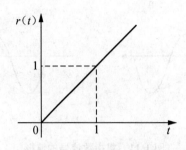

图 1-13 单位斜坡信号

斜坡信号也可以利用阶跃信号 $u(t)$ 表示为

$$r(t)=tu(t) \tag{1.4-11}$$

6. 符号函数信号

符号函数信号 $\text{sgn}(t)$ 的数学表达式为

$$\text{sgn}(t)=\begin{cases} 1 & (t>0) \\ -1 & (t<0) \end{cases} \tag{1.4-12}$$

符号函数信号的波形如图 1-14 所示。显然有 $\text{sgn}(t)=2u(t)-1$。

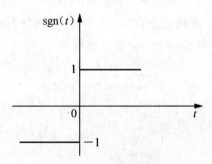

图 1-14 符号函数信号

7. 门函数信号

门函数信号 $g_\tau(t)$ 的数学表达式为

$$g_\tau(t)=\begin{cases} 1 & \left(-\dfrac{\tau}{2}<t<\dfrac{\tau}{2}\right) \\ 0 & (其余) \end{cases}=u\left(t+\dfrac{\tau}{2}\right)-u\left(t-\dfrac{\tau}{2}\right) \tag{1.4-13}$$

门函数信号的波形如图 1-15 所示,这是个两边对称的单脉冲,高度为 1,宽度为 τ。

8. 三角脉冲信号

三角脉冲信号定义为

$$f(t)=\begin{cases}1+\dfrac{t}{\tau} & (-\tau\leqslant t\leqslant 0)\\[2mm]1-\dfrac{t}{\tau} & (0\leqslant t\leqslant\tau)\end{cases}=\left(1-\dfrac{|t|}{\tau}\right)[u(t+\tau)-u(t-\tau)] \qquad (1.4\text{-}14)$$

三角脉冲信号的波形如图 1-16 所示。

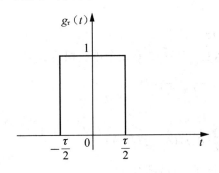

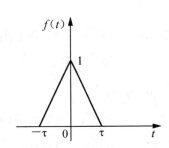

图 1-15　门函数信号　　　　　　图 1-16　三角脉冲信号

9. 单位冲激信号(狄拉克函数)

单位冲激信号 $\delta(t)$ 定义为

$$\begin{cases}\delta(t)=\begin{cases}\infty & (t=0)\\0 & (t\neq 0)\end{cases}\\[3mm]\displaystyle\int_{-\infty}^{\infty}\delta(t)\mathrm{d}t=1\end{cases} \qquad (1.4\text{-}15)$$

单位冲激信号的波形如图 1-17(a)所示,箭头表示冲激信号波形,信号的强度以括号注明,以便与信号的幅值加以区分。

在任一时刻 $t=t_0$ 处出现的延时单位冲激信号 $\delta(t-t_0)$ 表达式为

$$\begin{cases}\delta(t-t_0)=\begin{cases}\infty & (t=t_0)\\0 & (t\neq t_0)\end{cases}\\[3mm]\displaystyle\int_{-\infty}^{\infty}\delta(t-t_0)\mathrm{d}t=1\end{cases} \qquad (1.4\text{-}16)$$

t_0 时刻单位冲激信号的如图 1-17(b)所示。

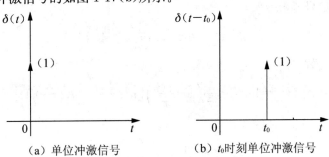

(a) 单位冲激信号　　　　　(b) t_0 时刻单位冲激信号

图 1-17　冲激信号

冲激信号是一个时间极短但取值极大的信号类的函数模型,在现实中并不存在,却具有理论意义,如力学中瞬间作用的冲击力、电学中的雷击电闪、数字抽样中的抽样脉冲等,都可视为冲激函数。

(1)$\delta(t)$的几个重要特性

① 抽样性(或筛选性)。如函数$f(t)$在$t=0$及$t=t_0$处连续,则

$$\begin{cases} f(t)\delta(t)=f(0)\delta(t) \\ f(t)\delta(t-t_0)=f(t_0)\delta(t-t_0) \end{cases} \qquad (1.4\text{-}17)$$

② $\delta(t)$为偶函数。即

$$\delta(-t)=\delta(t) \qquad (1.4\text{-}18)$$

③ 尺度特性。如函数$f(t)$是普通函数,且$f(t)=0$有n个单实根$t_1,t_2,\cdots,t_n$,有

$$\delta[(t)]=\sum_{i=1}^{n}\frac{1}{|f'(t_i)|}\delta(t-t_i) \qquad (1.4\text{-}19)$$

当$f(t)=at$时,有

$$\delta(at)=\frac{1}{|a|}\delta(t)(a\neq0) \qquad (1.4\text{-}20)$$

④ 卷积特性。如函数$f(t)$是任意连续时间信号,则有

$$f(t)*\delta(t-t_0)=f(t-t_0) \qquad (1.4\text{-}21)$$

单位阶跃信号$u(t)$与单位冲激信号$\delta(t)$的关系为

$$\begin{cases} \dfrac{\mathrm{d}}{\mathrm{d}t}u(t)=\delta(t) \\ \dfrac{\mathrm{d}}{\mathrm{d}t}u(t-t_0)=\delta(t-t_0) \end{cases} \qquad (1.4\text{-}22)$$

$$\begin{cases} \displaystyle\int_{-\infty}^{t}\delta(\tau)\mathrm{d}\tau=u(t) \\ \displaystyle\int_{-\infty}^{t}\delta(\tau-t_0)\mathrm{d}\tau=u(t-t_0) \end{cases} \qquad (1.4\text{-}23)$$

(2)$\delta(t)$的种类

$\delta(t)$可以看成是一个面积为1、关于纵轴对称、数值在$t=0$最大的函数,当横轴上宽度趋于0,而高度(函数值)趋于∞的极限函数,常用的有以下几种。

① 门函数

$$\delta[(t)]=\lim_{\tau\to0}\left\{\frac{1}{\tau}\left[u\left(t+\frac{\tau}{2}\right)-u\left(t-\frac{\tau}{2}\right)\right]\right\} \qquad (1.4\text{-}24)$$

② 双边指数信号函数

$$\delta[(t)]=\lim_{a\to\infty}\left(\frac{a}{2}\mathrm{e}^{-a|t|}\right) \qquad (1.4\text{-}25)$$

③ 三角脉冲函数

$$\delta[(t)]=\lim_{\tau\to0}\left\{\frac{1}{\tau}\left(1-\frac{|t|}{\tau}\right)\left[u(t+\tau)-u(t-\tau)\right]\right\} \qquad (1.4\text{-}26)$$

④ 抽样函数

$$\delta[(t)]=\lim_{k\to0}\left[\frac{k}{\pi}Sa(kt)\right] \qquad (1.4\text{-}27)$$

10. 冲激偶信号

冲激偶信号 $\delta'(t)$ 为单位冲激信号 $\delta(t)$ 的一次导数，即

$$\delta'(t) = \frac{\mathrm{d}}{\mathrm{d}t}\delta(t) \tag{1.4-28}$$

冲激偶信号的波形如图 1-18 所示。

$\delta'(t)$ 有如下性质。（函数 $f(t)$ 及其导数 $f'(t)$ 在 $t=0$ 及 $t=t_0$ 处连续）

（1）筛选特性

$$f(t)\delta'(t-t_0) = f(t_0)\delta'(t-t_0) - f'(t_0)\delta(t-t_0) \tag{1.4-29}$$

（2）抽样特性

$$\int_{-\infty}^{\infty} f(t)\delta'(t)\mathrm{d}t = -f'(0) \tag{1.4-30}$$

（3）卷积特性

$$f(t) * \delta'(t) = f'(t) \tag{1.4-31}$$

（4）尺度特性

$$\begin{cases} \delta'(at) = \dfrac{1}{|a|} \cdot \dfrac{1}{a}\delta'(t) \\ \delta^{(k)}(at) = \dfrac{1}{|a|} \cdot \dfrac{1}{a^k}\delta^{(k)}(t) \end{cases} \tag{1.4-32}$$

11. 抽样信号

抽样信号 $Sa(t)$ 定义为

$$Sa(t) = \frac{\sin t}{t} \tag{1.4-33}$$

抽样信号的波形如图 1-19 所示。

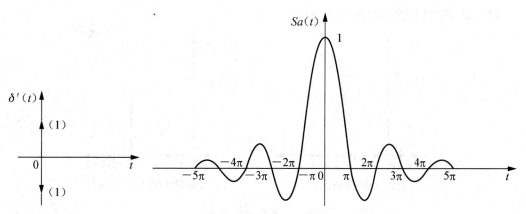

图 1-18　冲激偶信号　　　　图 1-19　抽样信号

抽样信号 $Sa(t)$ 为偶函数；当 $t \to \pm\infty$ 时，$Sa(t)$ 的振幅衰减趋近于 0，$Sa(\pm k\pi) = 0$（k 为整数）。

$Sa(t)$ 信号还具有以下性质

$$\int_0^{\infty} Sa(t)\mathrm{d}t = \frac{\pi}{2} \tag{1.4-34}$$

$$\int_{-\infty}^{\infty} Sa(t)\mathrm{d}t = \pi \tag{1.4-35}$$

在信号与系统中,那些本身或其积分具有不连续点(跃变点)的这一类函数定义为奇异函数(广义函数)或奇异信号,主要有以上介绍的单位阶跃信号、单位斜变信号、单位冲激信号和冲激偶信号。

1.4.2 典型离散时间信号

在实际应用中,把连续信号 $f(t)$ 按一定的离散时刻 t_k 进行取样,可得到离散信号 $f(t_k)$。$f(t_k)$ 只在 t_k 时刻有定义,而在 t_k 与 t_{k+1} 之间没有定义。常用的取样是按一个均匀的等时间间隔 $T(T=t_{k+1}-t_k$ 为一常数)进行的,可得到一个新的函数 $f(kT)$,其中 $k=\pm1,\pm2,\pm3$ …为整数。$f(kT)$ 可归一化(令 $T=1$)为 $f(k)$,这是一个抽象的离散函数。由于这里的 k 是纯离散整数变量,它既可以代表离散的时间,也可代表次序的整数序号,所以 $f(k)$ 具有普遍意义,离散信号 $f(k)$ 也被称作数值序列或离散序列,有时 k 也用 n 代替,表示为 $f(n)$。离散时间信号也可以用图形表示,其波形为一条条竖线。以下是几种常用的离散序列。

1. 单位序列

单位序列 $\delta(k)$ 定义为

$$\delta(k)=\begin{cases}1 & (k=0)\\ 0 & (k\neq0)\end{cases} \tag{1.4-36}$$

$\delta(k)$ 又叫作单位函数信号或单位样值序列或单位冲激序列,在 $k=0$ 处其幅值为 1,其他处值为零,如图 1-20(a)所示。时移 n 位的单位序列 $\delta(k-n)$ 定义为

$$\delta(k-n)=\begin{cases}1 & (k=n)\\ 0 & (k\neq n)\end{cases} \tag{1.4-37}$$

时移单位序列的波形如图 1-20(b)所示。

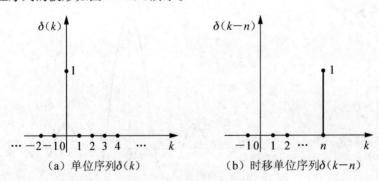

(a) 单位序列 $\delta(k)$ (b) 时移单位序列 $\delta(k-n)$

图 1-20　单位序列波形图

单位序列有如下几种性质。

(1) 筛选性质

$$f(k)\delta(k)=f(0)\delta(k) \tag{1.4-38}$$

$$f(k)\delta(k-n)=f(n)\delta(k-n) \tag{1.4-39}$$

（2）加权性质

$$\sum_{k=-\infty}^{\infty} f(k)\delta(k) = f(0) \tag{1.4-40}$$

$$\sum_{k=-\infty}^{\infty} f(k)\delta(k-n) = f(n) \tag{1.4-41}$$

2. 单位阶跃序列

单位阶跃序列 $u(k)$ 定义为

$$u(k) = \begin{cases} 1 & (k \geqslant 0) \\ 0 & (k < 0) \end{cases} \tag{1.4-42}$$

与连续单位阶跃信号 $u(t)$ 不同，单位阶跃序列 $u(k)$ 在 $k=0$ 时有定义，$u(0)=1$，如图 1-21(a) 所示。

时移 n 位的单位阶跃序列为

$$u(k-n) = \begin{cases} 1 & (k \geqslant n) \\ 0 & (k < n) \end{cases} \tag{1.4-43}$$

时移单位序列的波形如图 1-21(b) 所示。

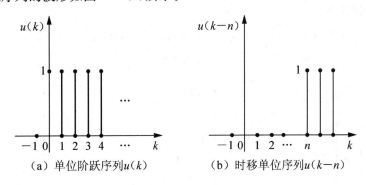

（a）单位阶跃序列$u(k)$　　　　（b）时移单位序列$u(k-n)$

图 1-21　单位阶跃序列波形图

$\varepsilon(k)$ 同样具有截断特性，如

$$f(k)u(k-n) = \begin{cases} f(k) & (k \geqslant n) \\ 0 & (k < n) \end{cases} \tag{1.4-44}$$

3. 矩形序列

矩形序列 $g_N(k)$ 定义为

$$g_N(k) = \begin{cases} 1 & (0 \leqslant k \leqslant N-1) \\ 0 & (k < 0, k \geqslant N) \end{cases} \tag{1.4-45}$$

矩阵序列的波形如图 1-22 所示。

$\delta(k)$、$u(k)$、$g_N(k)$ 这 3 种序列有以下关系：

$$\delta(k) = u(k) - u(k-1) \tag{1.4-46}$$

$$u(k) = \sum_{n=0}^{\infty} \delta(k-n) = \sum_{m=-\infty}^{k} \delta(m) \tag{1.4-47}$$

$$g_N(k) = u(k) - u(k-N) = \sum_{n=0}^{N-1} \delta(k-n) \tag{1.4-48}$$

更进一步，任意序列 $f(k)$ 可以认为是位置在 $k=n$ 处大小为 $f(n)$ 的全部时移单位序列

之和,即

$$f(k) = \sum_{n=-\infty}^{\infty} f(n)\delta(k-n) \tag{1.4-49}$$

4. 单边斜变(斜坡)序列

单边斜变(斜坡)序列 $R(k) = ku(k)$,波形如图 1-23 所示。

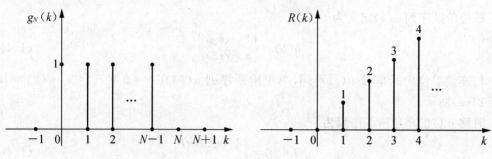

图 1-22　矩阵序列波形图　　　　图 1-23　单位斜变(斜坡)序列波形图

5. 单边实指数序列

单边实指数序列 $f(k) = a^k u(k)$,式中:a 为常数,其取值范围不同,$a^k u(k)$ 呈现出的变化规律不同,如图 1-24 所示。

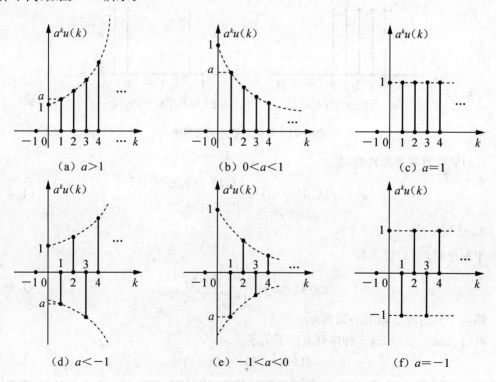

图 1-24　单边实指数序列波形图

6. 复指数序列

复指数序列

$$f(k) = e^{(a+j\Omega)k} \tag{1.4-50}$$

根据欧拉公式

$$f(k) = e^{(a+j\Omega)k} = e^{ak}(\cos\Omega k + j\sin\Omega k) = |f(k)|e^{j\varphi(k)} \tag{1.4-51}$$

式中：$|f(k)| = e^{ak}$；$\varphi(k) = \Omega k \left(\Omega = \dfrac{2\pi}{N}\right)$。

7. 正弦序列

正弦序列定义为

$$f(k) = A\cos(\Omega k + \varphi) \tag{1.4-52}$$

式中：Ω 为正弦序列数字角频率，简称数字频率，它反映序列值周期性重复的速率。图 1-25 是 $f(k) = \cos\left(\dfrac{\pi}{8}k\right)$ 的波形，该正弦序列的数字角频率为 $\Omega = \dfrac{\pi}{8} = \dfrac{2\pi}{16}$，周期为 $N = 16$。

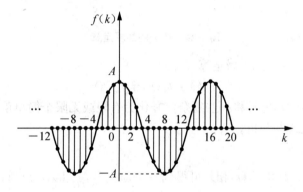

图 1-25 正弦序列 $f(k) = \cos\left(\dfrac{\pi}{8}k\right)$ 的波形

正弦序列不一定是周期函数。通常，其周期性依据以下规则来判定。

(1) 当 $\dfrac{2\pi}{\Omega} = N$ 为整数时，正弦序列具有周期性，周期 $N = \dfrac{2\pi}{\Omega}$。

(2) 当 $\dfrac{2\pi}{\Omega} = \dfrac{N}{m}$，$\dfrac{N}{m}$ 是有理数且为不可约的整数比时，正弦序列仍具有周期性，周期 $N = m\dfrac{2\pi}{\Omega}$。

(3) 当 $\dfrac{2\pi}{\Omega}$ 是无理数时，正弦序列不具有周期性。

1.5 信号的基本运算

信号的基本运算包括信号的加减、相乘、卷积、平移、反折、压扩(尺度变换)以及微分与积分、差分与累加。

1.5.1 信号的加减、相乘与卷积

1. 信号的加、减

任意两个信号 $f_1(t)$ 和 $f_2(t)$ 相加、减可得到一个新信号,其大小为它们各时间点的函数值逐点对应相加、减,即

$$f(t) = f_1(t) \pm f_2(t) \tag{1.5-1}$$

图 1-26 给出了两个信号相加与相减的信号波形。

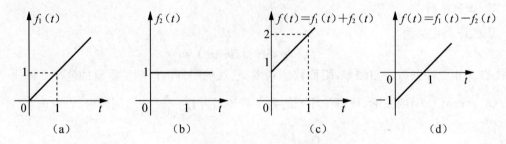

图 1-26　信号的加减运算

同样可对离散信号作相加、减运算

$$f(k) = f_1(k) \pm f_2(k) \tag{1.5-2}$$

利用信号加、减运算,能够将一些复杂信号化为有限或无限个简单信号的加、减组合,从而便于对信号进行处理与分析。

2. 信号的相乘

任意两个信号 $f_1(t)$ 和 $f_2(t)$ 相乘可得到一个新信号,其大小为它们各时间点的函数值逐点对应相乘,即

$$f(t) = f_1(t) \times f_2(t) \tag{1.5-3}$$

图 1-27 给出了两个信号相乘信号波形。

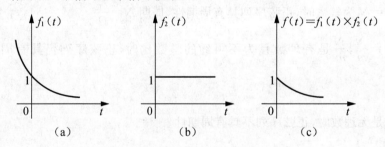

图 1-27　信号的相乘运算

同样可对离散信号作相乘运算

$$f(k) = f_1(k) \times f_2(k) \tag{1.5-4}$$

利用信号相乘运算,能够将一个信号分解成若干因子的乘积,如通信系统的调制解调过程中常用到信号相乘运算。

3. 信号的卷积

任意两个连续信号 $f_1(t)$ 和 $f_2(t)$ 卷积定义为

$$f(t) = f_1(t) * f_2(t) = \int_{-\infty}^{\infty} f_1(\tau) f_2(t-\tau) \mathrm{d}\tau \tag{1.5-5}$$

特别地，有

$$f(t) * \delta(t) = \int_{-\infty}^{\infty} f(\tau) \delta(t-\tau) \mathrm{d}\tau = f(t) \tag{1.5-6}$$

$$f(t) * \delta(t-t_0) = f(t-t_0) \tag{1.5-7}$$

两个离散信号 $f_1(k)$ 和 $f_2(k)$ 卷积定义为

$$f(k) = f_1(k) * f_2(k) = \sum_{m=-\infty}^{\infty} f_1(m) \cdot f_2(k-m) \tag{1.5-8}$$

特别地，有

$$f(k) * \delta(k) = f(k) \tag{1.5-9}$$

$$f(k) * \delta(k-k_0) = f(k-k_0) \tag{1.5-10}$$

有关卷积的运算及物理意义在第 2 章中详细介绍。

1.5.2 信号的平移、反折与展缩

1. 信号的平移

平移又称作移位或时移。若已知信号 $f(t)$ 的波形，则当 $t_0 > 0$ 时，信号 $f(t-t_0)$ 是 $f(t)$ 沿时间轴 t 右移（延时）了 t_0 位；当 $t_0 < 0$ 时，信号 $f(t-t_0)$ 是 $f(t)$ 沿时间轴 t 左移（提前）了 $|t_0|$ 位，如图 1-28 所示。

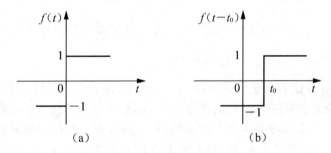

图 1-28　信号的平移

同样，已知信号 $f(k)$ 的波形，且 $k_0 > 0$（k_0 为整数），可对 $f(k)$ 进行右平移得到信号 $f(k-k_0)$，左平移得到信号 $f(k+k_0)$。

在长距离电话传输、声呐雷达、地震信号检测等问题中，存在信号移位。

2. 信号的反折

信号的反折又叫反褶、折转或翻转，信号 $f(t)$ 的反折所得信号为 $f(-t)$，波形上相当于将信号 $f(t)$ 关于纵轴翻转（折转），如图 1-29 所示。

若 $f(t)$ 表示自行录制声音的磁带，则 $f(-t)$ 表示将该磁带倒转播放产生的信号。

同样，对离散信号 $f(k)$，序列 $f(-k)$ 为 $f(k)$ 的反折。

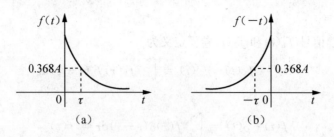

图 1-29　信号的翻转

3. 信号的展缩

连续信号的展缩又称为压扩或时间尺度变换,是将 $f(t)$ 的自变量 t 变换为 $at(a>0)$。如果已知信号 $f(t)$ 的波形,若 $(a>1)$,则信号 $f(at)$ 的波形是 $f(t)$ 波形在 t 轴上压缩了 a 倍;若 $(a<1)$,则信号 $f(at)$ 的波形是 $f(t)$ 波形在 t 轴上扩展了 $1/a$ 倍,如图 1-30 所示。

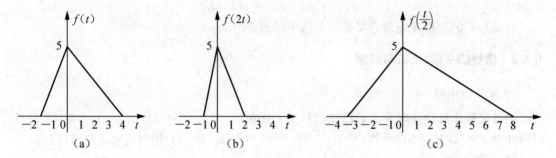

图 1-30　信号的尺度变换

若 $f(t)$ 表示已录制声音的磁带,则 $f(3t)$ 表示磁带以 3 倍速度加快播放产生的信号,$f\left(\dfrac{t}{2}\right)$ 表示磁带播放速度减至一半产生的信号。

同样,可对离散信号 $f(k)$ 进行展缩,但 $f(ak)$ 只在 ak 是整数的时候才有定义。当 ak 不为整数时,$f(ak)$ 会丢失原信号 $f(k)$ 的部分信息,因此,一般也不作波形展缩。

通常实际情况中,信号变换并不是前面的单一变换,而是几种变换同时出现的,即综合运算。一般综合运算都是由上述单一运算组成的复杂运算,也就是 $f(t)$ 作 $f(at-t_0)(a\neq0$,t_0 为任意常数)的转换,或其逆变换。值得注意的是,在同时含有多种运算时必须注意变换次序,否则会影响计算结果的正确性。

1.5.3　连续信号的微分与积分

1. 连续信号的微分

对 $f(t)$ 关于时间求导

$$f'(t)=\frac{\mathrm{d}f(t)}{\mathrm{d}t},\ f''(t)=\frac{\mathrm{d}^2}{\mathrm{d}t^2}f(t),\cdots$$

其中,$f'(t)$ 表示信号 $f(t)$ 各点的变化率,$f(t)$ 如果有跃变(在 t_0 处间断),则微分后会出现一个冲激的强度值,如图 1-31 所示。

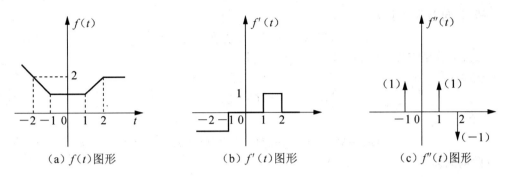

图 1-31　信号 $f(t)$ 的一次、二次导数波形

在图像处理上,一种常用的边缘提取算法就是利用微分算子提取图像的边缘轮廓。

2. 连续信号的积分

对 $f(t)$ 关于时间作积分

$$f^{(-1)}(t) = \int_{-\infty}^{t} f(\tau)\mathrm{d}\tau \qquad (1.5\text{-}11)$$

$f^{(-2)}(t)$ 表示 $f(t)$ 的二次积分运算,依次类推。从波形上看,任意信号 $f(t)$ 的积分,是时间域 $(-\infty, t)$ 内 $f(t)$ 与时间轴 t 之间所围图形的面积。与微分相反,积分使信号的轮廓变得平缓,$f(t)$ 如果有冲激,积分后出现跃变,冲激的强度值就是跃变的幅度值,如图 1-32 所示。

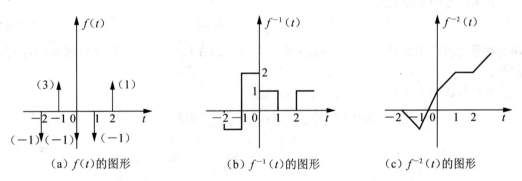

图 1-32　信号 $f(t)$ 的一次、二次积分波形

积分运算可以帮助去除声音信号的噪声和做图像信号的平滑处理。

1.5.4　离散信号的差分与累加

离散信号的差分、累加是与连续信号的微分、积分相对应的。

1. 离散信号的差分

连续信号 $f(t)$ 的微分还可表示为

$$f'(t) = \lim_{\Delta t \to 0_{+}} \frac{f(t+\Delta t) - f(t)}{\Delta t} = \lim_{\Delta t \to 0_{-}} \frac{f(t) - f(t-\Delta t)}{\Delta t} \qquad (1.5\text{-}12)$$

若令 $\Delta t = T$, $t = kT$, 且 $T=1$(归一化),则离散信号的一阶前向差分可定义为

$$\Delta f(k) = f(k+1) - f(k) \qquad (1.5\text{-}13)$$

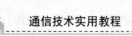

一阶后向差分可定义为

$$\nabla f(k) = f(k) - f(k-1) \qquad (1.5\text{-}14)$$

同理，可分别定义二阶和 n 阶差分如下所述。

二阶前向差分

$$\Delta^2 f(k) = \Delta[\Delta f(k)] = f(k+2) - 2f(k+1) + f(k) \qquad (1.5\text{-}15)$$

二阶后向差分

$$\nabla^2 f(k) = \nabla[\nabla f(k)] = f(k) - 2f(k-1) + f(k-2) \qquad (1.5\text{-}16)$$

n 阶前向差分

$$\Delta^n f(k) = \Delta[\Delta^{n-1} f(k)] = \sum_{i=0}^{n} (-1)^i \frac{n!}{i!(n-i)!} f(k+n-i) \qquad (1.5\text{-}17)$$

n 阶后向差分

$$\nabla^n f(k) = \nabla[\nabla^{n-1} f(k)] = \sum_{i=0}^{n} (-1)^i \frac{n!}{i!(n-i)!} f(k-i) \qquad (1.5\text{-}18)$$

可见

$$\Delta^n f(k) = \nabla^n f(k+n) \text{ 或 } \nabla^n f(k) = \Delta^n f(k-n) \qquad (1.5\text{-}19)$$

显然，单位序列 $\delta(k)$ 是单位阶跃序列 $u(k)$ 的一阶后向差分

$$\delta(k) = \nabla u(k) = u(k) - u(k-1) \qquad (1.5\text{-}20)$$

2. 离散信号的累加

离散信号的累加定义为

$$y(k) = \sum_{n=-\infty}^{k} f(n) \qquad (1.5\text{-}21)$$

即一次累加后产生的序列在某时刻的值等于原序列在该时刻及以前所有时刻的序列值的和。

单位阶跃序列 $u(k)$ 是单位序列 $\delta(n)$ 的累加

$$\delta(k) = \sum_{n=-\infty}^{k} \delta(n) = \sum_{m=0}^{\infty} \delta(k-m) \qquad (1.5\text{-}22)$$

小　结

信息、信号与系统是紧密关联的，本章从信号的描述与定义入手，介绍了常用的信号分类方法，引入系统的概念及分类方法，并详细介绍了一些典型信号。信号的各种变换及运算是信号分析与运用必不可少的环节，本章对信号的基本运算进行了讲解。本章内容为全书研究的基础。

阅读材料

DSP 技术应用及发展

20 世纪 60 年代以来，随着计算机和信息技术的飞速发展，数字信号处理技术应运而生并得到迅速的发展。在过去的时间里，数字信号处理已经在通信等领域得到极为广泛的应用。数字信号处理是利用计算机或专用处理设备，以数字形式对信号进行采集、变换、滤波、估值、增强、压缩和识别等处理，以得到符合人们需要的信号形式。

1. DSP 目前的主要应用领域

(1) 数字化移动电话。数字移动电话可划为两大类：高速移动电话和低速移动电话。而无论是高速移动电话还是低速移动电话，都要用至少一个 DSP，因此，高速发展的数字化移动电话急需大量的 DSP 器件。

(2) 数据调制解调器。数字信号处理器的传统应用领域之一，就是调制解调器。调制解调器是联系通信与多媒体信息处理系统的纽带。利用 PC 通过调制解调器经由电话线路，实现拨号连接 Internet 是最简便的访问形式。由于 Internet 用户急剧增加，利用浏览程序调用活动图像信息量增大，就需要使用数据传送速度更高的调制解调器。这就意味，在高速调制解调器里需要更高性能的 DSP 器件。

(3) 磁盘/光盘控制器需求。多种信息存储媒体产品的迅速发展，诸如磁盘存储器、CD-ROM 和 DVD(Digital Versatile Disk)－ROM 的纷纷上市。如今的磁盘驱动器 HDD，存储容量已相当可观，大型 HDD 姑且不谈，就连普通 PC 的 HDD 的存储容量也远在 1GB 以上，小型 HDD 向高密度、高存储容量和高速存取方向发展，其控制器必须具备高精度和高速响应特性，它所用的 DSP 性能也是今非昔比，高速 DSP 是必不可少的关键性器件。

(4) 图形图像处理需求。应用于 DVD 的活动图像压缩/解压缩用 MPEG2 编码/译码器，同时也广泛地应用于视频点播 VOD、高品位有线电视和卫星广播等诸多领域。这些领域应用的 DSP 应该具备更高的处理速度和功能。而且，活动图像压缩/解压技术也日新月异，例如，DCT 变换域编码很难提高压缩比与重构图像质量，于是出现了对以视觉感知特性为指导的小波分析图像压缩方法。新的算法出现，要求相应的高性能 DSP。

(5) 汽车电子系统及其他应用领域。汽车电子系统日益兴旺发达，诸如装设红外线和毫米波雷达，将需用 DSP 进行分析。利用摄像机拍摄的图像数据需要经过 DSP 处理，才能在驾驶系统里显示出来，供驾驶人员参考。因此，DSP 在汽车电子领域的应用也必然会越来越广泛。

(6) 声音处理。声音数字压缩技术早已开始应用，其中以脉冲编码调制（PCM）的方法最普遍。由于其只能压缩 50％，不足以应付未来计算机应用。而 DSP 技术已经在音效应用中得到广泛采用，例如应用于多媒体音效卡。而高质量、高速度的声音处理技术，就需要更多高性能 DSP 的应用。

2. DSP 未来的发展趋势

全球 DSP 产品将向着高性能、低功耗、加强融合和拓展多种应用的趋势发展，DSP 芯片将越来越多地渗透到各种电子产品当中，成为各种电子产品尤其是通信类电子产品的技术核心。DSP 未来的发展趋势，大致可以分为以下几个方向。

(1) 数字信号处理器的内核结构进一步改善，多通道结构和单指令多重数据（SIMD）、特大指令字组（VLIM）将在新的高性能处理器中将占主导地位。

(2) DSP 和微处理器的融合。微处理器是低成本的，主要执行智能定向控制任务的通用处理器能很好执行智能控制任务，但其数字信号处理功能很差。而 DSP 的功能正好与之相反。在许多应用中均需要同时具有智能控制和数字信号处理两种功能，如数字蜂窝电话就需要监测和声音处理功能。因此，把 DSP 和微处理器结合起来，用单一芯片的处理器实现这两种功能,将加速个人通信机、智能电话、无线网络产品的开发,同时简化设计,减小 PCB 体积,降低功耗和整个系统的成本。

(3) DSP 和高档 CPU 的融合。大多数高档 GPP,如 Pentium 和 PowerPC 都是 SIMD 指令组的超标量结构,速度很快。LSI Logic 公司的 LSI401Z 采用高档 CPU 的分支预示和动态缓冲技术,结构规范,利于编程,不用担心指令排队,使得性能大幅度提高。Intel 公司涉足数字信号处理器领域将会加速这种融合。

习　　题

1. 判断下列信号是否是周期信号。若是,确定其基本周期。

(1) $f(t)=3\cos t+2\sin\pi t$

(2) $f(t)=\cos\pi t\varepsilon(t)$

(3) $f(k)=e^{j\frac{\pi}{3}k}$

(4) $f(k)=\sin\left(\frac{1}{2}k\right)$

2. 判断如下系统是否为线性、时不变、无记忆、因果、稳定。

(1) $y(t)=e^{f(t)}$

(2) $y(t)=\dfrac{\mathrm{d}f(t)}{\mathrm{d}t}$

(3) $y(k)=f(k)f(k-1)$

(4) $y(k)=f(2k)$

3. 已知线性时不变系统的微分方程为 $y'(t)+ay(t)=f(t)$,在激励 $f(t)$ 作用下的零状态响应为 $y(t)=(1-e^{-t})U(t)$。求方程 $y'(t)+ay(t)=2f(t)+f'(t)$ 的响应。

4. 一质点沿水平方向做直线运动,其在某一秒内走过的距离等于前一秒所行距离的二分之一。若令 $y(k)$ 是质点在第 k 秒末所在位置,写出 $y(k)$ 的差分方程。

第**2**章
信号通过 LTI 系统的时域分析

学习目标

(1) 了解 LTI 系统的时域描述方法。
(2) 了解 LTI 系统的经典时域分析法。
(3) 掌握信号通过 LTI 系统的零输入响应和零状态响应的计算方法。
(4) 熟练掌握计算卷积积分的两种方法。

本章知识结构

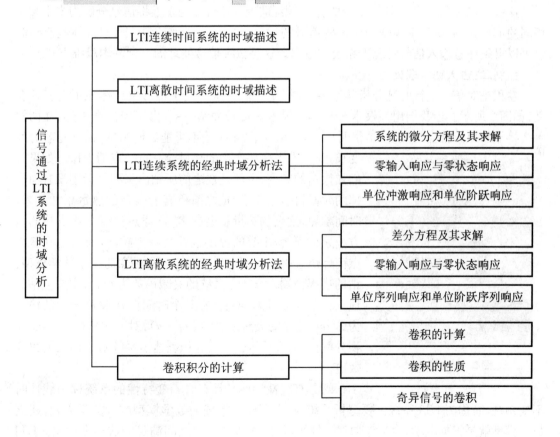

线性时不变系统是一类得到广泛应用的系统,生活中 LTI 系统随处可见,如台秤、体温计等。

案例一:手机通话和高保真音乐

手机通话能听到输入和输出相同的声音,只是时间上稍有延迟,声音大小上略有不同。语音的辨别最主要的就是依靠频率,男声频率低则声音低沉;女声频率高则声音高昂。设计有缺陷的手机,或者在信号很差的情况下,听到的声音就会有很大的失真。

很多音乐发烧友对音质要求很高,容不得一点杂音或者变调的声音。这时候更要求所使用的播放器,传输线,音响等器材都具有很好的 LTI 特性,这样的话音频信号就可以做到频率不失真。音响等器材如图 1 所示。

图 1　音响等器材

这些 LTI 系统具备了频率不变的特性,很自然地,在研究处理上将信号分解为多个频率相同的信号,然后研究系统分别对这些信号的输出,最后再将系统对多个信号的响应叠加,就可以得到任意输入信号情况下系统的输出。这是数字信号处理的一种基本思维方式。

案例二:古人钻木取火

卷积是对信号进行时域分析的重要工具,钻木取火这个例子很形象地体现了卷积的含义,如图 2 所示。当我们用一根木头与另一根木头接触并钻一下,由于摩擦产生热,在两根木头接触的地方就会发热,但是很明显,就只钻一下,木头是不可能燃起来的,而且随着时间

图 2　钻木取火

变长,那一点由摩擦产生的热量会一点一点消失掉。如果我们加快钻的频率,也就是在之前所钻出来的热量还没有消失掉的时候再多钻几下,把之前所有的残余的热量累加起来,时间越短,残余的热量就会越多,这样热量就会在发热的地方积累得很多,木头的温度也就会越来越高,最后达到着火点而燃烧起来。我们可以把这个问题抽象为一个数学模型:钻的过程为输入 $x(t)$,系统的衰减函数为 $h(t)$,木头被钻的地方积累的热量为 $y(t)$。在某个时间点 u,钻所产生的输入为 $x(u)$,此时的衰减系数为 $h(t-u)$,对 $x(u)h(t-u)\mathrm{d}u$ 取积分就得到 $y(t)$ 了,也就是卷积表达了系统对于输入的累计效应。

既具有线性特性又具有时不变特性的系统称为线性时不变系统,简称为 LTI 系统。要分析系统,首先要建立系统的数学模型或者数学方程,建立数学模型就是根据电学、力学等物理学规律,得到输入和输出之间满足的数学表达式。LTI 连续时间系统与 LTI 离散时间系统是系统分析与设计的理论的核心和基础。

2.1 LTI 连续时间系统的时域描述

对于 LTI 连续时间系统，其输入和输出的关系用微分方程表示。一个 n 阶连续时间系统可以用 n 阶微分方程来表示，一般形式为

$$a_n y^{(n)}(t) + a_{n-1} y^{(n-1)}(t) + \cdots + a_1 y'(t) + a_0 y(t) \tag{2.1-1}$$
$$= b_m f^{(m)}(t) + b_{m-1} f^{(m-1)}(t) + \cdots + b_1 f'(t) + b_0 f(t), t>0$$

式中：$y(t)$ 和 $f(t)$ 为系统的输出和输入；$y^{(n)}(t)$ 为 $y(t)$ 的 n 阶导数；$f^{(m)}(t)$ 为 $f(t)$ 的 m 阶导数；a_k 与 b_k 为各项系数。

由于在 LTI 连续时间系统中，其组成系统的元件都是具有恒定参数值的线性元件，因此，式中各参数为常数，所以 LTI 连续时间系统的数学模型就是一个常系数微分方程。

在进行 LTI 连续时间系统的时域分析时，必须首先建立常系数微分方程。一般的，微分方程建立过程主要依据相关的定理、定律。例如，对于力学理论，主要依据牛顿三大定律；对于电路系统，主要依据基尔霍夫定律和电压-电流关系。下面举几个简单的 LTI 连续时间系统的例子来说明其方程建立的过程和一般规律。

例 2-1　如图 2-1 所示。系统中物体的一端固定在弹簧上，另一端在外力 $f(t)$ 作用下的位移为 $s(t)$，已知物体的质量为 m，弹簧的弹性系数为 k，物体与地面的摩擦系数为 μ，确定物体位移 $s(t)$ 与外力 $f(t)$ 的关系。

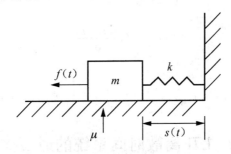

图 2-1　简单的力学系统

解：分析图 2-1 系统中所受力的情况，除了外力，还存在其他两种力，即物体与地面的摩擦力和弹簧产生的恢复力。

假设物体与地面的摩擦力 $f_y(t)$ 与速度成正比，即

$$f_y(t) = \mu \frac{\mathrm{d}s(t)}{\mathrm{d}t}$$

由胡克定理可得，弹簧在弹性限度内产生的恢复力 $f_k(t)$ 与位移成正比，即

$$f_k(t) = ks(t)$$

根据牛顿第二定律，$F = ma$ 可知

$$f(t) - \mu \frac{\mathrm{d}s(t)}{\mathrm{d}t} - ks(t) = m \frac{\mathrm{d}^2 s(t)}{\mathrm{d}t^2}$$

整理，可得

$$m \frac{\mathrm{d}^2 s(t)}{\mathrm{d}t^2} + \mu \frac{\mathrm{d}s(t)}{\mathrm{d}t} + ks(t) = f(t)$$

例 2-2 已知电路图如图 2-2 所示,分析电源 $u_i(t)$ 和电容 $u_C(t)$ 之间的关系。

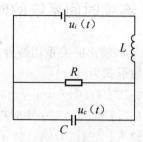

图 2-2　二阶系统示例

依据图 2-2 可知,电源 $u_i(t)$ 作为电路系统的输入,电容器两端的端电压 $u_C(t)$ 作为电路系统的输出,根据基尔霍夫电压和电流定律,可得

$$\begin{cases} u_i(t) = u_L(t) + u_C(t) \\ i_L(t) = i_R(t) + i_C(t) \end{cases}$$

式中:$i_R(t)$ 为电阻的电流;$i_C(t)$ 为电容的电流;$u_L(t)$ 为电感器的电压;$i_L(t)$ 为电感器的电流。各元件的端电流与电压之间的关系分别为

$$\begin{cases} i_L(t) = \dfrac{1}{L}\displaystyle\int_0^t u_L(t)\,\mathrm{d}t \\[2mm] i_R(t) = \dfrac{u_C(t)}{R} \\[2mm] i_C(t) = C\dfrac{\mathrm{d}\,u_C(t)}{\mathrm{d}t} \end{cases}$$

上述两式整理,可得

$$u''_C(t) + \frac{1}{RC}u'_C(t) + \frac{1}{LC}u_C(t) = \frac{1}{LC}u_i(t)$$

2.2　LTI 离散时间系统的时域描述

对于 LTI 离散时间系统,其数学模型是用差分方程来表示的。一般的 N 阶常系数差分方程,可表示为

$$a_0 y(k) + a_1 y(k-1) + \cdots + a_{N-1}y(k-N+1) + a_N y(k-N) \tag{2.2-1}$$
$$= b_0 f(k) + b_1 f(k-1) + \cdots b_{M-1}f(k-M+1) + b_M f(k-M)$$

式中:$y(k)$ 和 $f(k)$ 为系统的输出和输入;a_k、b_k 为各项系数,为实常数。

例 2-3 某人从当月起每月初到银行存款 $f(k)$ 元,月息 $a=0.25\%$。设第 k 月初的总存款数为 $y(k)$ 元,试写出总存款数与月存款数关系的方程式。

解:依题可知,第 k 月初之前的总存款数 $y(k-1)$,第 k 月初之前的利息 $ay(k-1)$,第 k 月初存入的款数 $f(k)$。则第 k 月初的总存款数为上述 3 项之和。

所以可以列出方程

$$y(k) = (1+a)y(k-1) + f(k)$$

整理,得

$$y(k)-1.0025y(k-1)=f(k) \quad [k \geqslant 1, y(0)=0]$$

这是一个一阶常系数后向差分方程。

例 2-4 如图 2-3 所示的电路图,已知节点对地电压为 $u(k)$,其中 $k=0,1,2,\cdots,k$ 为节点的序号,写出 $u(k)$ 的方程。

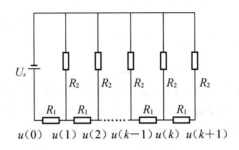

$$u(0) \quad u(1) \quad u(2) \quad u(k-1) \quad u(k) \quad u(k+1)$$

图 2-3 电路图

解:根据基尔霍夫定律,对第 $n-1$ 个节点,有

$$\frac{u(k-2)-u(k-1)}{R_1}=\frac{u(k-1)}{R_2}+\frac{u(k-1)-u(k)}{R_1}$$

整理后,可得

$$u(k)-\left(\frac{R_1}{R_2}+2\right)u(k-1)+u(k-2)=0$$

此为后向差分方程,即变量序号由 k 开始按递减方法排列。

则对于第 $n+1$ 个节点可得方程如下

$$\frac{u(k)-u(k+1)}{R_1}=\frac{u(k+1)}{R_2}+\frac{u(k+1)-u(k+2)}{R_1}$$

整理后,可得

$$u(k+2)-\left(\frac{R_1}{R_2}+2\right)u(k+1)+u(k)=0$$

上式为前向差分方程,变量序号由 k 开始按递增方法排列的。

2.3 LTI 连续系统的经典时域分析法

LTI 连续时间系统的数学模型是常系数线性微分方程,利用经典法可以求解微分方程。其方程的解是由两个部分构成,一个是齐次解,即微分方程的齐次方程的解,用 $y_h(t)$ 表示;另一个是特解,即微分方程的任意一个解,用 $y^*(t)$ 表示。从而系统的微分方程的解为

$$y(t)=y_h(t)+y^*(t) \tag{2.3-1}$$

2.3.1 系统的微分方程及其求解

对于 LTI 连续时间系统,其数学模型是常系数线性微分方程,方程的一般形式如下

$$\sum_{i=0}^{n}a_iy^{(i)}(t)=\sum_{j=0}^{m}b_jf^{(j)}(t), a_n=1 \tag{2.3-2}$$

式中:a_i 为系统输出(响应)的常系数,其中,$i=1,2,\cdots,n$;b_j 为系统输入(激励)的常系数,其

中，$j=1,2,\cdots,m$。

1. 齐次解 $y_h(t)$ 求解

齐次解即系统齐次方程的解，将上述微分方程的输入（激励）的常系数均设为零便得到齐次方程。所以，LTI 连续时间系统的齐次方程为

$$y^{(n)}(t)+a_{n-1}y^{(n-1)}(t)+\cdots+a_1y'(t)+a_0y(t)=0 \tag{2.3-3}$$

可以得到，齐次解 $y_h(t)$ 具有如下基本形式

$$y_h(t)=\sum_{i=1}^{n}C_i\,\mathrm{e}^{r_it} \tag{2.3-4}$$

将上述齐次解设为 $C\,\mathrm{e}^{rt}$，C 为任意常数，将 $C\,\mathrm{e}^{rt}$ 代入齐次方程中

$$Cr^n\,\mathrm{e}^{rt}+Ca_{n-1}r^{n-1}\,\mathrm{e}^{rt}+\cdots+Ca_1r\,\mathrm{e}^{rt}+Ca_0\,\mathrm{e}^{rt}=0 \tag{2.3-5}$$

方程两边进行约简处理，可以得到微分方程的特征方程如下

$$r^n+a_{n-1}r^{n-1}+\cdots+a_1r+a_0=0 \tag{2.3-6}$$

式中：特征方程的根 $r_i(i=1,2\cdots,n)$ 是齐次微分方程的特征根，齐次解 $y_h(t)$ 函数形式根据特征根 r_i 取值的不同而不同。下面就特征根 r_i 的解的情况进行讨论。

（1）当特征根具有互不相等的实根时。即 $r_1,r_2,\cdots,r_n$

$$y_h(t)=C_1\mathrm{e}^{r_1t}+C_2\mathrm{e}^{r_2t}+\cdots+C_n\mathrm{e}^{r_nt} \tag{2.3-7}$$

（2）当特征根具有 k 个相等的重根时。即 $r_1=r_2=\cdots=r_k=r$，其余 $n-k$ 个特征根均为互不相等的单根是则齐次解为

$$y_h(t)=C_1\mathrm{e}^{rt}+C_2t\mathrm{e}^{rt}+\cdots+C_kt^{k-1}\mathrm{e}^{rt}+C_{k+1}\mathrm{e}^{rt}+C_{k+2}\mathrm{e}^{rt}+\cdots+C_n\mathrm{e}^{rt} \tag{2.3-8}$$

（3）当特征根是成对的共轭复根时。即 $r_1=\alpha_1\pm\mathrm{j}\beta_1,r_2=\alpha_2\pm\mathrm{j}\beta_2,\cdots,r_l=\alpha_l\pm\mathrm{j}\beta_l$，其中 $l=n/2$，则齐次解为

$$y_h(t)=\mathrm{e}^{\alpha_1t}[C_1\cos(\beta_1t)+C_1\sin(\beta_1t)]+\cdots+\mathrm{e}^{\alpha_lt}[C_l\cos(\beta_lt)+C_l\sin(\beta_lt)] \tag{2.3-9}$$

以上各式中常数 C_i 是待定系数，由系统的初始条件决定。

例 2-5 给定微分方程 $y''(t)+3y'(t)+2y(t)=f'(t)+3f(t)$，求该方程的齐次解，已知 $y'_h(0)=1,y_h(0)=2$。

解：依据题目，可以得到该微分方程的特征方程为

$$r^2+3r+2=0$$

得到特征根为 $r_1=-1,r_2=-2$。

即微分方程的齐次解 $y_h(t)=C_1\mathrm{e}^{-t}+C_2\mathrm{e}^{-2t}$。

将初始条件 $y'_h(0)=1,y_h(0)=2$ 代入到上式中，可以得到

$$\begin{cases}y'_h(0)=-C_1-2C_2\\y_h(0)=C_1+C_2\end{cases}$$

求解，可以解得

$$\begin{cases}C_1=5\\C_2=-3\end{cases}$$

从而 $y_h(t)=5\mathrm{e}^{-t}-3\mathrm{e}^{-2t}$。

2. 特解 $y^*(t)$ 的求解

特解 $y^*(t)$ 是微分方程的任意一个解，它是根据激励 $f(t)$ 求解得到的。激励的函数形式决定特解的函数形式。具体来说，根据特解的函数形式，将其代入到原微分方程中即可求

得特解。但当激励 $f(t)$ 和齐次解中的某一项的函数形式相同时,所求特解必须和齐次解中所有项均不同,即将特解的函数形式与最低幂次的 t 相乘,然后代入到微分方程从而解出特解。下面将介绍几种激励对应的特解。

(1)当激励函数为常数 A 时。则其特解为

$$y^*(t)=M \quad (M \text{ 为常数}) \tag{2.3-10}$$

(2)当激励函数为 At^p 时。此时分两种情况,第一种是当所有特征根均不为零时,其特解为

$$y^*(t)=M_p t^p+M_{p-1}t^{p-1}+\cdots+M_1 t+M_0 \tag{2.3-11}$$

第二种情况是当有 m 重特征根为零时,其特解为

$$y^*(t)=(M_p t^p+M_{p-1}t^{p-1}+\cdots+M_1 t+M_0)t^m \tag{2.3-12}$$

(3)当激励函数为 $A e^{\alpha t}$ 时。此时分为三种情况,第一种是当 α 不为特征根时,其特解为

$$y^*(t)=M_0 e^{\alpha t} \tag{2.3-13}$$

第二种是当 α 是特征单根时,其特解为

$$y^*(t)=(M_0+M_1 t)e^{\alpha t} \tag{2.3-14}$$

第三种是当 α 为 m 重特征根时,其特解为

$$y^*(t)=(M_0+M_1 t+\cdots+M_{k-1}t^{m-1}+M_k t^m)e^{\alpha t} \tag{2.3-15}$$

(4)当激励函数为 $A e^{\alpha t}\cos\beta t$ 或者 $A e^{\alpha t}\sin\beta t$ 时,此时分为两种情况,第一种是 $\alpha\pm j\beta$ 不为特征根时,其特解为

$$y^*(t)=e^{\alpha t}(M_1\cos\beta t+M_2\sin\beta t) \tag{2.3-16}$$

第二种是 $\alpha\pm j\beta$ 等于特征单根时,其特解为

$$y^*(t)=te^{\alpha t}(M_1\cos\beta t+M_2\sin\beta t) \tag{2.3-17}$$

例 2-6 已知微分方程 $y''(t)+3y'(t)+2y(t)=f'(t)+3f(t)$,其中 $f(t)=e^{-t}\delta(t)$,求微分方程的特解 $y^*(t)$。

解: 已知微分方程可以解得特征根 $r_1=-1,r_2=-2$。激励函数 $f(t)$ 中的 $\alpha=-1$,与特征根 q_1 相等,根据上述特解的各种情况,可以设该方程的特解为 $y^*(t)=(M_0+M_1 t)e^{-t}$,将其代入到原微分方程中

$$y^*(t)=(M_0+M_1 t)e^{-t}$$
$$(y^*)'(t)=(M_1-M_0)e^{-t}-M_1 t e^{-t}$$
$$(y^*)''(t)=(M_0-2M_1)e^{-t}+M_1 t e^{-t}$$
$$f'(t)=-e^{-t}$$
$$f(t)=e^{-t}$$

整理,可得

$$M_1 e^{-t}=2 e^{-t}$$

解得 $M_1=2,M_0$ 可取任意值,这里取 0。

即 $y^*(t)=2t e^{-t}$。

3. 完全解 $y(t)$ 的求解

齐次解 $y_h(t)$ 和特解 $y^*(t)$ 之和构成了微分方程的完全解 $y(t)$。

例2-7 已知微分方程 $y''(t)+3y'(t)+2y(t)=f'(t)+3f(t)$,其中 $f(t)=e^{-t}\delta(t)$,初始条件 $y(0)=1,y'(0)=3$,求该微分方程的完全解 $y(t)$。

解:依据例 2-5 和例 2-6 可知该微分方程的齐次解为

$$y_h(t)=C_1e^{-t}+C_2e^{-2t}$$

该方程的特解为

$$y^*(t)=2t\,e^{-t}$$

该方程的解为

$$y(t)=C_1e^{-t}+C_2e^{-2t}+2t\,e^{-t}$$

由初始条件 $y(0)=1,y'(0)=3$ 可以得

$$\begin{cases}C_1+C_2=1\\-C_1-2C_2+2=3\end{cases}$$

解得

$$\begin{cases}C_1=3\\C_2=-2\end{cases}$$

故该系统的完全解为

$$y(t)=3e^{-t}-2e^{-2t}+2t\,e^{-t},t\geqslant 0$$

齐次解 $y_h(t)$ 又称为自由响应或者固有响应,因为它的函数形式只与系统本身有关,和激励 $f(t)$ 的函数形式无关。但是,其待定系数 h_i 与激励的值有关。特解 $y^*(t)$ 称为强迫响应,仅和激励 $f(t)$ 有关。在采用经典法分析系统响应时,其受到系统中激励项的制约,特解形式取决于激励项,随着激励项的复杂而复杂。

4. 初始值的确定

系统的初始状态常常用一组在 $t=0_-$ 时刻的 $y^{(i)}(0_-)(i=0,1,\cdots,n-1)$ 来表示,即反映系统的初始情况,与激励无关。如上所述,激励信号 $f(t)$ 是在 $t=0$ 时刻接入的,所以在 $t=0_+$ 时刻,激励已经接入,此时又将会得到一组初始数据 $y^{(i)}(0_+)(i=0,1,\cdots,n-1)$,代表激励信号的作用和系统的初始情况。求系统完全解的关键就是正确求解 $t=0_+$ 时刻的一组初始数值 $y^{(i)}(0_+)(i=0,1,\cdots,n-1)$。

例2-8 已知描述 LTI 连续系统的微分方程 $y''(t)+6y'(t)+8y(t)=f'(t)$,其中 $y'(0_-)=1,y(0_-)=0,f(t)=u(t)$。试求在 $t=0_+$ 时刻,初始值 $y'(0_+)$ 和 $y(0_+)$。

解:首先将 $f(t)=u(t)$ 代入到原微分方程中

$$y''(t)+6y'(t)+8y(t)=\delta(t)$$

比较方程两边各阶微分项可以知道,要使微分方程达到冲激平衡,$y''(t)$ 必然含有冲激函数,所以 $y'(t)$ 必然含有阶跃函数,$y(t)$ 在 $t=0$ 处连续。对方程两边从 0_- 到 0_+ 做定积分,即

$$\int_{0_-}^{0_+}y''(t)\mathrm{d}t+\int_{0_-}^{0_+}6y'(t)\mathrm{d}t+\int_{0_-}^{0_+}8y(t)\mathrm{d}t=\int_{0_-}^{0_+}\delta(t)\mathrm{d}t$$

式中:$\int_{0_-}^{0_+}y(t)\mathrm{d}t=0;\int_{0_-}^{0_+}y'(t)\mathrm{d}t=y(0_+)-y(0_-)=0$,代入可以得到

$$y(0_+)=y(0_-)=0$$

原方程可以化为

$$\int_{0_-}^{0_+} y''(t)\mathrm{d}t = y'(0_+) - y'(0_-) = \int_{0_-}^{0_+}\delta(t)\mathrm{d}t = 1$$

即

$$y'(0_+)=2$$

故微分方程初始值

$$y(0_+)=0, y'(0_+)=2。$$

2.3.2 零输入响应与零状态响应

由上节可知,LTI连续时间系统中完全解 $y(t)$ 由齐次解 $y_h(t)$ 和特解 $y^*(t)$ 构成。与此同时,在分析过程中,还可以将系统中的初始状态也看作为一种输入激励,这样,系统的全响应可以划分为零输入响应和零状态响应两部分。由初始状态单独作用于系统产生的输出称为零输入响应,由输入激励单独作用于系统产生的输出称为零状态响应。因此,系统的全响应表示如下

$$y(t)=y_{zi}(t)+y_{zs}(t) \tag{2.3-18}$$

式中: $y_{zi}(t)$ 为零输入响应; $y_{zs}(t)$ 为零状态响应。

1. 零输入响应 $y_{zi}(t)$

零输入响应是仅由初始状态单独作用于系统而产生的输出响应,与系统激励信号无关。即系统的微分方程为

$$\sum_{i=0}^{n}a_i y^{(i)}(t)=0, a_n=1 \tag{2.3-19}$$

由上式可以知道,系统在零输入的条件下,微分方程为齐次方程。所以零输入响应 $y_{zi}(t)$ 与齐次解 $y_h(t)$ 具有相同的形式。若方程的特征根全为单根,则零输入响应的解为

$$y_{zi}(t) = \sum_{i=1}^{n} C_{zi}\mathrm{e}^{r_i t} \tag{2.3-20}$$

式中: C_{zi} 为待定系数。

关于方程的特征根的其他情况可参见 2.3.1 节。

例 2-9 试求下列两式中 LTI 连续系统的零输入响应。

(1) $y''(t)+5y'(t)+4y(t)=2f'(t)+5f(t), t>0; y(0_-)=1, y'(0_-)=5$

(2) $y''(t)+4y'(t)+8y(t)=3f'(t)+f(t), t>0; y(0_-)=5, y'(0_-)=2$

解:(1) 可得该特征方程为 $r^2+5r+4=0$。

特征根 $r_1=-1, r_2=-4$ 为互不相等的两个实根。则零输入响应为

$$y_{zi}(t)=C_1\mathrm{e}^{-t}+C_2\mathrm{e}^{-4t}$$

将初始状态值代入上式中

$$\begin{cases} y_{zi}(0_-)=C_1+C_2=1 \\ y'_{zi}(0_-)=-C_1-4C_2=5 \end{cases}$$

解得

$$\begin{cases} C_1=3 \\ C_2=-2 \end{cases}$$

即

$$y_{zi}(t)=3\mathrm{e}^{-t}-2\mathrm{e}^{-4t}$$

（2）该特征方程为 $r^2 + 4r + 8 = 0$。

特征根 $r_1 = -2 + 2j, r_2 = -2 - 2j$ 为成对的复根。则零输入响应为

$$y_{zi}(t) = e^{-2t}(C_1 \cos 2t + C_2 \sin 2t)$$

将初始状态值代入上式中

$$\begin{cases} y_{zi}(0_-) = C_1 = 5 \\ y'_{zi}(0_-) = -4\ C_2 = 2 \end{cases}$$

解得

$$\begin{cases} C_1 = 5 \\ C_2 = -\dfrac{1}{2} \end{cases}$$

即

$$y_{zi}(t) = e^{-2t}\left(5\cos 2t - \frac{1}{2}\sin 2t\right)$$

例 2-10 已知图 2-4 为一 RLC 电路图，电容上初始能量 $v_C(0_-) = 2V$，电感上初始能量 $i_L(0_-) = 1A$，其中电阻 $R = 3\Omega$，电感 $L = 2H$，电容 $C = 1F$。则计算当激励 $f(t)$ 为零时，电容电压 $v_C(t)$ 的值。

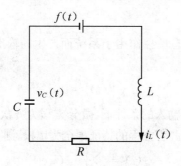

图 2-4 RLC 电路图

解： 根据电路知识，可以列出关于 $v_C(t)$ 的微分方程

$$v_C(t) + v_R(t) + v_L(t) = f(t)$$

又因为

$$\begin{cases} i_L(t) = C\dfrac{\mathrm{d}\,v_C(t)}{\mathrm{d}t} \\ v_L(t) = L\dfrac{\mathrm{d}\,i_L(t)}{\mathrm{d}t} \end{cases}$$

将上式代入到原始微分方程中，可得

$$LCv''_C(t) + RCv'_C(t) + v_C(t) = f(t)$$

代入 R、L、C 元件的参数值

$$2v''_C(t) + 3v'_C(t) + v_C(t) = f(t)$$

解得上述微分方程的特征根为 $r_1 = -1, r_2 = -\dfrac{1}{2}$，则 $v_C(t)$ 的一般形式为

$$v_C(t) = C_1 e^{-t} + C_2 e^{-\frac{1}{2}t}$$

又因为 $v_C(0_-), i_L(0_-)$ 的值已知

$$\begin{cases} v'_C(0_-) = \dfrac{1}{C}i_L(0_-) = -C_1 - \dfrac{1}{2}C_2 = 1 \\ v_C(0_-) = C_1 + C_2 = 2 \end{cases}$$

解得
$$\begin{cases} C_1 = -4 \\ C_2 = 6 \end{cases}$$

故当零输入响应电容电压 $v_C(t)$ 为
$$v_C(t) = -4e^{-t} + 6e^{-\frac{1}{2}t}, t \geqslant 0 。$$

2. 零状态响应 $y_{zs}(t)$

零状态响应是仅由系统激励作用于系统而产生的输出响应,初始状态为零。即系统的微分方程为

$$\sum_{i=0}^{n} a_i y^{(i)}(t) = \sum_{j=0}^{n} b_j f^{(j)}(t), a_n = 1 \tag{2.3-21}$$

从而可以得出零状态响应的解是满足初始条件下非齐次微分方程的全解。若微分方程的特征根均为不等的实根,则零状态响应为

$$y_{zs}(t) = \sum_{i=1}^{n} C_{zs} e^{r_i t} + y^*(t) \tag{2.3-22}$$

式中:C_{zs} 为待定系数。

由上式可以知道,零状态响应包含齐次解和特解两个部分,也涉及时间从 0_- 到 0_+ 跳变的问题。其求解过程比求解完全解复杂,等以后学习了卷积的方法后,就可以不采用经典法进行求解,而采用卷积积分法或者拉普拉斯变换法进行求解。

例 2-11 已知系统微分方程
$$y''(t) + 3y'(t) + 2y(t) = e'(t) + 3e(t)$$

若初始条件 $e(t) = u(t)$,试求系统的零状态响应 $y_{zs}(t)$。

解: 将 $e(t) = u(t)$ 代入到上述系统微分方程中,可得
$$y''_{zs}(t) + 3y'_{zs}(t) + 2y_{zs}(t) = \delta(t) + 3u(t)$$

根据系统微分方程的右端可以得到
$$\begin{cases} y''_{zs}(t) = a\delta(t) + b\Delta u(t) \\ y'_{zs}(t) = a\Delta u(t) \\ y_{zs}(t) = at\Delta u(t) \end{cases}$$

将上式代入到化简的微分方程中,由平衡方程两边 $\delta(t)$ 系数相等,可得
$$a = 1$$

因而 $\int_{0_-}^{0_+} y''_{zs}(t)\mathrm{d}t = y'_{zs}(0_+) - y'_{zs}(0_-) = 1$
$$y'_{zs}(0_+) = y'_{zs}(0_-) + 1 = 1$$
$$y_{zs}(0_+) = y_{zs}(0_-) = 0$$

下面用经典法求 $y_{zs}(t)$。

先求得特征方程为 $r^2 + 3r + 2 = 0$,可以得到 $r_1 = -1, r_2 = -2$,故齐次解
$$y_{zsh}(t) = C_1 e^{-t} + C_2 e^{-2t}$$

又由于 $u(t) = 1$,设特解 $y_{zsp}(t) = p$,代入原始方程中,有
$$2p = 3$$

即
$$p = \frac{3}{2}$$

从而 $y_{zs}(t) = C_1 e^{-t} + C_2 e^{-2t} + \frac{3}{2}, t > 0$。

将 $y'_{zs}(0_+) = 1, y_{zs}(0_+) = 0$ 代入上式中,可得
$$\begin{cases} C_1 = -2 \\ C_2 = \frac{1}{2} \end{cases}$$

所以,系统零状态响应　　　$y_{zs}(t) = -2e^{-t} + \frac{1}{2}e^{-2t} + \frac{3}{2}, t > 0$。

3. 全响应 $y(t)$

在分别求出零输入响应和零状态响应之后,通过两者相加求和得到全响应。

例 2-12 已知系统微分方程
$$y''(t) + 3y'(t) + 2y(t) = e'(t) + 3e(t)$$
若初始条件 $e(t) = u(t), y(0_-) = 1, y'(0_-) = 2$,试求系统的全响应 $y(t)$。

解: 先求得零输入响应,由已知条件可以得
$$\begin{cases} y''_{zi}(t) + 3y'_{zi}(t) + 2y_{zi}(t) = 0 \\ y_{zi}(0_+) = y_{zi}(0_-) = 1 \\ y'_{zi}(0_+) = y'_{zi}(0_-) = 2 \end{cases}$$

解得特征根 $r_1 = -1, r_2 = -2$。故齐次解为
$$y_{zi}(t) = C_1 e^{-t} + C_2 e^{-2t}, t > 0$$

将 $y(0_+), y'(0_+)$ 的值代入上式齐次解中,得
$$\begin{cases} C_1 = 4 \\ C_2 = -3 \end{cases}$$

所以零输入响应 $y_{zi}(t) = 4e^{-t} - 3e^{-2t}, t > 0$。

再求解零状态响应,由例 2-11 可得,零状态响应为
$$y_{zs}(t) = -2e^{-t} + \frac{1}{2}e^{-2t} + \frac{3}{2}, t > 0$$

则系统的全响应　　　$y(t) = y_{zi}(t) + y_{zs}(t) = 2e^{-t} - \frac{5}{2}e^{-2t} + \frac{3}{2}, t > 0$。

2.3.3 单位冲激响应和单位阶跃响应

单位冲激响应和单位阶跃响应是在零状态系统下的响应,当激励 $f(t)$ 是单位冲激信号 $\delta(t)$ 时,产生的零状态响应称为单位冲激响应,用 $h(t)$ 表示;当激励 $f(t)$ 是单位阶跃信号 $u(t)$ 时,产生的零状态响应称为单位阶跃响应,用 $g(t)$ 表示。单位冲激响应和单位阶跃响应在 LTI 连续时间系统中有着很重要的作用。

1. 单位冲激响应

单位冲激响应是指在系统状态为零的条件下,受到单位冲激信号 $\delta(t)$ 的作用,而产生的

零状态响应,其响应形式一般用 $h(t)$ 表示。利用单位冲激响应可以方便求解系统在任意激励信号作用下的零状态响应,同时,冲激响应 $h(t)$ 仅仅由系统内部结构以及其元件参数决定,即不同的系统会有不同的冲激响应 $h(t)$。

对于LTI连续时间系统,其冲激响应 $h(t)$ 应满足的微分方程为

$$\sum_{i=0}^{n} a_i h^{(i)}(t) = \sum_{j=0}^{m} b_j \delta^{(j)}(t), a_n = 1, h^{(i)}(0_-) = 0 \quad (i = 0,1,\cdots,n-1)$$

(2.3-23)

其中冲激信号 $\delta^{(j)}(t)$ 在 $t>0$ 时为零,因此上式可以化简为齐次方程,冲激响应的 $h(t)$ 的形式就与齐次解的形式相同。

如果系统的特征根为不等实根,且当 $n>m$ 时,冲激响应的 $h(t)$ 可以表示为

$$h(t) = \left(\sum_{i=1}^{n} C_i e^{r_i t}\right) u(t)$$

(2.3-24)

式中的待定系数 h_i 可以采用冲激平衡法来确定,即将上式 $h(t)$ 代入到满足的微分方程中,通过方程式两端所具有的冲激信号及其高阶导数必须相等,可以求得待定系数 h_i。

当 $n \leq m$ 时,要使方程式两边所具有的冲激信号及其高阶导数相等,则 $h(t)$ 表达式中应该还有 $\delta(t)$ 以及相应的导数 $\delta^{(m-n)}(t), \delta^{(m-n-1)}(t), \cdots, \delta'(t)$ 等项。

例 2-13 求下列微分方程中所描述系统的冲激响应 $h(t)$。

(1) $y''(t) + 6y'(t) + 8y(t) = x(t)$

(2) $y''(t) + 3y'(t) + 2y(t) = x'(t) + 3x(t)$

解:(1) 由题可知,上述微分方程可化为

$$h''(t) + 6h'(t) + 8h(t) = \delta(t)$$

因为 $n>m$,且微分方程的特征根为 $r_1 = -2, r_2 = -4$,所以冲激响应为

$$h(t) = (C_1 e^{-2t} + C_2 e^{-4t}) u(t)$$

对上式进行两边求一阶导数和二阶导数,得

$$h'(t) = (C_1 + C_2)\delta(t) + (-2C_1 e^{-2t} - 4C_2 e^{-4t}) u(t)$$

$$h''(t) = (C_1 + C_2)\delta'(t) + (-2C_1 - 4C_2)\delta(t) + (4C_1 e^{-2t} + 16C_2 e^{-4t}) u(t)$$

将上式代入到原微分方程中,可得

$$\begin{cases} C_1 = \dfrac{1}{2} \\ C_2 = -\dfrac{1}{2} \end{cases}$$

原微分方程的冲激响应为

$$h(t) = \left(\frac{1}{2} e^{-2t} - \frac{1}{2} e^{-4t}\right) u(t)$$

(2) 上述微分方程可以化为

$$h''(t) + 3h'(t) + 2h(t) = \delta'(t) + 3\delta(t)$$

利用奇异函数项相平衡法,得

$$\begin{cases} h''(t) = a\delta'(t) + b\delta(t) + c\Delta u(t) \\ h'(t) = a\delta(t) + b\Delta u(t) \\ h(t) = a\Delta u(t) \end{cases}$$

将上式代入到原微分方程中,得

$$[a\delta'(t)+b\delta(t)+c\Delta u(t)]+3[a\delta(t)+b\Delta u(t)]+2a\Delta u(t)=\delta'(t)+3\delta(t)$$

求得
$$\begin{cases} a=1 \\ b=0 \\ c=-2 \end{cases}$$

即求得冲激响应的初始值
$$\begin{cases} h'(0_+)=0 \\ h(0_+)=1 \end{cases}$$

当 $t>0$ 时,冲激响应即为齐次方程的齐次解,微分方程的齐次通解为

$$h(t)=A\,\mathrm{e}^{-t}+B\,\mathrm{e}^{-2t}$$

代入初始值 $h'(0_+)$,$h(0_+)$ 得到 $A=2$,$B=-1$。系统冲激响应为

$$h(t)=2\,\mathrm{e}^{-t}-\mathrm{e}^{-2t}, t>0$$

2. 单位阶跃响应

单位阶跃响应是指在系统状态为零的条件下,受到单位阶跃信号 $u(t)$ 的作用,而产生的零状态响应,其响应形式一般用 $g(t)$ 表示。对于 LTI 连续时间系统,$h(t)$ 和 $g(t)$ 之间存在着微分和积分的关系,即

$$h(t)=g'(t) \tag{2.3-25}$$

$$g(t)=\int_{-\infty}^{t}h(\tau)\mathrm{d}\tau \tag{2.3-26}$$

对于 LTI 连续时间系统,其阶跃响应 $s(t)$ 应满足的微分方程为

$$\sum_{i=0}^{n}a_i\,g^{(i)}(t)=\sum_{j=0}^{m}b_j\,u^{(j)}(t), a_n=1, g^{(i)}(0_-)=0 \quad (i=0,1,\cdots,n-1) \tag{2.3-27}$$

由上式和阶跃信号的特性可以得到,阶跃响应中应该除齐次解外,还包含特解项。

例 2-14 求下列微分方程描述的系统阶跃响应 $g(t)$。

(1) $y''(t)+y'(t)+y(t)=e'(t)+e(t)$

(2) $y'(t)+2y(t)=e''(t)+3e'(t)+3e(t)$

解:(1)原微分方程可以化为

$$g''(t)+g'(t)+g(t)=\delta(t)+u(t)$$

上式微分方程解得

$$g(t)=A\mathrm{e}^{\left(-\frac{1}{2}+\frac{\sqrt{3}}{2}\mathrm{j}\right)t}+B\mathrm{e}^{\left(-\frac{1}{2}-\frac{\sqrt{3}}{2}\mathrm{j}\right)t}+C, t>0$$

求特解 C,得
$$C=1。$$

由奇异函数项相平衡法,得

$$\begin{cases} g''(t)=a\delta(t)+b\Delta u(t) \\ g'(t)=a\Delta u(t) \end{cases}$$

代入到原方程中,得
$$a=1。$$

因而 $g'(0_+)=g'(0_-)+a=1$,$g(0_+)=g(0_-)=0$ 代入 $g(t)$ 中

$$\begin{cases} A+B+1=0 \\ \left(-\frac{1}{2}+\frac{\sqrt{3}}{2}\mathrm{j}\right)A+\left(-\frac{1}{2}-\frac{\sqrt{3}}{2}\mathrm{j}\right)B=1 \end{cases} \cdot$$

解得
$$A=-\frac{1}{2}-\frac{1}{2\sqrt{3}}\mathrm{j}, B=-\frac{1}{2}+\frac{1}{2\sqrt{3}}\mathrm{j}。$$

因而系统阶跃响应
$$g(t)=\left[-\mathrm{e}^{-\frac{1}{2}t}\cos\left(\frac{\sqrt{3}}{2}t\right)+\frac{1}{\sqrt{3}}\mathrm{e}^{-\frac{1}{2}t}\sin\left(\frac{\sqrt{3}}{2}t\right)+1\right]u(t)$$

（2）先求系统的冲激响应，其方程为
$$h'(t)+2h(t)=\delta''(t)+3\delta'(t)+3\delta(t)$$

其齐次特征解为 $h(t)=A\mathrm{e}^{-2t},t>0$。

设 $\begin{cases} h'(t)=a\delta''(t)+b\delta'(t)+c\delta(t)+\mathrm{d}\Delta u(t) \\ h(t)=a\delta'(t)+b\delta(t)+c\Delta u(t) \end{cases}$

代入原方程，得 $\begin{cases} a=1 \\ b=1 \\ c=1 \end{cases}$

所以 $h(0_+)=c+h(0_-)=1,A=1$。

因为 $a=1,b=1$，即 $h(t)$ 中含有 $\delta'(t),\delta(t)$，所求冲激响应为
$$h(t)=\delta'(t)+\delta(t)+\mathrm{e}^{-2t}u(t)$$

故所求阶跃响应为
$$g(t)=\int_{-\infty}^{t}h(\tau)\mathrm{d}\tau=\delta(t)+u(t)+\left(\frac{1}{2}-\frac{1}{2}\mathrm{e}^{-2t}\right)u(t)$$
$$=\delta(t)+\left(\frac{3}{2}-\frac{1}{2}\mathrm{e}^{-2t}\right)u(t)$$

2.4 LTI 离散系统的经典时域分析法

LTI 离散时间系统的数学模型是 n 阶常系数线性差分方程，利用经典法可以求解差分方程。一般采用迭代法、经典法、卷积法等，本节主要研究差分方程的经典法。在 LTI 离散系统中，其激励通常用 $f(k)$ 表示，而全响应用 $y(k)$ 表示。其基本方程如下

$$\sum_{i=0}^{n}a_iy(k+i)=\sum_{j=0}^{m}b_jf(k+j),a_n=1 \tag{2.4-1}$$

式中：a_i 为系统输出（响应）的常系数，其中，$i=1,2,\cdots,n$；b_j 为系统输入（激励）的常系数，其中，$j=1,2,\cdots,m$。

2.4.1 差分方程及其求解

与连续 LTI 系统中微分方程的时域经典解类似，差分方程的解也可由齐次解和特解两个部分组成，分别用 $y_h(k)$ 和 $y^*(k)$ 表示，即

$$y(k)=y_h(k)+y^*(k) \tag{2.4-2}$$

式中：$y_h(k)$ 为齐次解，其最终结果由齐次方程来确定；$y^*(k)$ 为特解，其结果由激励信号的形式来确定。

1. 齐次解 $y_h(k)$ 的求解

首先令 n 阶常系数线性差分方程的右端为零，即 $\sum_{i=0}^{n} a_i y(k-i) = 0$。其所得到的解即为齐次解。与求解微分方程相似，先求解相应的特征方程。

从一阶齐次差分方程的最简单的形式入手，即 $n=1$，代入可以得到

$$a_0 y(k) + a_1 y(k-1) = 0$$

即

$$\frac{y(k)}{y(k-1)} = -\frac{a_1}{a_0} = r$$

则可以知道，$y(k)$ 是一个公比为 r 的等比数列，即

$$y_h(k) = A r^k$$

A 为常数，代入到齐次方程中，得

$$\sum_{i=0}^{n} a_i A r^{k-i} = 0$$

该式可以化简为

$$A r^{k-n} \sum_{i=0}^{n} a_i r^{n-i} = 0$$

要使等式成立，则 $\sum_{i=0}^{n} a_i r^{n-i} = 0$，即

$$a_0 r^n + a_1 r^{n-1} + \cdots + a_{n-1} r + a_n = 0 \qquad (2.4\text{-}3)$$

上式称为差分方程的特征方程，r 为特征根。依照所得特征根解的形式不同，则差分方程的齐次解的形式也不同。

（1）当特征根 r 为单实根，则对应齐次解 $y_h(k)$

$$y_h(k) = A r^k \qquad (2.4\text{-}4)$$

（2）当特征根 r 为 m 重实根，则对应齐次解 $y_h(k)$

$$y_h(k) = A_{m-1} k^{m-1} r^k + A_{m-2} k^{m-2} r^k + \cdots + A_1 k r^k + A_0 r^k = \sum_{j=1}^{m} A_{m-j} k^{m-j} \qquad (2.4\text{-}5)$$

（3）当特征根 r 为一对共轭复数根，即 $r_{1,2} = a \pm jb = \rho e^{\pm j\beta}$，则对应齐次解 $y_h(k)$

$$y_h(k) = \rho^k [C\cos(\beta k) + D\sin(\beta k)] \qquad (2.4\text{-}6)$$

（4）当特征根 r 为一对 m 重共轭复数根，则对应齐次解 $y_h(k)$

$$y_h(k) = A_{m-1} k^{m-1} \rho^k \cos(\beta k - \theta_{m-1}) + \cdots + A_0 \rho^k \cos(\beta k - \theta_0) \qquad (2.4\text{-}7)$$

例 2-15 解下列差分方程。

（1）$y(k) + 3y(k-1) = 0, y(1) = 1$

（2）$y(k) + 3y(k-1) + 2y(k-2) = 0, y(-1) = 2, y(-2) = 1$

解：（1）特征方程为 $r + 3 = 0$

求得特征根 $r = -3$，所以齐次解为 $y_h(k) = A(-3)^k$，将 $y(1) = 1$ 代入到上式中，得 $A = -\dfrac{1}{3}$，故差分方程的齐次解为 $y_h(k) = (-3)^{k-1}$。

（2）特征方程为 $r^2 + 3r + 2 = 0$ 求得特征根为 $r_1 = -1, r_2 = -2$，所以齐次解为 $y_h(k) = A_1(-1)^k + A_2(-2)^k$，将 $y(-1) = 2, y(-2) = 1$ 代入到上式中

$$\begin{cases} -A_1 - \dfrac{1}{2}A_2 = 2 \\ A_1 + \dfrac{1}{4}A_2 = 1 \end{cases}$$

解得 $\qquad\qquad\qquad\qquad A_1 = 4, A_2 = -12$。

故差分方程的齐次解为 $y_h(k) = 4(-1)^k - 12(-2)^k$。

2. 特解 $y^*(k)$ 的求解

特解的形式与激励信号的形式有关。根据方程右边的自由项函数来确定特解的函数形式，然后将它们代入到差分方程中去，求出待定系数，就可得到方程的特解。下面就不同激励所对应的差分方程的特解形式做以下说明。

（1）当激励信号为 r^k，则对应的特解 $y^*(k)$ 为

若 a 是差分方程的特征根，

$$y^*(k) = Aka^k \qquad\qquad\qquad (2.4\text{-}8)$$

若 a 不是差分方程的特征根，

$$y^*(k) = Aa^k \qquad\qquad\qquad (2.4\text{-}9)$$

（2）当激励信号为 k^n，则对应的特解 $y_p(k)$ 为

$$y^*(k) = A_n k^n + A_{n-1} k^{n-1} + \cdots + A_1 k + A_0 \qquad\qquad\qquad (2.4\text{-}10)$$

（3）当激励信号为 $a^k k^n$，则对应的特解 $y_p(k)$ 为

$$y^*(k) = a^k(A_n k^n + A_{n-1} k^{n-1} + \cdots + A_1 k + A_0) \qquad\qquad\qquad (2.4\text{-}11)$$

（4）当激励信号为 $\sin(k\theta)$ 或 $\cos(k\theta)$，则对应的特解 $y^*(k)$ 为

$$y^*(k) = A_1 \cos(k\theta) + A_2 \sin(k\theta) \qquad\qquad\qquad (2.4\text{-}12)$$

（5）当激励信号为 $a^k \sin(k\theta)$ 或 $a^k \cos(k\theta)$，则对应的特解 $y^*(k)$ 为

$$y^*(k) = a^k[A_1 \cos(k\theta) + A_2 \sin(k\theta)] \qquad\qquad\qquad (2.4\text{-}13)$$

例 2-16　求解下列差分方程的特解。

（1）$y(k) + 2y(k-1) = k - 2, y(0) = 1$

（2）$y(k) + 2y(k-1) + y(k-2) = 3^k, y(-1) = 0, y(0) = 0$

解：（1）特征方程为 $r + 2 = 0$，则特征根 $r = -2$

令特解 $y^*(k) = A_1 k + A_2$，代入到差分方程中

$$A_1 k + A_2 + 2A_1(k-1) + 2A_2 = k - 2$$

比较上式两边，得 $\qquad\qquad A_1 = \dfrac{1}{3}, A_2 = -\dfrac{4}{9}$

所以差分方程的特解 $\qquad\qquad y^*(k) = \dfrac{1}{3}k - \dfrac{4}{9}$

（2）特征方程为 $r^2 + 2r + 1 = 0$，则特征根 $r_{1,2} = -1$

令特解 $y^*(k) = A_1 3^k$，代入到差分方程中

$$A_1 3^k + 2A_1 3^{k-1} + A_1 3^{k-2} = 3^k$$

比较上式两边，得 $\qquad\qquad A_1 = \dfrac{9}{16}$

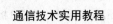
所以差分方程的特解 $\qquad y^*(k)=\dfrac{9}{16} \cdot 3^k$

3. 完全解 $y(k)$ 的求解

差分方程的完全解就是齐次解和特解之和，即

$$y(k)=y_h(k)+y^*(k) \qquad\qquad (2.4\text{-}14)$$

将已知的 $y(0),y(1),\cdots,y(k-1)$ 代入到完全解的表达式中，即可解得齐次解表达式中的待定系数，也就求出了差分方程的完全解。

例 2-17 解差分方程 $y(k)+y(k-2)=\sin k$，已知 $y(-1)=0,y(-2)=0$

解： 特征方程为 $r^2+1=0$，则特征根 $r_1=\mathrm{j},r_2=-\mathrm{j}$

所以齐次解为

$$y_h(k)=A_1\mathrm{j}^k+A_2(-\mathrm{j})^k=A_1\mathrm{e}^{\mathrm{j}\frac{k\pi}{2}}+A_2\mathrm{e}^{-\mathrm{j}\frac{k\pi}{2}}$$

令特解 $y^*(k)=C_1\mathrm{e}^{\mathrm{j}k}+C_2\mathrm{e}^{-\mathrm{j}k}$，代入到原差分方程中

$$C_1\mathrm{e}^{\mathrm{j}k}+C_2\mathrm{e}^{-\mathrm{j}k}+C_1\mathrm{e}^{\mathrm{j}(k-2)}+C_2\mathrm{e}^{-\mathrm{j}(k-2)}=\frac{1}{2\mathrm{j}}\mathrm{e}^{\mathrm{j}k}-\frac{1}{2j}\mathrm{e}^{-\mathrm{j}k}$$

比较上式，得

$$C_1=\frac{-\mathrm{j}}{2(1+\mathrm{e}^{-\mathrm{j}2})}=\frac{-\mathrm{j}\mathrm{e}^{\mathrm{j}}}{4\cos 1}$$

$$C_2=\frac{\mathrm{j}}{2(1+\mathrm{e}^{\mathrm{j}2})}=\frac{\mathrm{j}\mathrm{e}^{-\mathrm{j}}}{4\cos 1}$$

则完全解

$$y(k)=A_1\mathrm{e}^{\mathrm{j}\frac{k\pi}{2}}+A_2\mathrm{e}^{-\mathrm{j}\frac{k\pi}{2}}+\frac{-\mathrm{j}\mathrm{e}^{\mathrm{j}}}{4\cos 1}\mathrm{e}^{\mathrm{j}k}+\frac{\mathrm{j}\mathrm{e}^{-\mathrm{j}}}{4\cos 1}\mathrm{e}^{-\mathrm{j}k}$$

将 $y(-1)=0,y(-2)=0$ 代入到上式中，得

$$\begin{cases}-\mathrm{j}A_1+\mathrm{j}A_2+\dfrac{-\mathrm{j}}{4\cos 1}+\dfrac{\mathrm{j}}{4\cos 1}=0\\[2mm]-\mathrm{j}A_1-\mathrm{j}A_2+\dfrac{-\mathrm{j}\mathrm{e}^{-\mathrm{j}}}{4\cos 1}+\dfrac{\mathrm{j}\mathrm{e}^{\mathrm{j}}}{4\cos 1}=0\end{cases}$$

解得 $\qquad A_1=A_2=-\dfrac{1}{4}\tan 1$。

因而 $y(k)=-\dfrac{1}{4}(\tan 1)(\mathrm{e}^{\mathrm{j}\frac{k\pi}{2}}+\mathrm{e}^{-\mathrm{j}\frac{k\pi}{2}})+\dfrac{-\mathrm{j}}{4\cos 1}[\mathrm{e}^{\mathrm{j}(n+1)}-\mathrm{e}^{-\mathrm{j}(n+1)}]$

$$=-\frac{1}{2}(\tan 1)\cos\left(\frac{n\pi}{2}\right)+\frac{1}{2\cos 1}\sin(n+1)$$

$$=\frac{1}{2\cos 1}[\sin n\cos 1+\cos n\sin 1]-\frac{1}{2}(\tan 1)\cos\left(\frac{n\pi}{2}\right)$$

$$=\frac{1}{2}\sin n+\frac{1}{2}(\tan 1)\cos n-\frac{1}{2}(\tan 1)\cos\left(\frac{n\pi}{2}\right)$$

2.4.2 零输入响应与零状态响应

LTI 离散系统的全响应 $y(k)$ 也可以分解为零输入响应 $y_{zi}(k)$ 和零状态响应 $y_{zs}(k)$。当系统的输入为零时，仅由系统的初始状态所引起的响应称为零输入响应，当系统的初始状态

为零,仅由外加激励所产生的响应称为零状态响应。因此,全响应可以表示为零输入响应和零状态响应之和,即

$$y(k) = y_{zi}(k) + y_{zs}(k) \tag{2.4-15}$$

1. 零输入响应 $y_{zi}(k)$ 的求解

零输入响应是激励为零时仅由初始状态所引起的响应,用 $y_{zi}(k)$ 表示,即差分方程的右端为零,用齐次解的经典求解方法来求解零输入响应。零输入响应方程式为

$$\sum_{i=0}^{n} a_i y_{zi}(k-i) = 0 \quad (a_n = 1, k \geqslant 0) \tag{2.4-16}$$

上述零输入响应方程式为齐次方程,所以零输入响应和齐次解具有相同的解的形式,下面用例题来进行说明零输入响应的求解。

例 2-18　一个乒乓球从 H 米高度自由落下至地面,每次弹跳起来的最高值是前一次最高值的 2/3。若用 $y(k)$ 来表示第 k 次跳起的最高值,试列出描述此过程的差分方程。若给定 $H=2m$,求此差分方程的零输入响应。

解:若 $y(k)$ 表示第 k 次跳起的最高值,则 $y(k-1)$ 表示第 $k-1$ 次跳起的最高值,根据题意可以得到差分方程

$$y(k) = \frac{2}{3} y(k-1)$$

解得齐次解为

$$y(k) = A \left(\frac{2}{3} \right)^k$$

又因为 $y(0) = H = 2$,代入上式可以得到,$A = 2$,因此

$$y_{zi}(k) = 2 \left(\frac{2}{3} \right)^k \quad k \geqslant 0$$

2. 零状态响应 $y_{zs}(k)$ 的求解

零状态响应是系统的初始状态为零,仅由激励 $f(k)$ 决定。即差分方程的右端为激励响应,用齐次解的经典求解方法来求解零状态响应。零状态响应方程式为

$$\sum_{i=0}^{n} a_i y_{zs}(k-i) = \sum_{j=0}^{m} b_j f(k-j) \quad (k \geqslant 0) \tag{2.4-17}$$

零状态响应的时域计算,可以用经典法求解,也可以用卷积和来求解。下面举例来说明。

例 2-19　某离散系统的差分方程为 $y(k) - 7y(k-1) + 12y(k-2) = f(k)$,其中 $f(k) = 2^k u(k)$,求其零状态响应。

解:特征方程为 $r^2 - 7r + 12 = 0$,解得特征根 $r_1 = 3, r_2 = 4$,所以,零状态响应的齐次解为

$$y_h(k) = A_1 \cdot 3^k + A_2 \cdot 4^k$$

设特解 $y^*(k) = C 2^k$,代入原差分方程,得

$$C 2^k - 7C 2^{k-1} + 12C 2^{k-2} = 2^k$$

解得 $C=2$,所以特解为 $\qquad y^*(k) = 2^{k+1}$

故零状态响应的一般形式为

$$y_{zs}(k) = (A_1 \cdot 3^k + A_2 \cdot 4^k + 2^{k+1}) u(k)$$

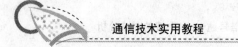

确定初始条件,令 $k=0$,有

$$y_{zs}(0)-7y_{zs}(-1)+12y_{zs}(-2)=1$$

式中:$y_{zs}(-1)=0$;$y_{zs}(-2)=0$;得 $y_{zs}(0)=1$。

令 $k=1$,有

$$y_{zs}(1)-7y_{zs}(0)+12y_{zs}(-1)=2$$

可得

$$y_{zs}(1)=9。$$

将上述 $y_{zs}(0)=1$,$y_{zs}(1)=9$ 代入到零状态响应的一般形式中,可得

$$\begin{cases} 1=A_1+A_2+2 \\ 9=3A_1+4A_2+4 \end{cases}$$

解得

$$\begin{cases} A_1=-9 \\ A_2=8。 \end{cases}$$

所以零状态响应为 $y_{zs}(k)=(-9\cdot 3^k+8\cdot 4^k+2^{k+1})u(k)$,$k\geqslant 0$。

2.4.3 单位序列响应与单位阶跃序列响应

单位序列响应是指激励为单位序列 $f(k)=\delta(k)$ 产生的零状态响应,用 $h(k)$ 表示;单位阶跃序列响应是指激励为单位阶跃序列 $f(k)=u(k)$,用 $g(k)$ 表示。图 2-5 是单位序列响应的示意图。

$$\delta(t) \quad\quad \boxed{\begin{array}{c}\text{零状态}\\\text{系统}\end{array}} \quad\quad h(k)$$
$$u(k) \quad\quad\quad\quad\quad\quad\quad g(k)$$

图 2-5　单位序列响应的示意图

1. 单位序列响应 $h(k)$ 的求解

求解单位序列响应 $h(k)$ 可以采用迭代法,也可以采用差分方程的经典解法求解,其中在确定单位序列响应的初始条件时,可以根据差分方程和零状态的条件 $y(-1),y(-2),\cdots,y(-k)$ 递推求出。下面通过例题来具体说明。

例 2-20　若某离散系统的差分方程为

$$y(k)+5y(k-1)+6y(k-2)=f(k)$$

求该离散系统的单位序列响应 $h(k)$。

解:依据单位脉冲响应 $h(k)$ 的定义,它应该满足方程

$$h(k)+5h(k-1)+6h(k-2)=\delta(k)$$

首先求解系统的初始条件,依题可以得到 $h(-1)=0$,$h(-2)=0$,代入上述方程

$$h(0)=\delta(0)=1$$
$$h(1)=-5h(0)=-5$$

求解该系统只需要两个初始条件,所以就选择 $h(0),h(1)$ 作为系统的初始条件。

其次是求解差分方程的齐次解,特征方程为

$$r^2+5r+6=0$$

特征根为 $r_1=-2,r_2=-3$,从而齐次解的表达式为

$$h(k) = A_1 \cdot (-2)^k + A_2 \cdot (-3)^k$$

将初始条件 $h(0)=1, h(1)=-5$ 代入到上式中,则

$$\begin{cases} h(0) = A_1 + A_2 = 1 \\ h(1) = -2A_1 - 3A_2 = -5 \end{cases}$$

解得

$$\begin{cases} A_1 = -2 \\ A_2 = 3 \end{cases}$$

所以,系统的单位序列响应

$$h(k) = (-2)^{k+1} - (-3)^{k+1}, \quad k \geqslant 0.$$

2. 单位阶跃序列响应 $g(k)$ 的求解

激励为单位阶跃序列作用于离散系统上产生的响应称为单位阶跃序列响应,用 $g(k)$ 表示。求解单位阶跃序列响应 $g(k)$ 可以借助于单位序列响应 $h(k)$。下面举例来进行说明。

例 2-21 对于离散时间系统,已知单位序列响应 $h(k)$,试求阶跃响应 $g(k)$。

解: 因为 $u(k) = \sum\limits_{i=0}^{+\infty} \delta(k-i)$

且

$$u(k) \to g(k)$$

$$\delta(k-i) \to h(k-i)$$

从而,单位阶跃响应

$$g(k) = \sum_{i=0}^{+\infty} h(k-i)$$

2.5 卷积积分的计算

卷积积分是 LTI 连续时间系统分析的一个重要的工具,而且是联系时域分析与频域分析的一条纽带。根据第 1 章对卷积积分的定义可知,两个连续时间信号 $f_1(t)$ 和 $f_2(t)$ 卷积后还是连续时间信号,表达式为

$$f(t) = f_1(t) * f_2(t) = \int_{-\infty}^{\infty} f_1(\tau) f_2(t-\tau) \mathrm{d}\tau \qquad (2.5\text{-}1)$$

式(2.5-1)中,$*$ 表示两个信号进行卷积的符号。从中可以看出,两个函数进行卷积就是其中一个函数的变量换成新变量 τ,另一个函数变量换成 $t-\tau$,然后对 τ 在整个区间进行积分。

特别地,有

$$f(t) * \delta(t) = \int_{-\infty}^{\infty} f(\tau) \delta(t-\tau) \mathrm{d}\tau = f(t) \qquad (2.5\text{-}2)$$

$$f(t) * \delta(t-t_0) = f(t-t_0) \qquad (2.5\text{-}3)$$

利用上述卷积的方法,可以求解 LTI 连续时间系统在任意激励下的零状态响应。根据 LTI 连续时间系统的叠加特性和时不变特性,把输入信号分解为一系列具有不同强度(幅度)和不同时延的基本信号(如阶跃信号或者冲激信号)的组合,求这些简单信号作用于系统下的响应,进而进行响应合成,即可得出待求的响应。

当激励 $f(t) = \delta(t)$ 作用于 LTI 系统时,其冲激响应为 $h(t)$,即

$$\delta(t) \rightarrow h(t)$$

根据 LTI 系统的时不变性,当输入位移 τ 时,输出也位移 τ,即

$$\delta(t-\tau) \rightarrow h(t-\tau)$$

根据 LTI 系统的齐次性,当输入乘以强度因子 $f(\tau)$ 时,输出也乘以强度因子 $f(\tau)$,即

$$f(\tau)\delta(t-\tau) \rightarrow f(\tau)h(t-\tau)$$

最后根据 LTI 系统的积分特性,当输入信号是原信号的积分,输出响应也是原响应的积分

$$\int_0^t f(\tau)\delta(t-\tau)\mathrm{d}\tau \rightarrow \int_0^t f(\tau)h(t-\tau)\mathrm{d}\tau$$

因此,线性系统对任意激励 $f(t)$ 的零状态响应 $y_{zs}(t)$,可以用激励 $f(t)$ 与其单位冲激响应 $h(t)$ 的卷积积分来求解,即

$$y_{zs}(t) = \int_{0_-}^t f(\tau)h(t-\tau)\mathrm{d}\tau = f(t) \cdot h(t) \tag{2.5-4}$$

注意,这里的积分限是对有始信号 $f(t)$ 和物理上可实现的因果系统而言。要根据具体函数的定义区间来选择积分限。由于 $f(t)$ 是有始信号,$t<0$ 时,$f(t)=0$,所以上式的积分下限取 0,考虑到若在 $t=0$ 时出现冲激信号或者其导数项时,相应的响应可能发生突变,因此积分下限取 0_-。又因为系统不可能在激励之前先有响应,这说明 $h(t)$ 也是有始信号,即 $t<0$,$h(t)=0$。所以在 $t-\tau<0$ 时,$h(t-\tau)=0$,因此上式的积分上限为 t。

本章就从卷积的计算、卷积的性质以及奇异信号的卷积这三个方面来介绍卷积。

2.5.1 卷积的计算

卷积积分的计算一般可以分为图解法和解析法(也可称为函数式计算法)。图解法的优点是能方便地确定积分限与积分条件,直观地给出卷积的计算过程,但缺点是作图繁琐,且仍然需要做卷积积分计算;如果被卷积的两个信号以函数形式给出,则用函数式计算卷积较为方便。但是,无论哪种方法,都必须解决卷积计算中积分限的确定和卷积生成函数非零值时间定义域的确定。

1. 卷积积分的图解法

卷积积分的图解法能够直观地显示出卷积积分的整个计算过程。其计算的主要步骤有如下几步。

① 替换变量。将自变量由 t 换成 τ,得 $f(t) \rightarrow f(\tau)$,$h(t) \rightarrow h(\tau)$,函数图形不变。

② 关于纵轴对称。画出 $h(\tau)$ 关于纵轴对称的图形,得 $h(-\tau)$。

③ 移位。把 $h(-\tau)$ 沿 τ 轴移动一个 t 值,得 $h(t-\tau)$。如果 $t>0$,则右移 t 个单位;如果 $t<0$,则左移 t 个单位。

④ 相乘。将移位后的函数 $h(t-\tau)$ 乘以 $f(\tau)$。

⑤ 积分。$h(t-\tau)$ 与 $f(\tau)$ 乘积曲线下的面积即为 t 时刻的卷积值。

例 2-22 用图解法求图 2-6 中信号的卷积 $f(t) * h(t)$。

解: 用图解法求解卷积,分为 5 个步骤。

先替换变量、关于纵轴对称、移位,如图 2-7 所示。

当 $t+1<1$，即 $t<0$ 时，其重叠区间在 $(-\infty,t+1]$，如图 2-8 所示。

$$y(t) = f(t) * h(t) = \int_{-\infty}^{t+1} 1 \cdot e^{-(t-\tau+1)} d\tau = e^{-t-1} \cdot e^{\tau} \Big|_{-\infty}^{t+1} = 1$$

当 $t+1>1$，即 $t>0$ 时，其重叠区间在 $(-\infty,+\infty)$，如图 2-9 所示。

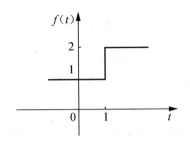
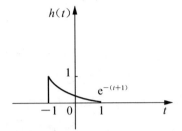

图 2-6 信号的卷积（图解法）

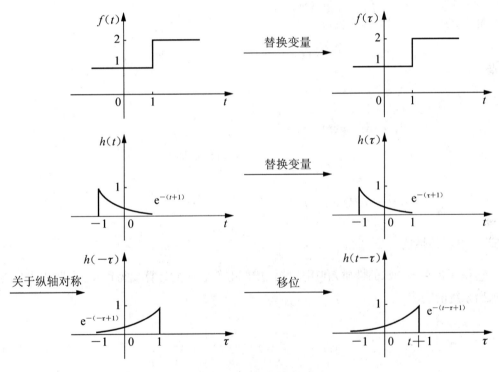

图 2-7 图解法求解卷积

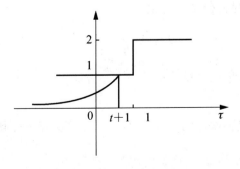
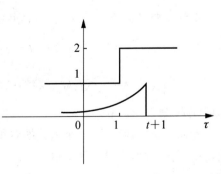

图 2-8 当 $t+1<1$ 时　　　　　　　图 2-9 当 $t+1>1$ 时

因为 $f(t)$ 分为两段,所以两函数相乘、积分,也分为两段,即 $(-\infty,1]$,$(1,t+1]$ 两段。

$$y(t) = f(t) * h(t)$$

$$= \int_{-\infty}^{1} 1 \cdot e^{-(t-\tau+1)} d\tau + \int_{1}^{t+1} 2 \cdot e^{-(t-\tau+1)} d\tau$$

$$= e^{-t-1} \cdot e^{\tau} \mid_{-\infty}^{1} + 2 \cdot e^{-t-1} \cdot e^{\tau} \mid_{1}^{t+1}$$

$$= e^{-t-1} \cdot e + 2 \cdot e^{-t-1}(e^{t+1} - e) = 2 - e^{-t}$$

2. 卷积积分的函数式计算法

如果被卷积的两个信号是以函数形式给出的,则利用函数式计算法来求解卷积积分是比较方便的。函数式计算法也就是利用卷积的定义来计算。

例 2-23　计算 $e^{3t}u(t) * e^{-2t}u(t)$。

解: $y(t) = e^{3t}u(t) * e^{-2t}u(t)$

$$= \int_{-\infty}^{\infty} e^{3\tau}u(\tau)e^{-2(t-\tau)}u(t-\tau) d\tau$$

$$= \int_{0}^{t} e^{3\tau}e^{-2(t-\tau)} d\tau \cdot u(t)$$

$$= e^{-2t}\int_{0}^{t} e^{5\tau} d\tau \cdot u(t)$$

$$= \frac{1}{5} e^{-2t}e^{5\tau} \Big|_{0}^{t} \cdot u(t)$$

$$= \frac{1}{5}(e^{3t} - e^{-2t}) \cdot u(t)$$

2.5.2　卷积的性质

卷积具有许多特殊的性质,利用这些性质能够使卷积的计算变得简单,同时也可以方便地求出系统的响应。

1. 交换律

$$f_1(t) * f_2(t) = f_2(t) * f_1(t) \tag{2.5-5}$$

即
$$\int_{-\infty}^{\infty} f_1(\tau)f_2(t-\tau) d\tau = \int_{-\infty}^{\infty} f_2(\lambda)f_1(t-\lambda) d\tau \tag{2.5-6}$$

将积分变量设为 λ,令 $\lambda = t-\tau$,则 $d\tau = -d\lambda$,代入到式(2.5-6)中

$$f_1(t) * f_2(t) = \int_{-\infty}^{\infty} f_1(\tau)f_2(t-\tau) d\tau = \int_{\infty}^{-\infty} -f_1(t-\lambda)f_2(\lambda) d\lambda$$

$$= \int_{-\infty}^{\infty} f_1(t-\lambda)f_2(\lambda) d\lambda = f_2(t) * f_1(t)$$

即可证明。

卷积的交换律表明:两个函数的卷积是可以交换次序的,可以把任意一个作为第一个函数,剩下的函数作为第二个函数。

2. 分配律

$$f_1(t) * [f_2(t) + f_3(t)] = f_1(t) * f_2(t) + f_1(t) * f_3(t) \tag{2.5-7}$$

根据卷积定义,可以做如下证明。

$$f_1(t) * [f_2(t) + f_3(t)] = \int_{-\infty}^{\infty} f_1(\tau)[f_2(t-\tau) + f_3(t-\tau)]d\tau$$

$$= \int_{-\infty}^{\infty} f_1(\tau)f_2(t-\tau)d\tau + \int_{-\infty}^{\infty} f_1(\tau)f_3(t-\tau)d\tau$$

$$= f_1(t) * f_2(t) + f_1(t) * f_3(t)$$

分配律应用在有两个子系统并联组成的系统中,每个子系统的单位冲激响应是 $h_1(t) = f_2(t)$, $h_2(t) = f_3(t)$,激励为 $f_1(t)$,则系统的单位冲激响应为 $h(t) = f_2(t) + f_3(t)$。该结论可以推广到 n 个子系统的并联,如图 2-10 所示。

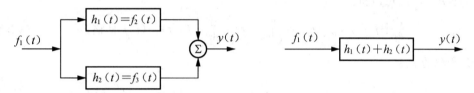

图 2-10 系统的并联性质

3. 结合律

$$[f_1(t) * f_2(t)] * f_3(t) = f_1(t) * [f_2(t) * f_3(t)] \tag{2.5-8}$$

这里包含两个卷积运算,是一个二重积分,改变积分次序可以证明此定律。

$$[f_1(t) * f_2(t)] * f_3(t) = \int_{-\infty}^{\infty} \left[\int_{-\infty}^{\infty} f_1(\lambda)f_2(\tau-\lambda)d\lambda\right] f_3(t-\tau)d\tau$$

$$= \int_{-\infty}^{\infty} f_1(\lambda) \left[\int_{-\infty}^{\infty} f_2(\tau-\lambda)f_3(t-\tau)d\tau\right]d\lambda$$

令 $\tau - \lambda = x$, $\tau = \lambda + x$, $d\tau = dx$,代入上式,可以得到

$$\int_{-\infty}^{\infty} f_1(\lambda)\left[\int_{-\infty}^{\infty} f_2(\tau-\lambda)f_3(t-\tau)d\tau\right]d\lambda = \int_{-\infty}^{\infty} f_1(\lambda)\left[\int_{-\infty}^{\infty} f_2(x)f_3(t-\lambda-x)dx\right]d\lambda$$

$$= f_1(t) * [f_2(t) * f_3(t)]$$

卷积的结合律表明:3 个函数的卷积等于其中的任意两个函数先卷积,再和剩下的函数卷积。其成立的条件是任意两个函数的卷积要存在。

此定律可以应用在两个子系统串联组成的系统,每个子系统的冲激响应 $h_1(t) = f_2(t)$, $h_2(t) = f_3(t)$,则系统的冲激响应为 $h(t) = h_1(t) * h_2(t) = f_2(t) * f_3(t)$,如图 2-11 所示。

$$f_1(t) \longrightarrow \boxed{h_1(t) = f_2(t)} \xrightarrow{f_1(t) \cdot f_2} \boxed{h_2(t) = f_3(t)} \xrightarrow{f_1(t) \cdot f_2 \cdot f_3}$$

图 2-11 卷积结合律在求系统响应中的应用

4. 卷积的时移性质

若 $f_1(t) * f_2(t) = f(t)$,则

$$f_1(t-t_1) * f_2(t-t_2) = f(t-t_1-t_2) \qquad (2.5\text{-}9)$$

上式表明,两个信号卷积,将其中一个信号左移 t_1 个单位,另一个信号左移 t_2 个单位,则卷积结果左移 t_1+t_2 个单位。如果知道两个信号 $f_1(t)$ 和 $f_2(t)$ 的非零值时间区间分别为 $[a_1,a_2]$ 和 $[a_3,a_4]$,则卷积结果的非零值时间区间为 $[a_1+a_3,a_2+a_4]$。

5. 卷积的微分

$$\frac{\mathrm{d}}{\mathrm{d}t}[f_1(t) * f_2(t)] = f_1(t) * \frac{\mathrm{d}f_2(t)}{\mathrm{d}t} = \frac{\mathrm{d}f_1(t)}{\mathrm{d}t} * f_2(t) \qquad (2.5\text{-}10)$$

可以简写为

$$[f_1(t) * f_2(t)]' = f_1(t) * f_2'(t) = f_1'(t) * f_2(t) \qquad (2.5\text{-}11)$$

上式表明:两个函数卷积后的导数等于其中一个函数的导数与另一个函数的卷积,用定义可以证明。由此可以推广,有

$$\frac{\mathrm{d}^i}{\mathrm{d}t^i}[f_1(t) * f_2(t)] = \frac{\mathrm{d}^j}{\mathrm{d}t^j}f_1(t) * \frac{\mathrm{d}^{i-j}}{\mathrm{d}t^{i-j}}f_2(t) \quad (i,j \text{ 是整数}) \qquad (2.5\text{-}12)$$

6. 卷积的积分

$$\int_{-\infty}^{t}[f_1(x) * f_2(x)]\mathrm{d}x = f_1(t) * \int_{-\infty}^{t} f_2(x)\mathrm{d}x = \int_{-\infty}^{t} f_1(x)\mathrm{d}x * f_2(t) \qquad (2.5\text{-}13)$$

结合卷积的微积分性质,有

$$f_1(t) * f_2(t) = \frac{\mathrm{d}f_1(t)}{\mathrm{d}t} * \int_{-\infty}^{t} f_2(\tau)\mathrm{d}\tau = \int_{-\infty}^{t} f_1(\tau)\mathrm{d}\tau * \frac{\mathrm{d}f_2(t)}{\mathrm{d}t}$$

简写为

$$f_1(t) * f_2(t) = f_1'(t) * f_2^{(-1)}(t) = f_1^{(-1)}(t) * f_2'(t) \qquad (2.5\text{-}14)$$

在计算两个函数的卷积时,经常利用上式进行求解,该性质成立的充要条件是:$\lim\limits_{t\to-\infty} f_1(t) = f_1(-\infty) = 0$ 及 $\lim\limits_{t\to-\infty} f_2(t) = f_2(-\infty) = 0$,即要求 $f_1(t)$ 和 $f_2(t)$ 都是有始信号。否则,利用定义求解。

7. 与冲激函数和导数的卷积

(1) 任意信号 $f(t)$ 与冲激函数 $\delta(t)$ 的卷积是原信号的本身。

$$f(t) * \delta(t) = f(t) \qquad (2.5\text{-}15)$$

(2) 任意信号 $f(t)$ 与有时移的冲激函数 $\delta(t-t_0)$ 的卷积是将这个信号做同样的时移。

$$f(t) * \delta(t-t_0) = f(t-t_0) \qquad (2.5\text{-}16)$$

证明: $f(t) * \delta(t-t_0) = \int_{-\infty}^{\infty} f(\tau)\delta(t-t_0-\tau)\mathrm{d}\tau$

令 $t-t_0-\tau = \lambda$

$$f(t) * \delta(t-t_0) = \int_{\infty}^{-\infty} f(t-t_0-\lambda)\delta(\lambda)\mathrm{d}\lambda$$

$$= \delta(t) * f(t-t_0) = f(t-t_0)$$

(3) 时移冲激函数与时移信号的卷积是原信号的再时移。

$$f(t-t_1) * \delta(t-t_2) = f(t-t_2) * \delta(t-t_1) = f(t-t_1-t_2) \qquad (2.5\text{-}17)$$

证明: $f(t-t_1) * \delta(t-t_2) = f(t) \cdot \delta(t-t_1) \cdot \delta(t-t_2)$

$$= f(t) \cdot \delta(t-t_1-t_2)$$
$$= f(t-t_1-t_2)$$

(4) 任意信号 $f(t)$ 与冲激信号的导数 $\delta'(t)$ 的卷积是原信号的导数。

$$f(t) * \delta'(t) = f'(t) \tag{2.5-18}$$

(5) 任意信号 $f(t)$ 与冲激信号的积分 $\delta^{(-1)}(t)$ 的卷积是原信号的积分。

$$f(t) * \delta^{(-1)}(t) = f^{(-1)}(t) \tag{2.5-19}$$

上式可以写成

$$f(t) * u(t) = f^{(-1)}(t) = \int_{-\infty}^{t} f(\tau) \mathrm{d}\tau \tag{2.5-20}$$

依次类推，可以得到一般表达式

$$f(t) * \delta^{(i)}(t) = f^{(i)}(t) \tag{2.5-21}$$
$$f(t) * \delta^{(i)}(t-t_0) = f^{(i)}(t-t_0) \tag{2.5-22}$$

8. 相关与卷积

两个实函数 $x(t)$ 和 $y(t)$ 的相关运算，定义如下

$$R_{xy}(t) = \int_{-\infty}^{\infty} x(\tau) y(\tau-t) \mathrm{d}\tau$$

$$R_{yx}(t) = \int_{-\infty}^{\infty} y(\tau) x(\tau-t) \mathrm{d}\tau$$

$R_{xy}(t)$ 称为 $x(t)$ 和 $y(t)$ 的互相关函数，$R_{yx}(t)$ 称为 $y(t)$ 和 $x(t)$ 的互相关函数。若

$$x(t) = y(t)$$

则 $R_{xx}(t)$ 称为 $x(t)$ 的自相关函数。

显然 $x(t) * y(-t) = \int_{-\infty}^{\infty} x(\tau) y[-(t-\tau)] \mathrm{d}\tau = R_{xy}(t)$ ，即

$$R_{xy}(t) = x(t) * y(-t) \tag{2.5-23}$$

同理

$$R_{yx}(t) = x(-t) * y(t) \tag{2.5-24}$$

2.5.3 奇异信号的卷积

1. 延时特性

$$f(t) * \delta(t-T) = f(t-T) \tag{2.5-25}$$

式(2.5-25)中，任意信号 $f(t)$ 与延时冲激信号 $\delta(t-T)$ 卷积，它的结果等于信号 $f(t)$ 本身的延时 $f(t-T)$。

此类特性还可以进一步推广，即有

$$f(t-t_1) * \delta(t-t_2) = f(t-t_1-t_2) \tag{2.5-26}$$

因此，如果设

$$y(t) = f(t) * h(t)$$

则 $y(t-t_1-t_2) = f(t-t_1) * h(t-t_2)$
$$= h(t-t_1) * f(t-t_2)$$
$$\neq f(t-t_1-t_2) * h(t-t_1-t_2)$$

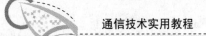

2. 微分特性

$$f(t) * \delta'(t) = f'(t) \tag{2.5-27}$$

上式中任意信号 $f(t)$ 与冲激偶信号 $\delta'(t)$ 卷积,其结果为信号 $f(t)$ 的一阶导数。如果一个系统的冲激响应为冲激偶信号 $\delta'(t)$,则此系统称为微分器。

3. 积分特性

$$f(t) * u(t) = \int_{-\infty}^{t} f(\tau)\mathrm{d}\tau = f^{-1}(t) \tag{2.5-28}$$

上式中任意信号 $f(t)$ 与阶跃信号 $u(t)$ 卷积,其结果为信号 $f(t)$ 本身对时间的积分。如果一个系统的冲激响应为阶跃信号 $u(t)$,则此系统称为积分器。

下面通过例题来说明上述特性是如何简化卷积运算的。

例 2-24 计算 $f(t) = e^{-2t}u(t) * [u(t) - u(t-4)]$

解: 用微积分性质求解

$$
\begin{aligned}
f(t) &= e^{-2t}u(t) * u(t) \\
&= \int_{-\infty}^{\infty} e^{-2\tau}u(\tau)\mathrm{d}\tau * \frac{\mathrm{d}}{\mathrm{d}t}u(t) \\
&= \left(1 - \frac{1}{2}e^{-2t}\right)u(t) * \delta(t) \\
&= \left(1 - \frac{1}{2}e^{-2t}\right)u(t)
\end{aligned}
$$

所以 $f(t) = \left(1 - \frac{1}{2}e^{-2t}\right)u(t) - \left(1 - \frac{1}{2}e^{8-2t}\right)u(t-4)$

小　结

LTI 连续时间系统与 LTI 离散时间系统是系统理论的核心和基础。本章给出了 LTI 系统的数学模型及分析描述方法,并通过几个简单的例子来说明其方程的建立和一般规律。一般可采用迭代法、经典法、卷积法等来求解方程,本章主要研究了经典法,分别对 LTI 连续时间系统的微分方程与 LTI 离散时间系统的差分方程的构建,及其详细解答过程进行了描述。卷积积分是 LTI 连续时间系统分析的一个重要的工具,而且是联系时域分析与频域分析的一条纽带,本章全面介绍了卷积积分的计算过程及性质。

阅读材料

微型化、数字化、专业化、影视化是家庭音响必然的发展趋势

微型化音响。微型台式组合音响已有较长的发展史,在 10 多年前就已经出现高级超小型组合音响、迷你音响。但由于听音喇叭、立体声电唱机、录音卡座等问题没有很好地解决,所以一直停留在较低的档次上。为了创造小巧的音响世界,不但要从放大器、控制部件、左右音箱上下功夫,还得从调谐器、CD 唱机和录音卡座等方面一起考虑。

(1) 数字化音响

数字技术是一种新技术,所以数字音响在解决模拟音响噪声的失真问题时发展而成。

音响采用了数字技术之后,记录的数字信号从取样频率到量化特性,有清晰的解像度,没有色抖动,得到是非常清晰的图像。而且可以和上位机互换,这是模拟录放像设备无法比拟的。数字录音可以把时间、人名、地址一起录入带中,采用微型键盘来完成编目工作,更换曲目编号,再加上遥控功能,使你能够自动地搜索需要的曲目,使用方便。

（2）影视听设备一体化

数字音响随着电声技术、影视技术、计算机技术的发展,它们在家庭中可以构成浑然一体多媒体影视音频系统。这样的系统,能在输入端增添各种需要的信号输入和功能转换,通过计算机处理就能使受众看到各种图像和听到各种声音。

超薄平板音箱、平板音响的出现使家庭组合（家庭影院、背景音乐）向超薄方向发展成为了可能,自1998年到现在平板音响也经历了几个发展阶段,1998年三诺公司引进平板音响,到华龙帝声（DS）、托维克（TVC）继承和发展,到2008年成都天翔（HVS）研发出中国自己平板发音技术"VT"称为"第五代平板发音技术",平板音响技术在中国的发展越来越趋于成熟,薄型壁画超薄音响在家庭中的使用趋于成熟化。

嵌入式音响。嵌入式音响的出现源于1998年的成都福韵（FREENOTE）,经历了十几年的发展,嵌入式音响在"家庭中央网络音响系统"、"嵌入式家庭影院"中发挥了很大的作用;成都天翔（HVS）结合平板音箱和嵌入式音响的特长,研发出新一代家庭音响系统"家庭养生音响系统",为家庭音响的发展做出了试探型的一步。

习　题

1. 已知系统 $y'(t)+y(t)=f(t)$ 的响应为 $y(t)=5e^{-t}+3e^{-2t},t\geqslant0$。

（1）求零输入响应和零状态响应。

（2）若 $y(0_-)=10$,求系统 $y'(t)+y(t)=f(t)$ 的零输入响应。

（3）求 $y'(t)+y(t)=f(t-2)$ 的零状态响应。

（4）求 $y'(t)+y(t)=f'(t)+2f(t)$ 的零状态响应。

2. 已知激励 $f(t)=e^{-5t}u(t)$ 产生的响应为 $y(t)=\sin\omega\cdot tu(t)$,试求该系统的单位冲激响应 $h(t)$。

3. 已知离散时间系统的初始状态为 $y(-1)=2,y(-2)=2$,系统在 $f(k)=u(k)$ 作用下的全响应为 $y(k)=[1+(-0.2)^k+0.3^k]u(k)$,求系统的零输入响应和零状态响应。

4. 求下列函数的卷积积分。

（1）$e^{-2t}u(t) \cdot u(t)$

（2）$e^{-2t}u(t+1) \cdot u(t-3)$

第**3**章
信号通过 LTI 系统的频域分析

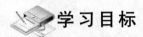 **学习目标**

(1) 了解周期信号的傅里叶级数。
(2) 掌握周期信号与非周期信号的频谱概念及性质,并熟悉几种典型信号的频谱。
(3) 对周期信号的功率谱有初步认识。
(4) 熟悉连续信号通过 LTI 系统的频域分析。
(5) 了解离散信号的频域分析。

 本章知识结构

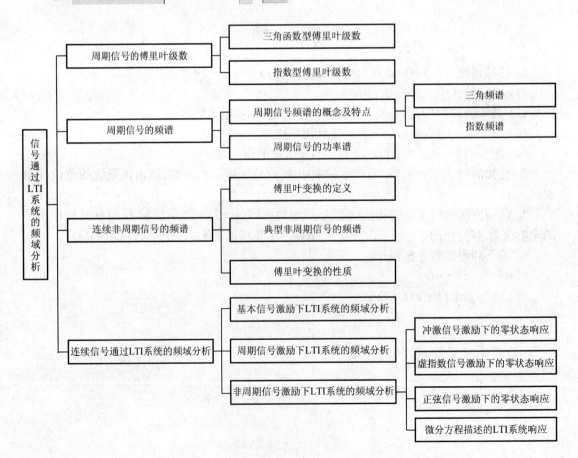

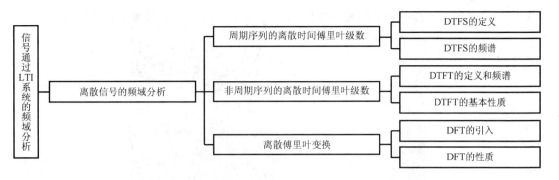

```
信                              周期序列的离散时间傅里叶级数        DTFS的定义
号                                                              DTFS的频谱
通
过
LTI      离散信号的频域分析       非周期序列的离散时间傅里叶级数      DTFT的定义和频谱
系                                                              DTFT的基本性质
统
的
频                              离散傅里叶变换                   DFT的引入
域                                                              DFT的性质
分
析
```

 导入案例

　　傅里叶变换是数字信号处理领域一个很重要的算法。傅里叶变换在物理学、数论、组合数学、信号处理、概率论、统计学、密码学、声学、光学、海洋学、结构动力学等领域都有着广泛的应用。在信号处理中,傅里叶变换的典型用途是将信号分解成幅值分量和频率分量,这样,原来难以处理的时域信号转化成了易于分析的频域信号,可以利用一些工具对这些频域信号进行处理、加工,最后还可以利用傅里叶反变换将这些频域信号转换成时域信号。

案例一:电探测系统

　　电探测系统是光信号的转换、传输及处理的系统。系统的各个部分在工作时总会受到一些无用信号的干扰,给光谱峰的检测判别及进一步的数据处理带来了不利因素。因此利用傅里叶变换方法对光谱信号进行数字滤波,以获得更真实的光谱信号。光谱分析仪如图1所示。

图1　光谱分析仪

案例二:数据过滤处理

　　由于人类感官的分辨能力存在极限,因此很多情况下需要将语音、音频、图像、视频等信号的高频部分除去,这一去除高频分量的处理就是通过离散傅里叶变换完成的。或出于某种需要,有选择地将一些信息滤除掉,如全国中小学上网计算机所安装的"绿坝·花季护航"软件,可以有效识别色情图片、色情文字等不良信息,并对之进行拦截屏蔽,产品同时具有控制上网时间、管理聊天交友、管理游戏等辅助功能,保护未成年人健康上网。绿坝过滤软件如图2所示。

图2 绿坝过滤软件

3.1 周期信号的傅里叶级数

以 T 为周期的连续时间信号 $f(t)$,在一个周期 T 内的积分,其值与积分的起点和终点无关,即有

$$\int_{t_0}^{t_0+T} f(t)\mathrm{d}t = \int_0^T f(t)\mathrm{d}t = \int_{-\frac{T}{2}}^{\frac{T}{2}} f(t)\mathrm{d}t = \int_T f(t)\mathrm{d}t \tag{3.1-1}$$

当 $f(t)$ 满足狄利克雷(Direchlet)条件时可以展开成傅里叶级数,狄利克雷条件如下所示。

(1) 在一个周期内,$f(t)$ 绝对可积,即 $\int_T |f(t)|\mathrm{d}t < \infty$。

(2) 在一个周期内,$f(t)$ 只有有限个间断点,且这些间断点上的函数值是有限的。

(3) 在一个周期内,$f(t)$ 有有限个极值点,即最大值和最小值的数目为有限个。

傅里叶级数展开,就是把周期的非正弦连续信号,用无穷多个正弦(或虚指数)信号加权叠加的形式等价表示。傅里叶级数分三角形式和指数形式两种。

3.1.1 三角函数型傅里叶级数

以 T 为周期的信号 $f(t)$,角频率为 $\omega = \dfrac{2\pi}{T}$,则

$$\begin{aligned} f(t) &= a_0 + a_1\cos(\omega t) + b_1\sin(\omega t) + a_2\cos(2\omega t) + b_2\sin(2\omega t) + \cdots \\ &= a_0 + \sum_{n=1}^{\infty} \left[a_n\cos(n\omega t) + b_n\sin(n\omega t) \right] \end{aligned} \tag{3.1-2}$$

式中:a_0、a_n、b_n 为傅里叶系数,其值由下式确定

$$\begin{cases} a_0 = \dfrac{1}{T}\displaystyle\int_T f(t)\mathrm{d}t \\[2mm] a_n = \dfrac{2}{T}\displaystyle\int_T f(t)\cos(n\omega t)\mathrm{d}t, \quad n = 1,2,\cdots \\[2mm] b_n = \dfrac{2}{T}\displaystyle\int_T f(t)\sin(n\omega t)\mathrm{d}t, \quad n = 1,2,\cdots \end{cases}$$

式中:a_0 为 $f(t)$ 在一个周期内的基本波形的面积除以 T(即基本波形的平均值);a_n 为 n 的偶函数;b_n 为 n 的奇函数,即

$$\begin{cases} a_{-n} = a_n \\ b_{-n} = -b_n \end{cases}$$

利用三角函数的边角关系,可进一步简化为

$$\begin{aligned} f(t) &= a_0 + \sum_{n=1}^{\infty} \left[a_n \cos(n\omega t) + b_n \sin(n\omega t) \right] \\ &= a_0 + \sum_{n=1}^{\infty} \sqrt{a_n^2 + b_n^2} \left[\frac{a_n}{\sqrt{a_n^2 + b_n^2}} \cos(n\omega t) + \frac{b_n}{\sqrt{a_n^2 + b_n^2}} \sin(n\omega t) \right] \\ &= A_0 + \sum_{n=1}^{\infty} A_n \cos(n\omega t + \varphi_n) \end{aligned}$$

即

$$f(t) = A_0 + \sum_{n=1}^{\infty} A_n \cos(n\omega t + \varphi_n) \tag{3.1-3}$$

式中

$$\begin{cases} A_0 = a_0 \\ A_n = \sqrt{a_n^2 + b_n^2}, \quad n = 1, 2, \cdots \\ \tan\varphi_n = -\dfrac{b_n}{a_n}, \quad n = 1, 2, \cdots \end{cases}$$

该余弦形式的傅里叶级数表明,任何在区间$(t_0, t_0 + T)$内满足狄利克雷条件的周期信号$f(t)$,均可分解为直流和许多含初相角的余弦(或正弦)分量。式(3.1-3)中第一项A_0是常数项,它是周期信号所包含的直流分量,即零频率分量;第二项$A_1 \cos(\omega t + \varphi_1)$称为基波分量或一次谐波分量,它的角频率与原周期信号的角频率相同,A_1是基波振幅,φ_1是初相角;第三项$A_2 \cos(2\omega t + \varphi_2)$称为二次谐波分量,它的频率是基波频率的二倍,$A_2$是二次谐波振幅,$\varphi_2$是二次谐波相角。以此类推,还有三次、四次、……$n$次谐波分量。也就是说,周期信号可以分解为各次谐波分量的代数和。

例 3-1 求图 3-1 所示半波余弦信号的傅里叶级数。若 $E = 10\text{V}$,$f = 10\text{kHz}$,大致画出幅度谱。

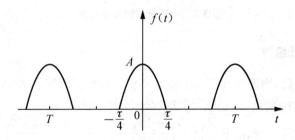

图 3-1 半波余弦信号

解: 由图 3-1 可知,$f(t)$ 为偶函数,因此

$$b_n = 0$$

$$a_0 = \frac{1}{T}\int_{-\frac{T}{2}}^{\frac{T}{2}} f(t)\,\mathrm{d}t = \frac{1}{T}\int_{-\frac{T}{4}}^{\frac{T}{4}} E\cos\left(\frac{2\pi}{T}\right)\mathrm{d}t = \frac{E}{\pi}$$

$$a_n = \frac{2}{T}\int_{-\frac{T}{2}}^{\frac{T}{2}} f(t)\cos(n\omega t)\,\mathrm{d}t = \frac{4}{T}\int_0^{\frac{T}{4}} E\cos\left(\frac{2\pi}{T}t\right)\cos\left(n\,\frac{2\pi}{T}t\right)\mathrm{d}t$$

$$= \frac{2E}{T}\int_0^{\frac{T}{4}}\left\{\cos\left[(n+1)\,\frac{2\pi}{T}t\right]+\cos\left[(n-1)\,\frac{2\pi}{T}t\right]\right\}\mathrm{d}t$$

$$= \frac{2E}{T}\int_0^{\frac{T}{4}}\left\{\cos\left[(n+1)\,\frac{2\pi}{T}t\right]+\cos\left[(n-1)\,\frac{2\pi}{T}t\right]\right\}\mathrm{d}t = \frac{E}{T}\left[\frac{\sin\left(\frac{n+1}{2}\right)\pi}{n+1}+\frac{\sin\left(\frac{n-1}{2}\right)\pi}{n-1}\right]$$

$$= \begin{cases} \dfrac{E}{2}, & n=1 \\[2mm] 0, & n=3,5,7,\cdots \\[2mm] \dfrac{2E}{(1-n^2)\pi}\cos\left(\dfrac{n\pi}{2}\right), & n=2,4,6,\cdots \end{cases}$$

从而
$$f(t) = \frac{E}{\pi}+\frac{E}{2}\cos\left(\frac{2\pi}{T}t\right)+\frac{2E}{3\pi}\cos\left(\frac{4\pi}{T}t\right)-\frac{2E}{15\pi}\cos\left(\frac{8\pi}{T}t\right)$$
$$+\frac{2E}{35\pi}\cos\left(\frac{12\pi}{T}t\right)-\frac{2E}{63\pi}\cos\left(\frac{16\pi}{T}t\right)+\cdots$$

若 $E=10\mathrm{V}$, $f=10\mathrm{kHz}$, 则幅度谱如图 3-2 所示。

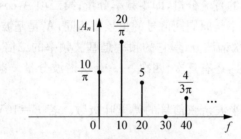

图 3-2　半波余弦信号幅频图

3.1.2　指数型傅里叶级数

三角形傅里叶级数, 物理含义明确但运算不便, 因而常用指数型的傅里叶级数。

将 $f(t)$ 表达式中的余弦(或正弦)用欧拉公式代替, 有

$$f(t) = a_0 + \sum_{n=1}^{\infty}\left(a_n\,\frac{\mathrm{e}^{jn\omega t}+\mathrm{e}^{-jn\omega t}}{2}+b_n\,\frac{\mathrm{e}^{jn\omega t}-\mathrm{e}^{-jn\omega t}}{2j}\right)$$

$$= a_0 + \sum_{n=1}^{\infty}\left(\frac{a_n-jb_n}{2}\mathrm{e}^{jn\omega t}+\frac{a_n+jb_n}{2}\mathrm{e}^{-jn\omega t}\right)$$

令
$$F_n = \frac{a_n-jb_n}{2} = \frac{1}{T}\left[\int_T f(t)\cos(n\omega t)\,\mathrm{d}t - j\int_T f(t)\sin(n\omega t)\,\mathrm{d}t\right]$$

$$= \frac{1}{T}\int_T f(t)\mathrm{e}^{-jn\omega t}\,\mathrm{d}t$$

则

$$F_{-n} = \frac{a_{-n} - jb_{-n}}{2} = \frac{a_n + jb_n}{2} = \frac{1}{T}\int_T f(t)e^{jn\omega t}dt$$

$$F_0 = \frac{1}{T}\int_T f(t)dt = a_0$$

$f(t)$ 用 F_0、F_n、F_{-n} 可表示为

$$f(t) = F_0 + \sum_{n=1}^{\infty}\left[F_n e^{jn\omega t} + F_{-n}e^{-jn\omega t}\right] = \sum_{n=-\infty}^{\infty}F_n e^{jn\omega t} \tag{3.1-4}$$

其中
$$\begin{cases} F_0 = a_0 = A_0 \\ F_n = \dfrac{a_n - jb_n}{2} = A_n e^{j\varphi_n}, n = \pm 1, \pm 2, \cdots \end{cases}$$

该式是指数形式的傅里叶级数。式中，F_n 为傅里叶系数，是复常数。

例 3-2 若周期信号傅里叶级数展开式为

$$f(t) = 1 + \sum_{n=1}^{\infty}2^{-n}\left[\cos\left(\frac{n\pi}{3}\right)\cos(n50\pi t) + \sin\left(\frac{n\pi}{3}\right)\sin(n50\pi t)\right],$$

写出其指数形式的展开式。

解：由傅里叶展开式可知

$$a_0 = 1, a_n = 2^{-n}\cos\left(\frac{n\pi}{3}\right), b_n = 2^{-n}\sin\left(\frac{n\pi}{3}\right)$$

则 $F_0 = a_0 = 1, F_n = \dfrac{a_n - jb_n}{2} = \dfrac{1}{2^{n+1}}\left[\cos\left(\dfrac{n\pi}{3}\right) + \sin\left(\dfrac{n\pi}{3}\right)\right]$

$$f(t) = 1 + \sum_{n=-\infty}^{\infty}\frac{1}{2^{n+1}}\left[\cos\left(\frac{n\pi}{3}\right) + \sin\left(\frac{n\pi}{3}\right)\right]e^{jn\omega t}$$

3.2 周期信号的频谱

3.2.1 周期信号频谱的概念及特点

由上一节可知，周期信号是一系列的正弦分量 $A_n\cos(n\omega_0 t + \varphi_n)$ 或复指数分量 $F_n e^{jn\omega_0 t}$ 的线性组合。从傅里叶级数展开的角度看，各种周期信号的区别在于它们各个分量的数目、角频率 $n\omega_0$、幅度 A_n 或 $|F_n|$、相位 φ_n 不同。傅里叶系数的幅度 A_n 或 $|F_n|$ 随角频率 $n\omega_0$ 变化的规律称为信号的幅度频谱（简称幅度谱）；傅里叶系数的相位 φ_n 随角频率 $n\omega_0$ 变化的规律称为信号的相位频谱（简称相位谱）；幅度谱和相位谱总称为信号的幅相谱。

信号的频谱是信号的另一种表示，它提供了从频域角度来观察和分析信号的途径。知道了信号的频谱，也就知道了信号 $f(t)$ 本身。为了把周期信号具有的分量以及各分量的频域特征形象地表示出来，可以采用图示的办法，即在 $A_n - n\omega_0$（$|F_n| - n\omega_0$）和 $\varphi_n - n\omega_0$ 的直角坐标平面上清晰地用一系列不同高度的线段来表示出振幅或相位的数值随角频率 $n\omega_0$ 的分布状况，这些相应的高低起伏地排列出来的谱线状图形称为周期信号的幅度频谱图和相位频谱图。

由于 $f(t)$ 可以展开成三角形式和指数形式的傅里叶级数，所以其频谱有两种形式。

1. 三角频谱(单边频谱)

由于三角形傅里叶级数总有 $n \geqslant 0$,谱线只出现 $A_n - n\omega_0$ 或 $\varphi_n - n\omega_0$ 平面上的右半平面,故称作单边频谱。例如

$$f(t) = A_0 + A_1 \cos(n\omega_0 t + \varphi_1) + A_2 \cos(n\omega_0 t + \varphi_2) + \cdots \quad (3.2\text{-}1)$$

其单边频谱如图 3-3 所示。

2. 指数频谱(双边频谱)

由于指数型傅里叶级数总有 $-\infty < n < \infty$,所以 $n\omega_0$ 的取值是正负整数频率,故称作双边频谱。例如

$$
\begin{aligned}
f(t) &= F_{-2}\mathrm{e}^{-\mathrm{j}2\omega_0 t} + F_{-1}\mathrm{e}^{-\mathrm{j}\omega_0 t} + F_0 + F_1\mathrm{e}^{\mathrm{j}\omega_0 t} + F_2\mathrm{e}^{\mathrm{j}2\omega_0 t} + \cdots \\
&= |F_{-2}|\mathrm{e}^{-\mathrm{j}\varphi_2}\mathrm{e}^{-\mathrm{j}2\omega_0 t} + |F_{-1}|\mathrm{e}^{-\mathrm{j}\varphi_1}\mathrm{e}^{-\mathrm{j}\omega_0 t} + F_0 + |F_1|\mathrm{e}^{\mathrm{j}\varphi_1}\mathrm{e}^{\mathrm{j}\omega_0 t} + |F_2|\mathrm{e}^{\mathrm{j}\varphi_2}\mathrm{e}^{\mathrm{j}2\omega_0 t} + \cdots
\end{aligned}
$$
$$(3.2\text{-}2)$$

其双边频谱如图 3-4 所示。

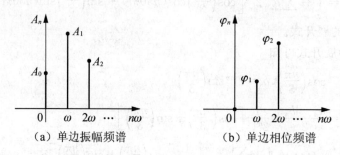

图 3-3　单边频谱图

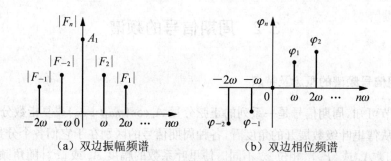

图 3-4　双边频谱图

一般地,周期信号的频谱有以下特点。

(1) 离散性。频谱图中的变量为 $\omega = n\omega_0$,由于 n 只能是整数(单边频谱中是正整数),因而谱线是离散的而非连续的,称为离散频谱。

(2) 谐波性。由于 n 只取整数,因而谱线在频谱轴上的位置是基频 ω_0 的整数倍。

(3) 收敛性。幅度 A_n 或 $|F_n|$ 总的趋势是随着 n 的增高而减小,当 n 趋于 ∞ 时,高度趋于零。

3.2.2 周期信号的功率谱

一般地，周期信号属于功率信号，以 T 为周期的信号 $f(t)$ 在 1Ω 电阻上消耗的平均功率定义为

$$P = \frac{1}{T}\int_{-\frac{T}{2}}^{\frac{T}{2}} f^2(t)\,\mathrm{d}t = \frac{1}{T}\int_T f^2(t)\,\mathrm{d}t \tag{3.2-3}$$

若 $f(t)$ 的指数形式傅里叶级数为

$$f(t) = \sum_{n=-\infty}^{\infty} F_n \mathrm{e}^{jn\omega t} \tag{3.2-4}$$

则有

$$\begin{aligned}
P &= \frac{1}{T}\int_T f(t) \sum_{n=-\infty}^{\infty} F_n \mathrm{e}^{jn\omega t}\,\mathrm{d}t \\
&= \sum_{n=-\infty}^{\infty} F_n \frac{1}{T}\int_T f(t) \mathrm{e}^{jn\omega t}\,\mathrm{d}t \\
&= \sum_{n=-\infty}^{\infty} F_n F_{-n} = \sum_{n=-\infty}^{\infty} |F_n|^2
\end{aligned} \tag{3.2-5}$$

可知，频域功率只与幅谱度谱有关而与相位谱无关。该式还可变为

$$P = F_0{}^2 + 2\sum_{n=1}^{\infty} |F_n|^2 \tag{3.2-6}$$

这两个公式称为周期信号的帕塞瓦尔(Parseval)定理，它表明周期信号的时域平均功率等于频域中各频率成分的平均功率之和。

$|F_n|^2$ 与 $n\omega_0(-\infty < n < \infty)$ 的关系，即 $P_n - n\omega_0(n \geqslant 0)$ 的关系，称为周期信号的功率谱。显然，周期信号的功率谱也是离散谱。从周期信号的功率谱中可以直观地看出频域中各平均功率分量随频率的分布情况，并可确定在周期信号的有效频带宽度内谐波分量的平均功率占整个周期信号的平均功率之比。

3.3 连续非周期信号的频谱——傅里叶变换

已经知道，周期信号的频谱是离散的，间隔为 $\omega = \dfrac{2\pi}{T}$。当周期 T 增大时，频谱的间隔缩小。当周期 T 趋于无穷大时，周期信号 $f(t)$ 变为非周期信号，同时，其谱线间隔与幅度将会趋于无穷小，原来由许多谱线组成的周期信号的离散频谱就会连成一片，成为面频谱。为了描述非周期信号的频谱特性，引入频谱密度函数。

3.3.1 傅里叶变换的定义

以 T 为周期的连续时间信号 $f(t)$，其指数形式的傅里叶级数为

$$f(t) = \sum_{n=-\infty}^{\infty} F_n \mathrm{e}^{jn\omega t} \tag{3.3-1}$$

式中：$F_n = \dfrac{1}{T}\int_T f(t) \mathrm{e}^{-jn\omega t}\,\mathrm{d}t$。

显然，当 T 趋于无穷大时，F_n 趋于零，但 $\dfrac{F_n}{1/T}$ 是有限的，此极限为

$$\lim_{T\to\infty}\frac{F_n}{1/T}=\lim_{T\to\infty}\int_{T}f(t)\mathrm{e}^{-jn\omega t}\,\mathrm{d}t=\lim_{T\to\infty}\int_{-\frac{T}{2}}^{\frac{T}{2}}f(t)\mathrm{e}^{-jn\omega t}\,\mathrm{d}t=\int_{-\infty}^{\infty}f(t)\mathrm{e}^{-jn\omega t}\,\mathrm{d}t$$

这是个变量为 ω 的函数，记作 $F(j\omega)$，即

$$F(j\omega)=\int_{-\infty}^{\infty}f(t)\mathrm{e}^{-jn\omega t}\,\mathrm{d}t \tag{3.3-2}$$

该式为非周期信号的频谱表达式，称为傅里叶正变换（FT）。

又

$$f(t)=\sum_{n=-\infty}^{\infty}F_n\mathrm{e}^{jn\omega t}=\sum_{n=-\infty}^{\infty}\frac{F_n}{1/T}\mathrm{e}^{jn\omega t}\frac{1}{T}$$

由于 $\frac{1}{T}=\frac{\omega}{2\pi}$，当 T 趋于无穷大时，$\frac{F_n}{1/T}$ 变为 $F(j\omega)$，$n\omega$ 可表示为 ω，$\frac{1}{T}$ 表示为 $\frac{\mathrm{d}\omega}{2\pi}$，求和运算变为求积分运算，因此有

$$f(t)=\frac{1}{2\pi}\int_{-\infty}^{\infty}F(j\omega)\mathrm{e}^{j\omega t}\,\mathrm{d}\omega \tag{3.3-3}$$

该式称为傅里叶反变换（逆变换，LFT）。

傅里叶正变换 $\qquad F(j\omega)=F[f(t)]=\displaystyle\int_{-\infty}^{\infty}f(t)\mathrm{e}^{-j\omega t}\,\mathrm{d}t$

傅里叶反变换 $\qquad f(t)=F^{-1}[F(j\omega)]=\dfrac{1}{2\pi}\displaystyle\int_{-\infty}^{\infty}F(j\omega)\mathrm{e}^{j\omega t}\,\mathrm{d}\omega$

$f(t)$ 和 $F(j\omega)$ 构成了傅里叶变换对，是一对一的变换。方便起见，习惯上表示为

$$f(t)\leftrightarrow F(j\omega)$$

例 3-3 求图 3-5 所示非周期矩形脉冲信号的频谱函数。

解：非周期矩形脉冲信号 $f(t)$ 的表达式为

$$f(t)=\begin{cases}A & \left(|t|\leqslant\dfrac{\tau}{2}\right)\\ 0 & \left(t>\dfrac{\tau}{2}\right)\end{cases}$$

则 $F(j\omega)=\displaystyle\int_{-\infty}^{\infty}f(t)\mathrm{e}^{-j\omega t}\,\mathrm{d}t=\int_{-\frac{\tau}{2}}^{\frac{\tau}{2}}A\mathrm{e}^{-j\omega t}\,\mathrm{d}t=-\dfrac{A}{j\omega}\mathrm{e}^{-j\omega t}\Big|_{-\frac{\tau}{2}}^{\frac{\tau}{2}}=A\tau Sa\dfrac{\omega\tau}{2}$

需要指出的是，不是所有连续函数都存在傅里叶变换。与傅里叶级数是否存在应满足狄利克雷条件一样，信号 $f(t)$ 存在傅里叶变换 $F(j\omega)$ 的条件是函数 $f(t)$ 绝对可积，即

$$\int_{-\infty}^{\infty}|f(t)|\,\mathrm{d}t<\infty \tag{3.3-4}$$

该条件称为傅里叶变换 $F(j\omega)$ 存在的狄利克雷条件，但它是一个充分而非必要条件。有些信号不是绝对可积，但傅里叶变换依然存在，如某些非功非能信号的 $F(j\omega)$ 也存在，其 $F(j\omega)$ 可用别的方法来求取。

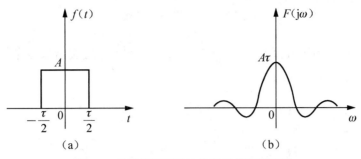

图 3-5 非周期矩形脉冲信号及其频谱函数

3.3.2 典型非周期信号的频谱

下面介绍几种典型非周期信号的傅里叶变换。

1. 单边实指数信号

单边实指数信号 $f(t)=\mathrm{e}^{-at}u(t)(a>0)$，其傅里叶变换为

$$F(\mathrm{j}\omega)=\int_0^\infty \mathrm{e}^{-at}\mathrm{e}^{-\mathrm{j}\omega t}\mathrm{d}t=\int_0^\infty \mathrm{e}^{-(a+\mathrm{j}\omega)t}\mathrm{d}t=\frac{1}{a+\mathrm{j}\omega} \tag{3.3-5}$$

即

$$\mathrm{e}^{-at}u(t)\leftrightarrow\frac{1}{a+\mathrm{j}\omega}\;(a>0) \tag{3.3-6}$$

幅度频谱和相位频谱为

$$|F(\mathrm{j}\omega)|=\frac{1}{\sqrt{a^2+\omega^2}}$$

$$\varphi(\omega)=-\arctan\left(\frac{\omega}{a}\right)$$

单边实指数信号的函数波形和幅度频谱、相位频谱如图 3-6 所示。

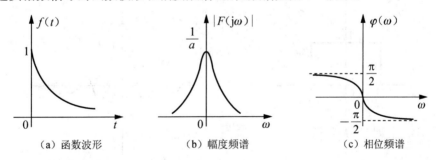

(a) 函数波形 (b) 幅度频谱 (c) 相位频谱

图 3-6 单边实指数信号的函数波形和频谱

2. 双边实指数信号

双边实指数信号 $f(t)=\mathrm{e}^{-a|t|}\;(a>0)$，其傅里叶变换为

$$F(\mathrm{j}\omega)=\int_{-\infty}^0 \mathrm{e}^{at}\mathrm{e}^{-\mathrm{j}\omega t}\mathrm{d}t+\int_0^\infty \mathrm{e}^{-at}\mathrm{e}^{-\mathrm{j}\omega t}\mathrm{d}t=\frac{1}{a-\mathrm{j}\omega}+\frac{1}{a+\mathrm{j}\omega}=\frac{2a}{a^2+\omega^2} \tag{3.3-7}$$

即

$$e^{-a|t|} \leftrightarrow \frac{2a}{a^2+\omega^2}(a>0) \qquad (3.3\text{-}8)$$

幅度频谱和相位频谱为 $|F(j\omega)|=\dfrac{2a}{a^2+\omega^2}$，$\varphi(\omega)=0$。双边实指数信号的函数波形和幅度频谱、相位频谱如图 3-7 所示。

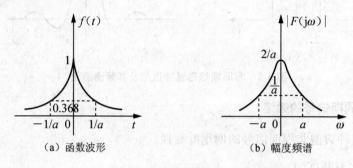

（a）函数波形   （b）幅度频谱

图 3-7 双边实指数信号的函数波形和频谱

3. 门函数信号

门函数信号 $g_\tau(t)=u\left(t+\dfrac{\tau}{2}\right)-u\left(t-\dfrac{\tau}{2}\right)$，其傅里叶变换为

$$F(j\omega)=\int_{-\frac{\tau}{2}}^{\frac{\tau}{2}} e^{-j\omega t}\,dt=-\frac{1}{j\omega}\left(e^{-j\frac{\omega\tau}{2}}-e^{j\frac{\omega\tau}{2}}\right)=\frac{2}{\omega}\sin\frac{\omega\tau}{2}=\tau Sa\frac{\omega\tau}{2} \qquad (3.3\text{-}9)$$

即

$$g_\tau(t)\leftrightarrow\tau Sa\frac{\omega\tau}{2} \qquad (3.3\text{-}10)$$

门函数信号的函数波形和幅度频谱、相位频谱如图 3-8 所示。

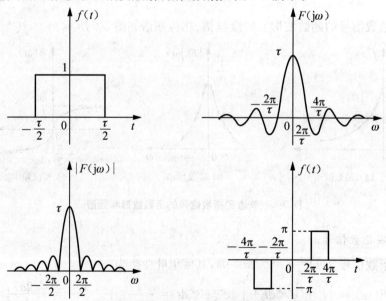

图 3-8 门函数信号的函数波形和频谱

4. 三角脉冲信号

三角脉冲信号 $f(t) = \begin{cases} 1 + \dfrac{t}{\tau} & (-\tau \leqslant t \leqslant 0) \\ 1 - \dfrac{t}{\tau} & (0 \leqslant t \leqslant \tau) \end{cases}$,其傅里叶变换为

$$F(j\omega) = \int_{-\tau}^{0} \left(1 - \frac{t}{\tau}\right) e^{-j\omega t} dt + \int_{0}^{\tau} \left(1 + \frac{t}{\tau}\right) e^{-j\omega t} dt = \tau Sa^2\left(\frac{\omega\tau}{2}\right) \qquad (3.3-11)$$

即

$$f(t) \leftrightarrow \tau Sa^2\left(\frac{\omega\tau}{2}\right) \qquad (3.3-12)$$

三角脉冲信号的函数波形和频谱如图 3-9 所示。

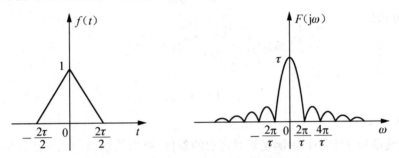

图 3-9 三角脉冲信号的函数波形和频谱

5. 单位冲激信号

单位冲激信号 $\delta(t)$,其傅里叶变换为

$$F(j\omega) = \int_{-\infty}^{\infty} \delta(t) e^{-j\omega t} dt = \int_{-\infty}^{\infty} \delta(t) dt = 1 \qquad (3.3-13)$$

即

$$\delta(t) \leftrightarrow 1 \qquad (3.3-14)$$

上述结果也可由门函数脉冲取极限得到：当脉宽 τ 逐渐变窄时,其频谱带宽必然展宽。当 τ 趋于零时,门函数脉冲就变成了 $\delta(t)$,其对应频谱必为常数 1。

单位冲激信号的函数波形和频谱如图 3-10 所示。

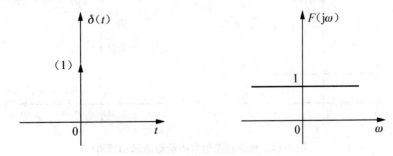

图 3-10 单位冲激信号的函数波形和频谱

6. 冲激偶函数信号

冲激偶函数信号 $\delta'(t)=\dfrac{\mathrm{d}}{\mathrm{d}t}\delta(t)$。

由 $\delta(t)\leftrightarrow 1$ 可求得傅里叶反变换

$$\delta(t)=F^{-1}[F(\mathrm{j}\omega)]=\frac{1}{2\pi}\int_{-\infty}^{\infty}F(\mathrm{j}\omega)\mathrm{e}^{\mathrm{j}\omega t}\mathrm{d}\omega=\frac{1}{2\pi}\int_{-\infty}^{\infty}\mathrm{e}^{\mathrm{j}\omega t}\mathrm{d}\omega \tag{3.3-15}$$

该式两边对 t 求导,有

$$\delta'(t)=\frac{1}{2\pi}\int_{-\infty}^{\infty}\mathrm{j}\omega\mathrm{e}^{\mathrm{j}\omega t}\mathrm{d}\omega \tag{3.3-16}$$

比较傅里叶反变换的定义式,可知 $\delta'(t)$ 的傅里叶变换为 $\mathrm{j}\omega$,即

$$\delta'(t)\leftrightarrow\mathrm{j}\omega \tag{3.3-17}$$

同理,可求得

$$\delta^{(n)}(t)=\frac{1}{2\pi}\int_{-\infty}^{\infty}(\mathrm{j}\omega)^{n}\mathrm{e}^{\mathrm{j}\omega t}\mathrm{d}\omega \tag{3.3-18}$$

即

$$\delta^{(n)}(t)\leftrightarrow(\mathrm{j}\omega)^{n} \tag{3.3-19}$$

7. 单位直流信号

单位直流信号 $f(t)=1$,不满足绝对可积的条件,可采用取极限的方法导出其傅里叶变换。直流信号可看作双边指数函数 $f(t)=\mathrm{e}^{-a|t|}$ $(a>0)$ 当 $a\to 0$ 时的极限,因此单位直流信号的傅里叶变换为 $f(t)=\mathrm{e}^{-a|t|}$ $(a>0)$ 的傅里叶变换在 $a\to 0$ 时的极限。

$$F(\mathrm{j}\omega)=\lim_{a\to 0}F[\mathrm{e}^{-a|t|}]=\lim_{a\to 0}\frac{2a}{a^{2}+\omega^{2}}=\begin{cases}\infty & (\omega=0)\\0 & (\omega\neq 0)\end{cases} \tag{3.3-20}$$

可见,它是一个以 ω 为变量的冲激函数,其冲激强度为

$$\lim_{a\to 0}\int_{-\infty}^{\infty}\frac{2a}{a^{2}+\omega^{2}}\mathrm{d}\omega=2\pi$$

因此 $F(\mathrm{j}\omega)=2\pi\delta(\omega)$,即

$$1\leftrightarrow 2\pi\delta(\omega) \tag{3.3-21}$$

单位直流信号的函数波形和频谱如图 3-11 所示。

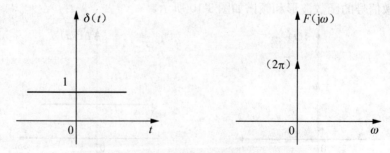

图 3-11 单位直流信号的函数波形和频谱

8. 单位阶跃信号

单位阶跃信号 $f(t)=u(t)$，可视为单边实指数信号 $f(t)=\mathrm{e}^{-at}u(t)(a>0)$当 $a\to0$ 时的极限，因此单位阶跃信号的傅里叶变换为 $f(t)=\mathrm{e}^{-at}u(t)(a>0)$ 的傅里叶变换在 $a\to0$ 时的极限。

$$F(\mathrm{j}\omega)=\lim_{a\to0}F[\mathrm{e}^{-at}u(t)]=\lim_{a\to0}\frac{1}{a+\mathrm{j}\omega}$$

$$=\lim_{a\to0}\left(\frac{a}{a^2+\omega^2}-\frac{\mathrm{j}\omega}{a^2+\omega^2}\right)=\pi\delta(\omega)+\frac{1}{\mathrm{j}\omega} \tag{3.3-22}$$

即

$$u(t)\leftrightarrow\pi\delta(\omega)+\frac{1}{\mathrm{j}\omega} \tag{3.3-23}$$

单位阶跃信号的函数波形和频谱如图 3-12 所示。

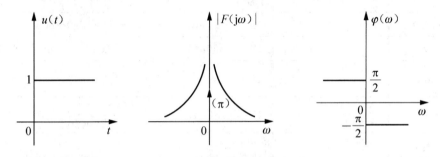

图 3-12　单位阶跃信号频谱

9. 符号函数信号

符号函数信号 $\mathrm{sgn}(t)=\begin{cases}1 & (t>0)\\-1 & (t<0)\end{cases}$不满足绝对可积条件，可借助于符号函数与双边指数函数相乘，求得 $f(t)=\mathrm{sgn}(t)\mathrm{e}^{-a|t|}(a>0)$ 的傅里叶变换，符号函数信号 $\mathrm{sgn}(t)$ 为 $f(t)$ 当 $a\to0$ 时的极限，因此 $\mathrm{sgn}(t)$ 的傅里叶变换为 $f(t)=\mathrm{sgn}(t)\mathrm{e}^{-a|t|}(a>0)$ 的傅里叶变换在 $a\to0$ 时的极限。

$$F(\mathrm{j}\omega)=\lim_{a\to0}F[\mathrm{sgn}(t)\mathrm{e}^{-a|t|}]$$

$$=\lim_{a\to0}\left(\int_{-\infty}^{0}-\mathrm{e}^{at}\mathrm{e}^{-\mathrm{j}\omega t}\mathrm{d}t+\int_{0}^{\infty}\mathrm{e}^{-at}\mathrm{e}^{-\mathrm{j}\omega t}\mathrm{d}t\right)$$

$$=\lim_{a\to0}\frac{-\mathrm{j}2\omega}{a^2+\omega^2}=\frac{2}{\mathrm{j}\omega} \tag{3.3-24}$$

即

$$\mathrm{sgn}(t)\leftrightarrow\frac{2}{\mathrm{j}\omega} \tag{3.3-25}$$

符号函数信号的函数波形和频谱如图 3-13 所示。

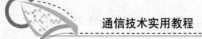
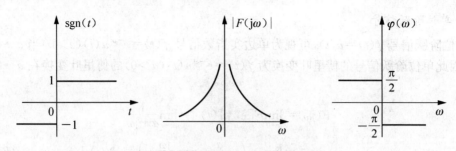

图 3-13　符号函数信号的函数波形和频谱

常用非周期信号的频谱见表 3-1。

表 3-1　常用非周期信号的频谱

序号	$f(t)$	$F(\mathrm{j}\omega)$	序号	$f(t)$	$F(\mathrm{j}\omega)$
1	$\delta(\omega)$	1	12	$\cos(\omega_0 t)$	$\pi[\delta(\omega+\omega_0)+\delta(\omega-\omega_0)]$
2	A	$2\pi A\delta(\omega)$	13	$\sin(\omega_0 t)$	$\mathrm{j}\pi[\delta(\omega+\omega_0)-\delta(\omega-\omega_0)]$
3	$u(t)$	$\pi\delta(\omega)+\dfrac{1}{\mathrm{j}\omega}$	14	$\mathrm{e}^{\mathrm{j}\omega_0 t}$	$2\pi\delta(\omega-\omega_0)$
4	$\mathrm{sgn}(t)$	$\dfrac{2}{\mathrm{j}\omega}$	15	$Sa(\omega_0 t)$	$\dfrac{\pi}{\omega_0}G_{2\omega_0}(\omega)$
5	$\mathrm{e}^{-at}u(t)$ $(a>0)$	$\dfrac{1}{a+\mathrm{j}\omega}$	16	$tu(t)$	$\mathrm{j}\pi\delta'(\omega)-\dfrac{1}{\omega^2}$
6	$\mathrm{e}^{-at}u(-t)$ $(a>0)$	$\dfrac{1}{a-\mathrm{j}\omega}$	17	$u(t)\cos(\omega_0 t)$	$\dfrac{\pi}{2}[\delta(\omega+\omega_0)+\delta(\omega-\omega_0)]+\dfrac{\mathrm{j}\omega_0}{\omega_0^2-\omega^2}$
7	$\mathrm{e}^{-a\lvert t\rvert}$ $(a>0)$	$\dfrac{2a}{a^2+\omega^2}$	18	$u(t)\sin(\omega_0 t)$	$\mathrm{j}\dfrac{\pi}{2}[\delta(\omega+\omega_0)-\delta(\omega-\omega_0)]+\dfrac{\omega_0}{\omega_0^2-\omega^2}$
8	t	$2\pi\mathrm{j}\dfrac{\mathrm{d}}{\mathrm{d}\omega}\delta(\omega)$	19	$A g_\tau(t)$	$A\tau Sa\dfrac{\omega\tau}{2}$
9	t^n	$2\pi(\mathrm{j})^n\dfrac{\mathrm{d}^n}{\mathrm{d}\omega^n}\delta(\omega)$	20	$t\mathrm{e}^{-at}u(t)$ $(a>0)$	$\dfrac{1}{(a+\mathrm{j}\omega)^2}$
10	$\dfrac{1}{t}$	$-\mathrm{j}\pi\mathrm{sgn}(\omega)$	21	$t^2\mathrm{e}^{-at}u(t)$ $(a>0)$	$\dfrac{2}{(a+\mathrm{j}\omega)^3}$
11	$\lvert t\rvert$	$-\dfrac{2}{\omega^2}$	22	$t^n u(t)$	$\pi(\mathrm{j})^n\dfrac{\mathrm{d}^n}{\mathrm{d}\omega^n}\delta(\omega)+\dfrac{(-1)^n n!}{\omega^{n+1}}$

3.3.3　傅里叶变换的性质

1. 线性

若

$$f_i(t)\leftrightarrow F_i(\mathrm{j}\omega),a_i\text{为常数}\quad(i=0,1,2,\cdots,n),$$

则

$$\sum_{i=1}^{\infty} a_i f_i(t) \leftrightarrow \sum_{i=1}^{\infty} a_i F_i(j\omega) \tag{3.3-26}$$

简单地说，就是时域函数线性组合后的变换等于各自变换的线性组合。

例3-4 已知信号 $f(t)$ 的波形如图 3-14 所示，求 $f(t)$ 的频谱函数。

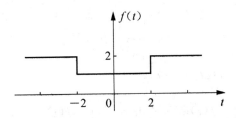

图3-14 $f(t)$ 的波形图

解：$f(t)$ 可看成直流信号与宽度为 4 方波相减，即 $f(t) = 2 - g_4(t)$

由线性性质，及 $1 \leftrightarrow 2\pi\delta(\omega)$，$g_\tau(t) \leftrightarrow \tau Sa\dfrac{\omega\tau}{2}$，得

$$F(j\omega) = 4\pi\delta(\omega) - 4Sa2\omega。$$

2. 对称性

若

$$f(t) \leftrightarrow F(j\omega)$$

则

$$F(jt) \leftrightarrow 2\pi f(-\omega) \tag{3.3-27}$$

证明：

$$f(t) = \frac{1}{2\pi}\int_{-\infty}^{\infty} F(j\omega) e^{j\omega t} d\omega$$

$$f(-t) = \frac{1}{2\pi}\int_{-\infty}^{\infty} F(j\omega) e^{-j\omega t} d\omega$$

$$2\pi f(-t) = \int_{-\infty}^{\infty} F(j\omega) e^{-j\omega t} d\omega$$

t 与 ω 互换，得

$$2\pi f(-\omega) = \int_{-\infty}^{\infty} F(jt) e^{-j\omega t} dt$$

即

$$F(jt) \leftrightarrow 2\pi f(-\omega)$$

例3-5 求信号 $f(t) = \dfrac{1}{\pi t}$ 的傅里叶变换。

解：由 $\mathrm{sgn}(t) \leftrightarrow \dfrac{2}{j\omega}$ 及对称性可知

$$\frac{2}{jt} \leftrightarrow 2\pi \mathrm{sgn}(-\omega) = -2\pi \mathrm{sgn}(\omega)$$

由线性性质，得

$$\frac{1}{\pi t} \leftrightarrow -j\mathrm{sgn}(\omega)$$

3. 展缩性(尺度变换)

若

$$f(t) \leftrightarrow F(j\omega)$$

则对任意非零实常数 a,有

$$f(at) \leftrightarrow \frac{1}{|a|} F\left(j \frac{\omega}{a}\right) \tag{3.3-28}$$

证明： $F[f(at)] = \int_{-\infty}^{\infty} f(at) e^{-j\omega t} dt$

$$= \begin{cases} \int_{-\infty}^{\infty} f(\tau) e^{-j\omega \frac{\tau}{a}} \frac{1}{a} d\tau = \frac{1}{a} \int_{-\infty}^{\infty} f(\tau) e^{-j\omega \frac{\tau}{a}} d\tau & (a > 0) \\ \int_{\infty}^{-\infty} f(\tau) e^{-j\omega \frac{\tau}{a}} \frac{1}{a} d\tau = -\frac{1}{a} \int_{-\infty}^{\infty} f(\tau) e^{-j\omega \frac{\tau}{a}} d\tau & (a > 0) \end{cases} \quad (\Leftrightarrow at = \tau)$$

$$= \frac{1}{|a|} \int_{-\infty}^{\infty} f(\tau) e^{-j\omega \frac{\tau}{a}} d\tau = \frac{1}{|a|} \int_{-\infty}^{\infty} f(t) e^{-j\frac{\omega}{a}t} dt$$

即

$$f(at) \leftrightarrow \frac{1}{|a|} F\left(j \frac{\omega}{a}\right)$$

该式表明,信号在时域中波形的压缩,其对应的频域图形就扩展;而时域波形的扩展,其对应的频谱就压缩,而且展缩的倍数是一样的,如图 3-15 所示。

特殊地,有 $f(-t) \leftrightarrow F(-j\omega)$,表明信号若在时域中有反转,则其频域波形也跟着反转。

4. 时移性

若

$$f(t) \leftrightarrow F(j\omega)$$

则

$$f(t-t_0) \leftrightarrow F(j\omega) e^{-j\omega t_0} \tag{3.3-29}$$

$$f(t+t_0) \leftrightarrow F(j\omega) e^{j\omega t_0} \tag{3.3-30}$$

证明： $F[f(t-t_0)] = \int_{-\infty}^{\infty} f(t-t_0) e^{-j\omega t} dt = \int_{-\infty}^{\infty} f(t-t_0) e^{-j\omega(t-t_0)} e^{-j\omega t_0} dt$

$$= e^{-j\omega t_0} \int_{-\infty}^{\infty} f(t-t_0) e^{-j\omega(t-t_0)} dt$$

$$= e^{-j\omega t_0} \int_{-\infty}^{\infty} f(\tau) e^{-j\omega\tau} d\tau = F(j\omega) e^{-j\omega t_0}$$

同理可证 $f(t+t_0) \leftrightarrow F(j\omega) e^{j\omega t_0}$。

例 3-6 已知 $f(t) \leftrightarrow F(j\omega)$,$g(t) = f(2t+4)$,求 $g(t)$ 的傅里叶变换。

解： $g(t)$ 是 $f(t)$ 经过平移、压缩两种运算得到的,两种运算顺序不一样,计算过程也就有所不同。

先平移后压缩　$f(t+4) \leftrightarrow e^{j4\omega} F(j\omega)$,$f(2t+4) \leftrightarrow \frac{1}{2} e^{j2\omega} F\left(j \frac{\omega}{2}\right)$。

先压缩后平移2t) $\leftrightarrow \frac{1}{2} F\left(j \frac{\omega}{2}\right)$,$f(2t+4) = f[2(t+2)] \leftrightarrow e^{j2\omega} \frac{1}{2} F\left(j \frac{\omega}{2}\right)$。

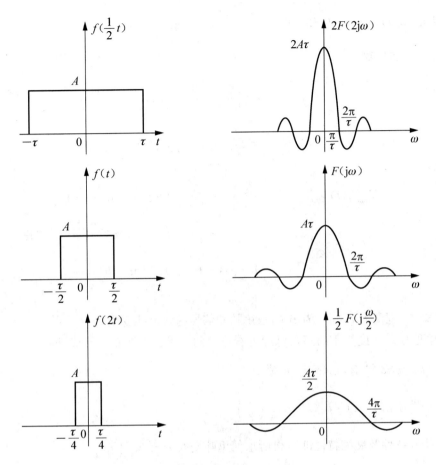

图 3-15　展缩性举例说明

5. 频移性

若

$$f(t) \leftrightarrow F(j\omega)$$

则

$$f(t)e^{-j\omega_0 t} \leftrightarrow F[j(\omega+\omega_0)] \tag{3.3-31}$$

$$f(t)e^{j\omega_0 t} \leftrightarrow F[j(\omega-\omega_0)] \tag{3.3-32}$$

证明： $F[f(t)e^{-j\omega_0 t}] = \int_{-\infty}^{\infty} f(t)e^{-j\omega_0 t}e^{-j\omega t}dt$

$$= \int_{-\infty}^{\infty} f(t)e^{-j(\omega+\omega_0)t}dt = F[j(\omega+\omega_0)]$$

同理可证　　　　　　　$f(t)e^{j\omega_0 t} \leftrightarrow F[j(\omega-\omega_0)]$。

例 3-7　利用频移性求三角函数的傅里叶变换。

解： 由 $1 \leftrightarrow 2\pi\delta(\omega)$ 及频移性质可知

$$e^{j\omega_0 t} \leftrightarrow 2\pi\delta(\omega-\omega_0), e^{-j\omega_0 t} \leftrightarrow 2\pi\delta(\omega+\omega_0)$$

则 $\cos(\omega_0 t) = \dfrac{1}{2}(e^{j\omega_0 t}+e^{-j\omega_0 t}) \leftrightarrow \pi\delta(\omega-\omega_0)+\pi\delta(\omega+\omega_0)$。

同理 $\sin(\omega_0 t)=\dfrac{1}{2j}(e^{j\omega_0 t}-e^{-j\omega_0 t})\leftrightarrow j\pi\delta(\omega+\omega_0)-j\pi\delta(\omega-\omega_0)$。

6. 时域卷积定理

若

$$f_1(t)\leftrightarrow F_1(j\omega), f_2(t)\leftrightarrow F_2(j\omega)$$

则

$$f_1(t) \cdot f_2(t)\leftrightarrow F_1(j\omega)F_2(j\omega) \tag{3.3-33}$$

证明：

$$\begin{aligned}
F[f_1(t) \cdot f_2(t)] &=\int_{-\infty}^{\infty}\left[\int_{-\infty}^{\infty}f_1(\tau)f_2(t-\tau)d\tau\right]e^{-j\omega t}dt \\
&=\int_{-\infty}^{\infty}f_1(\tau)\left[\int_{-\infty}^{\infty}f_2(t-\tau)e^{-j\omega(t-\tau)}dt\right]e^{-j\omega\tau}d\tau \\
&=\int_{-\infty}^{\infty}f_1(\tau)F_2(j\omega)e^{-j\omega\tau}d\tau \\
&=F_1(j\omega)F_2(j\omega)
\end{aligned}$$

例 3-8 求宽度为 τ，幅度为 A 的三角脉冲信号的傅里叶变换。

解： 宽度为 2，幅度为 1 的三角脉冲可看作由两个单位方波卷积而成，即 $g_1(t) \cdot g_1(t)$

由 $g_\tau(t)\leftrightarrow\tau Sa\dfrac{\omega\tau}{2}$ 有，$g_1(t)\leftrightarrow Sa\dfrac{\omega}{2}$。

由卷积性质由 $g_1(t) \cdot g_1(t)\leftrightarrow Sa^2\left(\dfrac{\omega}{2}\right)$。

利用线性特性及展缩特性即可得所求傅里叶变换为 $\dfrac{A\tau}{2}Sa^2\left(\dfrac{\omega\tau}{4}\right)$。

7. 频域卷积定理

若

$$f_1(t)\leftrightarrow F_1(j\omega), f_2(t)\leftrightarrow F_2(j\omega)$$

则

$$f_1(t)f_2(t)\leftrightarrow\dfrac{1}{2\pi}F_1(j\omega) \cdot F_2(j\omega) \tag{3.3-34}$$

证明：

$$\begin{aligned}
F^{-1}\left[\dfrac{1}{2\pi}F_1(j\omega) \cdot F_2(j\omega)\right] &=\dfrac{1}{2\pi}\int_{-\infty}^{\infty}\left\{\dfrac{1}{2\pi}\int_{-\infty}^{\infty}F_1(ju)F_2[j(\omega-u)]du\right\}e^{j\omega t}d\omega \\
&=\dfrac{1}{2\pi}\int_{-\infty}^{\infty}F_1(ju)\left[\dfrac{1}{2\pi}\int_{-\infty}^{\infty}F_2[j(\omega-u)]e^{j\omega t}d\omega\right]du \\
&=\dfrac{1}{2\pi}\int_{-\infty}^{\infty}F_1(ju)\left[\dfrac{1}{2\pi}\int_{-\infty}^{\infty}F_2[j(\omega-u)]e^{j(\omega-u)t}d\omega\right]e^{jut}du \\
&=\dfrac{1}{2\pi}\int_{-\infty}^{\infty}F_1(ju)f_2(t)e^{jut}du \\
&=f_2(t)\dfrac{1}{2\pi}\int_{-\infty}^{\infty}F_1(ju)e^{jut}du=f_1(t)f_2(t)
\end{aligned}$$

例 3-9 求信号 $f(t) = \dfrac{\sin(2t)}{t}\cos(50t)$ 的傅里叶变换。

解： $\dfrac{\sin(2t)}{t} = 2Sa(2t)$，其傅里叶变换为 $\pi[u(\omega+2)-u(\omega-2)]$。$\cos(50t)$ 的傅里叶变换为 $\pi[\delta(\omega+50)+\delta(\omega-50)]$。

则 $f(t)$ 的傅里叶变换为

$$F(j\omega) = \frac{1}{2\pi}\pi[u(\omega+2)-u(\omega-2)] \cdot \pi[\delta(\omega+50)+\delta(\omega-50)]$$

$$= \frac{1}{2}[u(\omega+52)+u(\omega-48)-u(\omega+48)-u(\omega-52)]$$

8. 时域微分

若

$$f(t) \leftrightarrow F(j\omega)$$

则

$$f'(t) \leftrightarrow j\omega F(j\omega) \tag{3.3-35}$$

$$f^{(n)}(t) \leftrightarrow (j\omega)^n F(j\omega) \tag{3.3-36}$$

证明：

$$f(t) = \frac{1}{2\pi}\int_{-\infty}^{\infty} F(j\omega)e^{j\omega t}\,d\omega$$

$$f'(t) = \frac{1}{2\pi}\int_{-\infty}^{\infty} F(j\omega)j\omega e^{j\omega t}\,d\omega = \frac{1}{2\pi}\int_{-\infty}^{\infty} j\omega F(j\omega)e^{j\omega t}\,d\omega$$

即 $f'(t) \leftrightarrow j\omega F(j\omega)$，同理可推出 $f^{(n)}(t) \leftrightarrow (j\omega)^n F(j\omega)$。

例 3-10 求宽度为 τ，幅度为 A 的三角脉冲信号 $f(t)$ 的傅里叶变换。

解： $f(t)$ 的导数 $f'(t) = \dfrac{2A}{\tau}g_{\frac{\tau}{2}}\left(t+\dfrac{\tau}{4}\right) - \dfrac{2A}{\tau}g_{\frac{\tau}{2}}\left(t-\dfrac{\tau}{4}\right)$

由 $g_\tau(t) \leftrightarrow \tau Sa\dfrac{\omega\tau}{2}$ 有，$f'(t) \leftrightarrow 2ASa\dfrac{\omega\tau}{4}e^{j\omega\frac{\tau}{4}} - 2ASa\dfrac{\omega\tau}{4}e^{-j\omega\frac{\tau}{4}} = j\dfrac{2A}{\tau}\sin\dfrac{\omega\tau}{4}Sa\dfrac{\omega\tau}{4}$

则

$$f(t) \leftrightarrow \frac{j2A\sin\frac{\omega\tau}{4}Sa\frac{\omega\tau}{4}}{j\omega} = \frac{2A}{\omega}\sin\frac{\omega\tau}{4}Sa\frac{\omega\tau}{4} = \frac{A\tau}{2}Sa^2\left(\frac{\omega\tau}{4}\right)。$$

9. 频域微分

若

$$f(t) \leftrightarrow F(j\omega)$$

则

$$tf(t) \leftrightarrow j\frac{dF(j\omega)}{d\omega} \tag{3.3-37}$$

$$t^n f(t) \leftrightarrow (j)^n \frac{d^n F(j\omega)}{d\omega^n} \tag{3.3-38}$$

证明： $F[f(t)] = F(j\omega) = \displaystyle\int_{-\infty}^{\infty} f(t)e^{-j\omega t}\,dt$

$$\frac{\mathrm{d}F(\mathrm{j}\omega)}{\mathrm{d}\omega} = \int_{-\infty}^{\infty} f(t)\,(-\mathrm{j}t)\,\mathrm{e}^{-\mathrm{j}\omega t}\,\mathrm{d}t$$

$$\mathrm{j}\frac{\mathrm{d}F(\mathrm{j}\omega)}{\mathrm{d}\omega} = \int_{-\infty}^{\infty} tf(t)\,\mathrm{e}^{-\mathrm{j}\omega t}\,\mathrm{d}t$$

即 $tf(t)\leftrightarrow\mathrm{j}\dfrac{\mathrm{d}F(\mathrm{j}\omega)}{\mathrm{d}\omega}$，同理可推出 $t^n f(t)\leftrightarrow(j)^n\dfrac{\mathrm{d}^n F(\mathrm{j}\omega)}{\mathrm{d}\omega^n}$。

例 3-11　求信号 $f(t)=tu(t)$ 的傅里叶变换。

解：$u(t)\leftrightarrow\pi\delta(\omega)+\dfrac{1}{\mathrm{j}\omega}$

则 $tu(t)\leftrightarrow\mathrm{j}\dfrac{\mathrm{d}}{\mathrm{d}\omega}\left[\pi\delta(\omega)+\dfrac{1}{\mathrm{j}\omega}\right]=\mathrm{j}\pi\delta'(\omega)-\dfrac{1}{\omega^2}$。

10. 时域积分

若

$$f(t)\leftrightarrow F(\mathrm{j}\omega)$$

则

$$\int_{-\infty}^{t} f(\tau)\mathrm{d}\tau\leftrightarrow\frac{F(\mathrm{j}\omega)}{\mathrm{j}\omega}+\pi F(0)\delta(\omega) \tag{3.3-39}$$

证明：

$$F\left[\int_{-\infty}^{t} f(\tau)\mathrm{d}\tau\right] = \int_{-\infty}^{\infty}\left[\int_{-\infty}^{t} f(\tau)\mathrm{d}\tau\right]\mathrm{e}^{-\mathrm{j}\omega t}\,\mathrm{d}t$$

$$= \int_{-\infty}^{\infty}\left[\int_{-\infty}^{\infty} f(\tau)u(t-\tau)\mathrm{d}\tau\right]\mathrm{e}^{-\mathrm{j}\omega t}\,\mathrm{d}t$$

$$= \int_{-\infty}^{\infty} f(\tau)\left[\int_{-\infty}^{\infty} u(t-\tau)\mathrm{e}^{-\mathrm{j}\omega(t-\tau)}\,\mathrm{d}t\right]\mathrm{e}^{-\mathrm{j}\omega\tau}\,\mathrm{d}\tau$$

$$= \int_{-\infty}^{\infty} f(\tau)\left[\pi\delta(\omega)+\frac{1}{\mathrm{j}\omega}\right]\mathrm{e}^{-\mathrm{j}\omega\tau}\,\mathrm{d}\tau$$

$$= \left[\pi\delta(\omega)+\frac{1}{\mathrm{j}\omega}\right]\int_{-\infty}^{\infty} f(\tau)\mathrm{e}^{-\mathrm{j}\omega\tau}\,\mathrm{d}\tau$$

$$= \left[\pi\delta(\omega)+\frac{1}{\mathrm{j}\omega}\right]F(\mathrm{j}\omega)$$

$$= \frac{F(\mathrm{j}\omega)}{\mathrm{j}\omega}+\pi F(0)\delta(\omega)$$

例 3-12　求阶跃信号 $u(t)$ 的傅里叶变换。

解：$u(t)=\displaystyle\int_{-\infty}^{t}\delta(\tau)\mathrm{d}\tau$

由 $\delta(t)\leftrightarrow 1$ 得 $u(t)$ 的傅里叶变换

$$F(\mathrm{j}\omega)=\frac{F(\mathrm{j}\omega)}{\mathrm{j}\omega}+\pi F(0)\delta(\omega)=\frac{1}{\mathrm{j}\omega}+\pi\delta(\omega)$$

11. 频域积分

若

$$f(t)\leftrightarrow F(\mathrm{j}\omega)$$

则

$$\pi f(0)\delta(t) + \mathrm{j}\frac{f(t)}{t} \leftrightarrow \int_{-\infty}^{\omega} F(\mathrm{j}\Omega)\mathrm{d}\Omega \qquad (3.3\text{-}40)$$

证明：

$$\int_{-\infty}^{\omega} F(\mathrm{j}\Omega)\mathrm{d}\Omega = F(\mathrm{j}\omega) \cdot u(\omega)$$

又 $u(t) \leftrightarrow \pi\delta(\omega) + \dfrac{1}{\mathrm{j}\omega}$，由对称性有 $\pi\delta(t) + \dfrac{1}{\mathrm{j}t} \leftrightarrow 2\pi u(-\omega)$，即 $\dfrac{1}{2\pi}\left[\pi\delta(t) - \dfrac{1}{\mathrm{j}t}\right] \leftrightarrow u(\omega)$，根据频域卷积定理

$$f_1(t)f_2(t) \leftrightarrow \frac{1}{2\pi}F_1(\mathrm{j}\omega) \cdot F_2(\mathrm{j}\omega)$$

有

$$\left[2\pi f(t)\right]\left\{\frac{1}{2\pi}\left[\pi\delta(t) - \frac{1}{\mathrm{j}t}\right]\right\} \leftrightarrow \int_{-\infty}^{\omega} F(\mathrm{j}\Omega)\mathrm{d}\Omega$$

即

$$\pi f(0)\delta(t) + \mathrm{j}\frac{f(t)}{t} \leftrightarrow \int_{-\infty}^{\omega} F(\mathrm{j}\Omega)\mathrm{d}\Omega \,.$$

12. 奇偶虚实性

若

$$f(t) \leftrightarrow F(\mathrm{j}\omega) = R(\omega) + \mathrm{j}X(\omega)$$

(1) $f(t)$ 为实函数

$$F(\mathrm{j}\omega) = \int_{-\infty}^{\infty} f(t)\mathrm{e}^{-\mathrm{j}\omega t}\mathrm{d}t = \int_{-\infty}^{\infty} f(t)\cos(\omega t)\mathrm{d}t - \mathrm{j}\int_{-\infty}^{\infty} f(t)\sin(\omega t)\mathrm{d}t$$

则

$$R(\omega) = \int_{-\infty}^{\infty} f(t)\cos(\omega t)\mathrm{d}t = R(-\omega) \ \text{为 } \omega \text{ 的偶函数}\,.$$

$$X(\omega) = -\int_{-\infty}^{\infty} f(t)\sin(\omega t)\mathrm{d}t = -X(-\omega) \ \text{为 } \omega \text{ 的奇函数}\,.$$

若 $f(t)$ 为实偶函数，则

$$R(\omega) = 2\int_0^{\infty} f(t)\cos(\omega t)\mathrm{d}t, X(\omega) = 0\,.$$

$$F(\mathrm{j}\omega) = R(\omega) = 2\int_0^{\infty} f(t)\cos(\omega t)\mathrm{d}t, \text{为 } \omega \text{ 的实偶函数}\,.$$

若 $f(t)$ 为实奇函数，则

$$R(\omega) = 0, X(\omega) = -2\int_0^{\infty} f(t)\sin(\omega t)\mathrm{d}t$$

$$F(\mathrm{j}\omega) = \mathrm{j}X(\omega) = -2\mathrm{j}\int_0^{\infty} f(t)\sin(\omega t)\mathrm{d}t, \text{为 } \omega \text{ 的实奇函数}\,.$$

(2) $f(t)$ 为虚函数，即 $f(t) = \mathrm{j}g(t)$。

$$F(\mathrm{j}\omega) = \int_{-\infty}^{\infty} \mathrm{j}g(t)\cos(\omega t)\mathrm{d}t - \mathrm{j}\int_{-\infty}^{\infty} g(t)\sin(\omega t)\mathrm{d}t$$

则

$$R(\omega) = \int_{-\infty}^{\infty} g(t)\sin(\omega t)\mathrm{d}t \ \text{为 } \omega \text{ 的奇函数}\,.$$

$$X(\omega) = \int_{-\infty}^{\infty} g(t)\cos(\omega t)\,\mathrm{d}t \text{ 为 } \omega \text{ 的偶函数}。$$

无论 $f(t)$ 是实函数还是复函数，都有

$$F[f(-t)] = F(-\mathrm{j}\omega), F[f^*(t)] = F^*(-\mathrm{j}\omega), F[f^*(-t)] = F^*(\mathrm{j}\omega) \quad (3.3\text{-}41)$$

傅里叶变换的基本性质列于表 3-2。

表 3-2　傅里叶变换的基本性质

名　称	$f(t)$	$F(\mathrm{j}\omega)$
线性	$\sum_i a_i f_i(t)$	$\sum_i a_i F_i(\mathrm{j}\omega)$
对称性	$F(\mathrm{j}t)$	$2\pi f(-\omega)$
尺度变换	$f(at)$	$\dfrac{1}{\lvert a\rvert}F\left(\mathrm{j}\dfrac{\omega}{a}\right)$
	$f(-t)$	$F(-\mathrm{j}\omega)$
时移特性	$f(t\pm t_0)$	$e^{\pm\mathrm{j}\omega t_0}F(\mathrm{j}\omega)$
	$f(at-b)$	$\dfrac{1}{\lvert a\rvert}e^{-\mathrm{j}\omega\frac{b}{a}}F\left(\mathrm{j}\dfrac{\omega}{a}\right)$
频移特性	$f(t)e^{\pm\mathrm{j}\omega_0 t}$	$F[\mathrm{j}(\omega\mp\omega_0)]$
	$f(t)\cos(\omega_0 t)$	$\dfrac{1}{2}\{F[\mathrm{j}(\omega+\omega_0)]+F[\mathrm{j}(\omega-\omega_0)]\}$
	$f(t)\sin(\omega_0 t)$	$\dfrac{\mathrm{j}}{2}\{F[\mathrm{j}(\omega+\omega_0)]-F[\mathrm{j}(\omega-\omega_0)]\}$
时域卷积	$f_1(t) * f_2(t)$	$F_1(\mathrm{j}\omega)F_2(\mathrm{j}\omega)$
频域卷积	$f_1(t)f_2(t)$	$\dfrac{1}{2\pi}F_1(\mathrm{j}\omega)\cdot F_2(\mathrm{j}\omega)$
时域微分	$f'(t)$	$\mathrm{j}\omega F(\mathrm{j}\omega)$
	$f^{(n)}(t)$	$(\mathrm{j}\omega)^n F(\mathrm{j}\omega)$
频域微分	$tf(t)$	$\mathrm{j}\dfrac{\mathrm{d}F(\mathrm{j}\omega)}{\mathrm{d}\omega}$
	$t^n f(t)$	$(\mathrm{j})^n\dfrac{\mathrm{d}^n F(\mathrm{j}\omega)}{\mathrm{d}\omega^n}$
时域积分	$\displaystyle\int_{-\infty}^{t}f(\tau)\,\mathrm{d}\tau$	$\dfrac{F(\mathrm{j}\omega)}{\mathrm{j}\omega}+\pi F(0)\delta(\omega)$
频域积分	$\pi f(0)\delta(t)+\mathrm{j}\dfrac{f(t)}{t}$	$\displaystyle\int_{-\infty}^{\omega}F(\mathrm{j}\Omega)\,\mathrm{d}\Omega$
能量谱		$G(\mathrm{j}\omega)=\dfrac{1}{\pi}\lvert F(\mathrm{j}\omega)\rvert^2$

名称	$f(t)$	$F(j\omega)$
功率谱	非周期信号 $D(j\omega)=\lim_{T\to\infty}\dfrac{\mid F(j\omega)\mid^2}{T}$	
	周期信号 $D(j\omega)=2\pi\sum_{n=-\infty}^{\infty}\mid F_n\mid^2\delta(\omega-n\omega_0)$	

3.4 连续信号通过 LTI 系统的频域分析

3.4.1 基本信号激励下LTI系统的频域分析

1. 冲激信号 $\delta(t)$ 激励下的零状态响应

当系统的激励为冲激信号 $\delta(t)$ 时,系统的零状态响应为冲激响应 $h(t)$,即

$$f(t)=\delta(t)\to y_f(t)=h(t)$$

根据时域卷积定理

$$F(j\omega)=1\to Y_f(j\omega)=H(j\omega)$$

式中:$H(j\omega)$ 称为频域系统函数。由此可得

$$h(t)\leftrightarrow H(j\omega) \tag{3.4-1}$$

式(3.4-1)表明,系统函数 $H(j\omega)$ 与系统冲激响应 $h(t)$ 为傅里叶变换对。

2. 虚指数信号 $e^{j\omega t}$ 激励下的零状态响应

当系统的激励为虚指数信号 $f(t)=e^{j\omega t}$ 时,零状态响应可由卷积积分求得

$$y_f(t)=e^{j\omega t}\cdot h(t)=\int_{-\infty}^{\infty}e^{j\omega(t-\tau)}h(\tau)d\tau$$

$$=e^{j\omega t}\int_{-\infty}^{\infty}e^{-j\omega\tau}h(\tau)d\tau=e^{j\omega t}H(j\omega) \tag{3.4-2}$$

可见,当虚指数信号 $f(t)=e^{j\omega t}$ 作用于 LTI 连续系统时,其响应仍为同频率的虚指数信号,但响应比激励加权了一个同频率复数 $H(j\omega)$。这正是系统频率域分析法的物理基础。

3. 正弦信号 $\cos(\omega t)$ 激励下的零状态响应

当系统的激励为正弦信号 $f(t)=F_m\cos(\omega t+\varphi)$ 时,根据欧拉公式

$$F_m\cos(\omega t+\varphi)=\frac{F_m}{2}(e^{j\varphi}e^{j\omega t}+e^{-j\varphi}e^{-j\omega t})$$

系统零状态响应为

$$y_f(t)=\frac{F_m}{2}\big[e^{j\varphi}e^{j\omega t}H(j\omega)+e^{-j\varphi}e^{-j\omega t}H(-j\omega)\big]$$

$$=\frac{F_m}{2}\big[\mid H(j\omega)\mid e^{j\varphi}e^{j\omega t}+\mid H(j\omega)\mid e^{-j\varphi}e^{-j\omega t}e^{-j\theta(\omega)}\big]$$

$$=F_m\mid H(j\omega)\mid\frac{e^{j\varphi}e^{j\omega t}+e^{-j[\varphi+\omega t+\theta(\omega)]}}{2}$$

$$=F_m\mid H(j\omega)\mid\cos[\varphi+\omega t+\theta(\omega)] \tag{3.4-3}$$

该式更清楚地表明了系统频率响应的物理含义。如果系统输入信号是正弦信号，那么系统的零状态响应 $y_f(t)$ 就是同频率的正弦稳态响应 $y_s(t)$，与激励正弦信号比较只是响应信号的幅度和相位有了变化。正弦稳态响应信号与正弦输入信号幅度的比值随频率的变化就是系统的幅频响应；正弦稳态响应信号与正弦输入信号相位之差随频率的变化就是系统的相频响应，两者合起来就是系统的频率响应。因此，正弦信号激励下，LTI 连续系统的正弦稳态响应，可以在傅里叶变换的基础上结合相量分析法求得。

还可以看出，当某一频率点上 $H(j\omega)=0$ 时，这个频率的输入信号在输出端是不会有对应频率成分的输出，因此系统频率响应描述了系统对不同频率的一种选择作用。

例 3-12 若系统函数 $H(j\omega)=\dfrac{1}{j\omega+1}$，激励信号为 $f(t)=\sin t+\sin(3t)$

解：$H(j\omega)=\dfrac{1}{j\omega+1}=\dfrac{1-j\omega}{1+\omega^2}=|H(j\omega)|e^{j\theta(\omega)}$

式中：$|H(j\omega)|=\dfrac{1}{\sqrt{1+\omega^2}}$；$\theta(\omega)=-\arctan\omega$。

当 $\omega=1$ 时，$|H(j\omega)|=\dfrac{1}{\sqrt{2}}$，$\theta(\omega)=-45°$；

当 $\omega=3$ 时，$|H(j\omega)|=\dfrac{1}{\sqrt{10}}$，$\theta(\omega)=-\arctan 3\approx-72°$。

由 $f(t)=\sin t+\sin(3t)$ 可得

$$y_f(t)=\frac{1}{\sqrt{2}}\sin(t-45°)+\sin(3t-72°)$$

4. 微分方程描述的 LTI 系统响应

线性时不变系统的数学模型可以用 n 阶常系统线性微分方程来描述，即

$$a_n y^{(n)}(t)+a_{n-1}y^{(n-1)}(t)+\cdots+a_1 y'(t)+a_0 y(t)$$
$$=b_m f^{(m)}(t)+b_{m-1}f^{(m-1)}(t)+\cdots+b_1 f'(t)+b_0 f(t) \tag{3.4-4}$$

式中：$f(t)$ 为系统的输入激励；$y(t)$ 为输出响应。

对上式两边进行傅里叶变换，并利用傅里叶变换的时域微分特性，可得

$$[a_n(j\omega)^n+a_{n-1}(j\omega)^{n-1}+\cdots+a_1(j\omega)+a_0]Y(j\omega)$$
$$=[b_m(j\omega)^m+b_{m-1}(j\omega)^{m-1}+\cdots+b_1(j\omega)+b_0]F(j\omega)$$

式中：$F(j\omega)$ 为输入信号的傅里叶变换；$Y(j\omega)$ 为输出信号的傅里叶变换。

系统的频率响应为

$$H(j\omega)=\frac{Y(j\omega)}{F(j\omega)}=\frac{b_m(j\omega)^m+b_{m-1}(j\omega)^{m-1}+\cdots+b_1(j\omega)+b_0}{a_n(j\omega)^n+a_{n-1}(j\omega)^{n-1}+\cdots+a_1(j\omega)+a_0} \tag{3.4-5}$$

例 3-13 已知某线性系统的微分方程为 $y''(t)+3y'(t)+2y(t)=3f'(t)+4f(t)$，系统的输入激励 $f(t)=e^{-3t}u(t)$，求系统的零状态响应 $y_f(t)$。

解：系统的频率响应 $H(j\omega)$ 为

$$H(j\omega)=\frac{3(j\omega)+4}{(j\omega)^2+3(j\omega)+2}$$

输入激励 $f(t)$ 对应的频谱函数为

$$F(j\omega) = \frac{1}{j\omega + 3}$$

则系统的零状态响应 $y_f(t)$ 的频谱函数

$$Y(j\omega) = H(j\omega)F(j\omega) = \frac{3(j\omega) + 4}{(j\omega + 1)(j\omega + 2)} \frac{1}{(j\omega + 3)}$$

展开,得

$$Y(j\omega) = \frac{\frac{1}{2}}{j\omega + 1} + \frac{2}{j\omega + 2} + \frac{-\frac{5}{2}}{j\omega + 3}$$

对应的 $y_f(t)$ 为

$$\frac{1}{2}e^{-t} + 2e^{-2t} - \frac{5}{2}e^{-t}$$

即系统的零状态响应

$$y_f(t) = \frac{1}{2}e^{-t} + 2e^{-2t} - \frac{5}{2}e^{-t}.$$

3.4.2 周期信号激励下LTI系统的频域分析

周期信号 $f_T(t)$ 作为激励的起始作用时刻是 $t = -\infty$,所以系统的零状态响应只有稳态响应部分 $y_s(t)$(暂态响应为零)。求解方法是:首先将周期信号展开为傅里叶级数,然后求系统在各个谐波分量单独作用下系统的稳态响应,再由系统的时域线性性质得到系统的响应为各个分响应的线性叠加。

若

$$f_T(t) = \sum_{n=-\infty}^{\infty} F_n e^{jn\omega_0 t}$$

而每一个分量 $F_n e^{jn\omega_0 t}$ 作用引起的稳态响应为

$$F_n e^{jn\omega_0 t} H(jn\omega_0) = F_n |H(jn\omega_0)| e^{j[n\omega_0 + \theta(n\omega_0)]}$$

所以系统的稳态响应为

$$y_s(t) = \sum_{n=-\infty}^{\infty} F_n e^{jn\omega_0 t} H(jn\omega_0) = \sum_{n=-\infty}^{\infty} |F_n| |H(jn\omega_0)| e^{j[n\omega_0 + \varphi_n + \theta(n\omega_0)]}$$

$$(3.4-6)$$

若

$$f_T(t) = A_0 + \sum_{n=1}^{\infty} A_n \cos(n\omega_0 + \varphi_n)$$

则系统的稳态响应还可表示为

$$y_s(t) = A_0 H(0) + \sum_{n=1}^{\infty} A_n |H(jn\omega_0)| \cos[n\omega_0 + \varphi_n + \theta(n\omega_0)] \quad (3.4-7)$$

式中:$|H(jn\omega_0)|$ 为连续频率响应 $H(j\omega)$ 在频率 $\omega = n\omega_0$ 点上的幅度值;$\theta(n\omega_0)$ 为 $H(j\omega)$ 在频率 $\omega = n\omega_0$ 点上的相位值,即相频特性值。

例 3-14 求图 3-16 所示周期矩形脉冲信号通过系统 $H(j\omega) = \dfrac{1}{\alpha + j\omega}$ 时的响应 $y_f(t)$。

解:周期矩形脉冲信号,其傅里叶系数 $F_n = \dfrac{A\tau}{T} Sa\left(\dfrac{n\omega_0 \tau}{2}\right)$,其中 $\omega_0 = \dfrac{T}{2\pi}$。

则 $y_f(t) = \sum_{n=-\infty}^{\infty} F_n e^{jn\omega_0 t} H(jn\omega_0) = \frac{A\tau}{\alpha T} + 2\sum_{n=1}^{\infty} \frac{A\tau}{T} Sa\left(\frac{n\omega_0\tau}{2}\right) e^{jn\omega_0 t} \frac{1}{\alpha + jn\omega_0}$

$\qquad = \frac{A\tau}{\alpha T} + 2\sum_{n=1}^{\infty} \frac{A\tau}{T} Sa\left(\frac{n\omega_0\tau}{2}\right) \frac{\alpha\cos n\omega_0 t + n\omega_0\sin n\omega_0 t}{\alpha^2 + n^2\omega_0^2}$

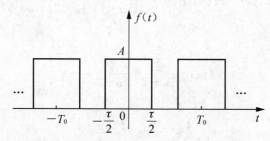

图 3-16　周期为 T, 宽度为 τ 的周期矩形脉冲

3.4.3 非周期信号激励下 LTI 系统的频域分析

当激励为非周期信号 $f(t)$ 时, 由傅里叶反变换定义有

$$f(t) = \frac{1}{2\pi}\int_{-\infty}^{\infty} F(j\omega) e^{j\omega t} d\omega = \int_{-\infty}^{\infty} \frac{F(j\omega)d\omega}{2\pi} e^{j\omega t}$$

即信号 $f(t)$ 被分解成无穷多个不同频率的加权虚指数分量 $e^{j\omega t}$ 的连续和, 其中频率为 ω 的分量为 $\frac{F(j\omega)d\omega}{2\pi} e^{j\omega t}$, 该分量对应的响应为 $\frac{F(j\omega)d\omega}{2\pi} e^{j\omega t} H(j\omega)$, 将所有这些响应分量求连续和(积分)便可得系统的零状态响应。即

$$y_f(t) = \int_{-\infty}^{\infty} \frac{F(j\omega)d\omega}{2\pi} e^{j\omega t} H(j\omega) = \frac{1}{2\pi}\int_{-\infty}^{\infty} F(j\omega) H(j\omega) e^{j\omega t} d\omega \qquad (3.4-8)$$

因此有

$$Y_f(j\omega) = F(j\omega) H(j\omega) \qquad (3.4-9)$$

可见, 知道了激励 $f(t)$ 的傅里叶变换 $F(j\omega)$ 和系统函数 $H(j\omega)$, 即可求出系统零状态响应的傅里叶变换, 再通过傅里叶反变换求出系统的时域响应 $y_f(t)$, 这就是傅里叶变换分析法。因为主要运算都在频域里进行, 故又叫作频域分析法。

例 3-15 已知理想低通的系统函数表达式为 $H(j\omega) = \begin{cases} 1 & (|\omega| > 1) \\ 0 & (|\omega| < 1) \end{cases}$, 激励信号为 $f(t) = Sa(3t)$, 求响应信号函数。

解: $F(j\omega) = \frac{\pi}{3} g_6(\omega)$,

则 $Y_f(j\omega) = F(j\omega) H(j\omega) = \frac{\pi}{3} g_6(\omega)(|\omega| > 1) = \frac{\pi}{3} g_2(\omega+2) + \frac{\pi}{3} g_2(\omega-2)$。

对应的 $y_f(t) = \frac{2}{3} Sa(t)\cos 2t$。

3.5　离散信号的频域分析

3.5.1　周期序列的离散时间傅里叶级数(DTFS)

1. DTFS 的定义

周期性的离散信号可表示为 $f_N(k)$，下标 N 表示周期。

与连续周期信号可展开为由虚指数函数集 $\{e^{jn\omega_0 t}\}(n=0,\pm1,\pm2,\cdots)$ 构成的线性组合相似，以 N 为周期的离散周期信号 $f_N(k)$ 在一定的条件下，也可展开为由正交完备的虚指数序列集 $\{e^{jn\Omega_0 k}\}(n=0,1,2,\cdots,N-1)$ 构成的线性组合，其中，$\Omega_0 = \dfrac{2\pi}{N}$ 为基波数字角频率。即

$$f_N(k) = \sum_{n=0}^{N-1} F_n e^{jn\Omega_0 k} = \sum_{n=0}^{N-1} F_n e^{jn\frac{2\pi}{N}k} = \sum_{n=<N>} F_n e^{jn\Omega_0 k} \tag{3.5-1}$$

该式称为周期序列的离散时间傅里叶级数(discrete time Fourier series, DTFS)，$n=<N>$ 表示 n 只要从某一个整数开始，取足 N 个相继的整数值即可。

该式两端同乘以 $e^{-jm\Omega_0 k}$ 并在一个周期内对 k 求和(并且右端交换求和次序)，则有

$$\sum_{k=0}^{N-1} f_N(k) e^{-jm\Omega_0 k} = \sum_{k=0}^{N-1} e^{-jm\Omega_0 k} \left[\sum_{n=0}^{N-1} F_n e^{jn\Omega_0 k}\right] = \sum_{n=0}^{N-1} F_n \left[\sum_{k=0}^{N-1} F_n e^{j(n-m)\Omega_0 k}\right]$$

上式右端对 k 求和时，仅当 $n=m$ 时为非零且等于 N，故上式可写为

$$\sum_{k=0}^{N-1} f_N(k) e^{-jm\Omega_0 k} = F_m N$$

得

$$F_m = \frac{1}{N} \sum_{k=0}^{N-1} f_N(k) e^{-jm\Omega_0 k}$$

即

$$F_n = \frac{1}{N} \sum_{k=<N>} f_N(k) e^{jn\Omega_0 k} \tag{3.5-2}$$

该式称为离散傅里叶系统或 DTFS 正变换，记作 $\text{DTFS}[f_N(k)]$；$f_N(k) = \sum_{n=<N>} F_n e^{jn\Omega_0 k}$ 称为 DTFS 反变换，记作 $\text{IDTFS}[F_n]$，两者构成 DTFS 变换。若令 $W=e^{-j\Omega_0}=e^{-j\frac{2\pi}{N}}$，两式可分别写为

$$\text{DTFS}[f_N(k)] = F_n = \frac{1}{N} \sum_{k=<N>} f_N(k) W^{nk} \tag{3.5-3}$$

$$\text{IDTFS}[F_n] = f_N(k) = \sum_{n=<N>} F_n W^{-nk} \tag{3.5-4}$$

DTFS 和 IDTFS 均便于用计算机求取。由于 W^{nk} 也是周期为 N 的离散信号，因而离散周期序列 $f_N(k)$ 只有 N 个独立的谐波分量，即离散序列直流分量，基波分量 $e^{j\Omega_0 k}$，二次谐波分量 $e^{j2\Omega_0 k}$，$\cdots$，$N-1$ 次谐波分量 $e^{j(N-1)\Omega_0 k}$。

2. DTFS 的频谱

根据 DTFS 的定义可知，一个离散周期序列 $f_N(k)$ 可以由若干离散复指数序列 $F_n e^{jn\Omega_0 k}$

线性组合来表示,其系数 F_n 又称为 $f_N(k)$ 的频谱系数。与连续信号的傅里叶复系数 F_n 相似,定义 F_n 随 $n\Omega_0$ 分布的规律为 $f_N(k)$ 的频谱。可以证明,若 $f_N(k)$ 是实函数序列,其 DTFS 的系数满足 $F_{-n}^* = F_n$,由此推得 F_n 的实部是 n 的偶函数,它的虚部是 n 的奇函数;F_n 的模是 n 的偶函数,F_n 的相角是 n 的奇函数。

3.5.2 非周期序列的离散时间傅里叶级数(DTFT)

1. DTFT 的定义和频谱

与连续时间信号类似,周期序列 $f_N(k)$ 在 $N\to\infty$ 时,将变为非周期序列 $f(k)$,此时 F_n 的谱线间隔 $\Omega_0 = \dfrac{2\pi}{N}$ 趋于无穷小,成为连续谱。而 $n\Omega_0 \to \Omega$ 趋于连续变量(数字角频率,单位 rad),而 $f_N(k)$ 的求和区间由 $k=\langle N\rangle$ 拓展为 $-\infty < k < \infty$,即有

$$NF_n = \sum_{k=-\infty}^{\infty} f(k)e^{-j\Omega k} \tag{3.5-5}$$

定义 NF_n 的包络函数

$$F(e^{j\Omega}) = \sum_{k=-\infty}^{\infty} f(k)e^{-j\Omega k} \tag{3.5-6}$$

为非周期序列 $f(k)$ 的离散时间傅里叶变换(DTFT),而周期序列的 F_n 等于 $F(e^{j\Omega})$ 的取样值,即

$$F_n = \frac{1}{N}F(e^{j\Omega})\Big|_{\Omega = n\Omega_0}$$

于是

$$f(k) = \lim_{N\to\infty} f_N(k) = \lim_{N\to\infty} \sum_{n=-N/2}^{N/2} F_n e^{jn\Omega_0 k} = \lim_{N\to\infty} \sum_{n=-N/2}^{N/2} \frac{1}{N\Omega_0} F(e^{j\Omega})e^{jn\Omega_0 k} \Omega_0$$

当 $N\to\infty$ 时,有 $\Omega_0 \to d\Omega$,$N\Omega_0 = 2\pi$,上式可变为

$$f(k) = \frac{1}{2\pi}\int_{2\pi} F(e^{j\Omega})e^{j\Omega k}\,d\Omega \tag{3.5-7}$$

该式叫做非周期序列的离散时间傅里叶反变换(IDTFT)。$f(k)$ 与 $F(e^{j\Omega})$ 互为 DTFT 变换对,两者的关系可表示为

$$\mathrm{DTFT}[f(k)] \leftrightarrow \mathrm{IDTFT}[F(e^{j\Omega})] \tag{3.5-8}$$

DTFT 存在的充分条件是 $f(k)$ 满足绝对可和,即

$$\sum_{k=-\infty}^{\infty} |f(k)| < \infty$$

$F(e^{j\Omega})$ 也简记为 $F(\Omega)$,它是复函数,$F(\Omega)$ 随 Ω 分布的规律称为非周期序列的频谱,又称为频率特性,其中,$|F(\Omega)|$ 称为幅频特性,是 Ω 的偶函数;$\varphi(\Omega)$ 称为相频特性,是 Ω 的奇函数。

例 3-16 求序列 $f(k) = a^k u(k)$ 的 DTFT,a 为实数。

解: $F(e^{j\Omega}) = \sum_{k=0}^{\infty} a^k e^{-j\Omega k} = \sum_{k=0}^{\infty} (ae^{-j\Omega})^k$

当 $|a| \geqslant 1$ 时,其和不收敛。

当 $|a| < 1$ 时,由等比级的求和公式,得

$$F(e^{j\Omega}) = \frac{1}{1 - ae^{-j\Omega}}$$

此时，$F(e^{j\Omega})$的幅度和相位分别为

$$|F(e^{j\Omega})| = \frac{1}{\sqrt{(1-a\cos\Omega)^2 + (a\sin\Omega)^2}} = \frac{1}{\sqrt{1 + a^2 - 2a\cos\Omega}}$$

$$\varphi(\Omega) = -\arctan\left(\frac{a\sin\Omega}{1 - a\cos\Omega}\right)$$

2. DTFT 的基本性质

DTFT 的一些重要性质见表 3-3。

表 3-3　DTFT 的性质

序号	性质名称	$f(k) \leftrightarrow F(\Omega)$
1	线性性质	$af_1(k) + bf_2(k) \leftrightarrow aF_1(\Omega) + bF_2(\Omega)$
2	对称性	$f(k) \leftrightarrow F(\Omega) = F^*(\Omega)$ $f(-k) \leftrightarrow F(-\Omega)$
3	尺度变换性质	$f\left(\dfrac{k}{N}\right) \leftrightarrow F(N\Omega)$
4	时移性质	$f(k - k_0) \leftrightarrow e^{-j\Omega k_0} F(\Omega)$
5	频移性质	$f(k)e^{j\Omega_0 k} \leftrightarrow F(\Omega - \Omega_0)$
6	频域微分	$kf(k) \leftrightarrow j\dfrac{dF(\Omega)}{d\Omega}$
7	差分	$\nabla f(k) \leftrightarrow (1 - e^{-j\Omega})F(\Omega)$
8	累加	$\displaystyle\sum_{n=-\infty}^{\infty} f(n) \leftrightarrow \dfrac{F(\Omega)}{(1 - e^{-j\Omega})} + \pi F(0) \sum_{m=-\infty}^{\infty} \delta(n - 2\pi m)$
9	时域卷和	$f_1(k) * f_2(k) \leftrightarrow F_1(\Omega)F_2(\Omega)$
10	频域卷和	$f_1(k)f_2(k) \leftrightarrow \dfrac{1}{2\pi} F_1(\Omega) * F_2(\Omega)$
11	帕塞瓦尔定理	$\displaystyle\sum_{k=-\infty}^{\infty} |f(k)|^2 = \dfrac{1}{2\pi} \int_{-\pi}^{\pi} |F(\Omega)|^2 d\Omega$

3.5.3　离散傅里叶变换(DFT)

1. DFT 的引入

现代计算机只能对有限长的数字信号进行处理，显然，不能应用于分析 DTFT 的频谱，因为 DTFT 是周期性的模拟函数。但是，实际工作中所研究的离散信号都是有限长序列，如果假设有限序列的长度为 N，并以 N 为取样周期分别从时域和频域对研究的信号进行取样，便可得到时域和频域均周期化了的一对离散序列。

对于周期序列 $f_N(k)$，其第一个周期 $k=0$ 到 $k=N-1$ 的范围定义为"主值区间"，故 $f(k)$ 可以看成 $f_N(k)$ 的主值区间序列。周期序列的离散时间傅里叶级数变换对的两个求和

公式都只限于"主值区间" $k=<N>$ 内,这又给人们一个启示:如果我们只对第一个周期 $[0,N-1]$ 内的序列进行频域分析,就可以满足计算机分析频谱所要求的信号——有限长的离散信号,从而可以应用计算机对离散序列进行频谱分析。为此,引入离散傅里叶变换(discrete Fourier transform,DFT)。

设 $f(k)$ 是一个有限长序列,其长度为 N,即在区间 $0 \leqslant k \leqslant N-1$ 以外, $f(k)$ 为零。将 $f(k)$ 以周期为 N 延拓而成的周期序列记为 $f_N(k)$,则有

$$f_N(k) = \sum_{m=-\infty}^{\infty} f_1(k-mN)(m \text{ 为整数}) \tag{3.5-9}$$

式中: $f_1(k)=f(k)g_N(k)$。

根据 DTFS 的定义,周期序列 $f_N(k)$ 的离散时间傅里叶级数表示式为

$$F_n = \frac{1}{N} \sum_{k=<N>} f_N(k) e^{jn\Omega_0 k} \tag{3.5-10}$$

$$f_N(k) = \sum_{n=<N>} F_n e^{jn\Omega_0 k} \tag{3.5-11}$$

如果将 NF_n 表示成 $F(n)$,且在 $[0,N-1]$ 内 $f(k)=f_N(k)$ 并令 $W=e^{-j\Omega_0}=e^{-j\frac{2\pi}{N}}$,则上两式可改写为

$$F(n) = \sum_{k=0}^{N-1} f(k) W^{nk} \tag{3.5-12}$$

$$f(k) = \frac{1}{N} \sum_{n=0}^{N-1} F(n) W^{-nk} \tag{3.5-13}$$

这两式所表示的变换关系称为离散傅里叶变换(DFT)。 $F(n)$ 为离散傅里叶正变换,记作 $F(n)=\text{DFT}[f(k)]$; $f(k)$ 为离散傅里叶反变换,记作 $f(k)=\text{IDFT}[F(n)]$。两者之间的关系可表示为

$$f(k)=\text{IDFT}[F(n)] \leftrightarrow F(n)=\text{DFT}[f(k)] \tag{3.5-14}$$

DFT 表明,时域的 N 点有限长序列 $f(k)$ 可以变换为频域的 N 点有限长序列 $F(n)$,用矩阵形式表示为

$$\begin{bmatrix} F(0) \\ F(1) \\ \vdots \\ F(N-1) \end{bmatrix} = \begin{bmatrix} W^0 & W^0 & W^0 & \cdots & W^0 \\ W^0 & W^{1\times1} & W^{2\times1} & \cdots & W^{(N-1)\times1} \\ \vdots & \vdots & \vdots & & \vdots \\ W^0 & W^{1\times(N-1)} & W^{2\times(N-1)} & \cdots & W^{(N-1)\times(N-1)} \end{bmatrix} \begin{bmatrix} f(0) \\ f(1) \\ \vdots \\ f(N-1) \end{bmatrix}$$

$$\begin{bmatrix} f(0) \\ f(1) \\ \vdots \\ f(N-1) \end{bmatrix} = \frac{1}{N} \begin{bmatrix} W^0 & W^0 & W^0 & \cdots & W^0 \\ W^0 & W^{-1\times1} & W^{-2\times1} & \cdots & W^{-(N-1)\times1} \\ \vdots & \vdots & \vdots & & \vdots \\ W^0 & W^{-1\times(N-1)} & W^{-2\times(N-1)} & \cdots & W^{-(N-1)\times(N-1)} \end{bmatrix} \begin{bmatrix} F(0) \\ F(1) \\ \vdots \\ F(N-1) \end{bmatrix}$$

简记为

$$\boldsymbol{F}(n) = \boldsymbol{W}^{kn} \boldsymbol{f}(k) \tag{3.5-15}$$

$$\boldsymbol{f}(k) = \frac{1}{N} \boldsymbol{W}^{-kn} \boldsymbol{F}(n) \tag{3.5-16}$$

式中: $\boldsymbol{W}^{kn}$ 和 $\boldsymbol{W}^{-kn}$ 为 $N \times N$ 阶对称矩阵,可记为

$$\boldsymbol{W}^{kn} = \left[\boldsymbol{W}^{kn}\right]^{\mathrm{T}} \tag{3.5-17}$$

$$\boldsymbol{W}^{-kn} = \left[\boldsymbol{W}^{-kn}\right]^{\mathrm{T}} \tag{3.5-18}$$

离散傅里叶变换 DFT 与离散时间傅里叶变换 DTFT 之间,在序列区间 $k \in [0, N-1]$ 内满足关系式

$$F(n) = F(\Omega)\Big|_{\Omega = n\Omega_0} \tag{3.5-19}$$

该式表明,$F(n)$ 是对 $F(\Omega)$ 离散化的结果。$F(\Omega)$ 是周期为 2π 的连续函数,$F(n)$ 是 $F(\Omega)$ 在 2π 的周期内进行 N 次均匀取样的样值。显然,$F(n)$ 完全可以用计算机对其进行分析和处理。

例 3-17 分别求序列 $\delta(k)$、$\delta(k-k_0)(0 < k_0 < N)$、$a^k g_N(k)$ 的 DFT。

解:$\mathrm{DFT}[\delta(k)] = \delta(0) W^0 = 1 \quad (0 \leqslant k \leqslant N-1)$

$$\mathrm{DFT}[\delta(k-k_0)] = \sum_{n=0}^{N-1} \delta(k-k_0) W^{nk} = W^{k_0 k} \quad (0 \leqslant k \leqslant N-1)$$

$$\mathrm{DFT}[a^k g_N(k)] = \sum_{n=0}^{N-1} a^k W^{nk} = \frac{1 - a^N W^{kN}}{1 - aW}$$

2. DFT 的性质

(1) 时移特性(循环移位)

有限长序列 $f(k)$ 的时移序列 $f(k-m)$,从一般意义上讲,是将序列 $f(k)$ 向右移动 m 位,即将区间 $0 \leqslant k \leqslant N-1$ 的序列 $f(k)$ 移到区间 $m \leqslant k \leqslant N+m-1$。由于 DFT 的求和区间是 0 到 $N-1$,这就给位移序列的 DFT 分析带来困难。为此,采用循环位移(又称圆周位移)来解决这一些问题。所谓循环位移,实质上是先将有限长序列 $f(k)$ 周期延拓成周期序列 $f_N(k)$,然后向右移动 m 位得到 $f_N(k-m)$,最后取 $f_N(k-m)$ 之主值。这样就得到所谓有限长序列 $f(k)$ 的循环位移序列。一般可记为

$$f(k-m)_N g_N(k)$$

DFT 的时移特性

若

$$f(k) \leftrightarrow F(n)$$

则

$$f(k-m)_N g_N(k) \leftrightarrow W^{mn} F(n) \tag{3.5-20}$$

(2) 频移特性

若

$$f(k) \leftrightarrow F(n)$$

则

$$f(k) W^{-lk} g_N(k) \leftrightarrow F(n-l)_N g_N(n) \tag{3.5-21}$$

频移特性表明,若时间序列乘以指数项 W^{-lk},则其离散傅里叶变换就向右圆周移位 l 单位。与连续时间信号类似,可以看作调制信号的频谱搬移,因而也称为"调制定理"。

(3) 时域循环卷和定理(圆卷和定理)

长度为 N 的有限长序列 $f_1(k)$ 和长度为 M 的有限长序列 $f_2(k)$ 的卷和为一长度为 $L =$

$N+M-1$ 的有限长序列 $f(k)$，即

$$f_1(k) * f_2(k) = \sum_{n=-\infty}^{\infty} f_1(n) f_2(k-n) \quad (k=0,1,2,\cdots,N+M-2)$$

(3.5-22)

这就是所谓的线卷和。而这里所讨论的是循环卷和，也称圆卷和。循环卷和的含义为：两长度为 N 的有限长序列 $f_1(k)$ 和 $f_2(k)$，其循环卷和结果仍为一长度为 N 的序列 $f(k)$，循环卷和的计算过程与线卷和相似，只不过求和式中的位移项 $f(k-m)$ 应按循环位移处理。因而，有限长序列 $f_1(k)$ 和 $f_2(k)$ 的循环卷和可记为

$$f_1(k) \circledast f_2(k) = \sum_{m=0}^{N-1} f_1(m) f_2((k-m))_N g_N(k)$$

(3.5-23)

若

$$f_1(k) \leftrightarrow F_1(n), f_2(k) \leftrightarrow F_2(n)$$

则

$$f_1(k) \circledast f_2(k) \leftrightarrow F_1(n) F_2(n)$$

(3.5-24)

（4）频域循环卷和定理（频域圆卷和定理）

若

$$f_1(k) \leftrightarrow F_1(n), f_2(k) \leftrightarrow F_2(n)$$

则

$$f_1(k) f_2(k) \leftrightarrow \frac{1}{N} F_1(n) \circledast F_2(n)$$

(3.5-25)

式中：

$$F_1(n) \circledast F_2(n) = \sum_{l=0}^{N-1} F_1(l) F_2((n-l))_N g_N(n)$$

$$= \sum_{l=0}^{N-1} F_2(l) F_1((n-l))_N g_N(n)$$

例 3-17 已知有限长序列 $f(k)$，$\mathrm{DFT}[f(k)]=F(k)$，试利用频移特性求序列 $f(k)\cos\left(\frac{2\pi}{N}mk\right)$ 的 DFT。

解： $f(k)\cos\left(\frac{2\pi}{N}mk\right) = \frac{1}{2}\left[f(k)\mathrm{e}^{\mathrm{j}\frac{2\pi}{N}mk} + f(k)\mathrm{e}^{-\mathrm{j}\frac{2\pi}{N}mk}\right] = \frac{1}{2}\left[f(k)W^{mk} + f(k)W^{-mk}\right]$

则由平移特性有 $\mathrm{DFT}\left[f(k)\cos\left(\frac{2\pi}{N}mk\right)\right] = \frac{1}{2}\left[F(k-m)_N g_N(k) + F(k+m)_N g_N(k)\right]$

DFT 的一些重要性质见表 3-4。

表 3-4　DFT 的性质

序号	性质名称	$f(k) \leftrightarrow F(\Omega)$
1	线性性质	$af_1(k) + bf_2(k) \leftrightarrow aF_1(n) + bF_2(n)$
2	对称性	$\frac{1}{N}f(k) \leftrightarrow f(-n)$
3	时移性质	$f(k-m)_N g_N(k) \leftrightarrow W^{mn} F(n)$
4	频移性质	$f(k)W^{-lk} g_N(k) \leftrightarrow F(n-l)_N g_N(n)$

续表

序号	性质名称	$f(k) \leftrightarrow F(\Omega)$
5	时域圆卷和	$f_1(k) \circledast f_2(k) = F_1(n) F_2(n)$
6	频域圆卷和	$f_1(k) f_2(k) \leftrightarrow \dfrac{1}{N} F_1(n) \circledast F_2(n)$
7	帕塞瓦尔定理	$\displaystyle \sum_{k=-\infty}^{\infty} \lvert f(k) \rvert^2 = \dfrac{1}{N} \sum_{n=0}^{N-1} \lvert F(n) \rvert^2$

小　　结

本章给出了周期信号的傅里叶级数定义及表达式,对周期信号频谱概念与特点以及功率谱进行了介绍。本章的重点是傅里叶变换,对一些典型周期信号的傅里叶变换过程进行了全面详细的讲解,并研究了傅里叶变换的几个重要性质,同时,本章通过简单例子来介绍连续信号通过 LTI 系统的频域分析。此外,本章介绍了离散信号的频域分析。

 阅读材料

图像傅里叶变换

一般来说,进行图像处理的目的在于提高图像质量,使模糊的图像变得清晰;提取图像的有效特征,以便进行模式识别;通过图像变换和有效编码来压缩其频带或数据,以便传输和存储。对图像进行傅里叶变换,是将图像信号变换到频域进行分析,它不仅反映图像的灰度结构特征,而且能使许多算法易于实现。这种变换域分析在图像处理中是一种重要有效的分析手段,这可从下列两点看出。

(1) 有些处理方法直接和滤波概念相联系,因而就需借助傅里叶变换把空间域信号映射到频率域上来分析。

(2) 借用傅里叶变换,可简化计算或作某种特殊应用(如特征提取、数据压缩等)。

1. 图像傅里叶变换的物理意义

图像的频率是表征图像中灰度变化剧烈程度的指标,是灰度在平面空间上的梯度。如最大面积的沙漠在一片灰度变化缓慢的区域,对应的频域值很低;而对于地表属性变化剧烈的边缘区域在图像中是一片灰度变化剧烈的区域,对应的频率值很高。傅里叶变化在实际中有非常明显的物理意义,设是一个能量有限的模拟信号,则其傅里叶变换就表示的谱。从纯粹的数学意义来看,傅里叶变换是将一个函数转换为一系列周期函数来处理的。从物理效果来看,傅里叶变换是将图像从空间域变换到频率域,其逆变换是将图像从频率域转换到空间域。换句话说,傅里叶变换的物理意义是将图像的灰度函数分布变换为频率分布函数,傅里叶逆变换是将图像的频率分布函数变换为灰度分布函数。傅里叶变换可以得出信号在各个频率点上的强度。

2. 傅里叶变换在图像处理中的作用

（1）图像增强与图像去噪

绝大部分噪声都是图像的高频分量，通过低通滤波器来滤除高频——噪声；边缘也是图像的高频分量，可以通过添加高频分量来增强原始图像的边缘。

（2）图像分割之边缘检测

（3）图像特征提取

① 形状特征，傅里叶描述子；

② 纹理特征，直接通过傅里叶系数来计算纹理特征；

③ 其他特征，将提取的特征值进行傅里叶变换来使特征具有平移、伸缩、旋转不变性。

（4）图像压缩

可以直接通过傅里叶系数来压缩数据；常用的离散余弦变换是傅里叶变换的实变换。

3. 傅里叶变换在图像压缩中的原理

傅里叶变换用于图像压缩技术和其他的变换图像压缩编码技术一样也可以分为 3 个步骤，如图 3-17 所示。原始图像首先经过傅里叶变换得到变换系数。变换系数经过量化，输出量化区间的索引符号流。量化操作是不可逆的，因此会导致信息损失。实际上如果不考虑信道噪声等的影响，则所有的信息损失均发生在量化器。量化得到的符号流经过熵编码得到更为紧凑的比特流。熵编码是一种以信息论为基础的无损压缩，如 Huffman 编码、LZW 编码与算术编码。解压与压缩相似，只是执行相反的操作。

图 3-17 基于傅里叶变换的图像压缩框架

原始图像经傅里叶变换会使图像信号能量在空间重新分布，其中低频成分占据能量的绝大部分，而高频成分所占比重很小，根据统计编码的原理，能量分布集中，熵值最小，可实现平均码长最短，这就为数字图像在频率域的压缩编码提供了理论依据。

这样，傅里叶变换用于图像压缩的基本原理不妨这样阐述：将原来在空域描述的图像信号，变换到另外一些正交空间——频域中去，用变换系数即傅里叶系数来表示原始图像，并对系数进行编码。一般来说在变换域里描述要比在空域简单，因为图像的相关性明显下降。尽管变换本身并不带来数据压缩，但由于变换图像的能量大部分只集中于少数几个变换系数上，采用量化和熵编码则可以有效地压缩图像的编码比特率。变换后图像能量更加集中，在量化和编码时，结合人类视觉心理因素等，采用"区域取样"或"阈值取样"等方法，保留傅里叶变换系数中幅值较大的元素，进行量化编码，而大多数幅值小或某些特定区域的傅里叶变换系数将全部当作零处理。

习 题

1. 已知 $f(t) \leftrightarrow F(\mathrm{j}\omega)$，求下列信号的傅里叶变换。

(1) $\dfrac{1}{2} f(t+1) + \dfrac{1}{2} f(t-1)$

(2) $f\left(-\dfrac{1}{2}t+1\right) + f\left(\dfrac{1}{2}t-1\right)$

(3) $f(t)\cos\pi t$

(4) $\dfrac{\sin 3t}{t} * f(t)$

2. 利用卷积性质和反变换，通过计算 $X(\mathrm{j}\omega)$ 和 $H(\mathrm{j}\omega)$ 求下列各对信号 $x(t)$ 和 $h(t)$ 的卷积。

(1) $x(t)=t\mathrm{e}^{-2t}u(t)$，$h(t)=\mathrm{e}^{-4t}u(t)$

(2) $x(t)=t\mathrm{e}^{-2t}u(t)$，$h(t)=t\mathrm{e}^{-4t}u(t)$

3. 一因果 LTI 系统的输入和输出，由下列微分方程表征

$$\frac{\mathrm{d}^2 y(t)}{\mathrm{d}t^2} + 6\frac{\mathrm{d}y(t)}{\mathrm{d}t} + 8y(t) = 2f(t)$$

(1) 求该系统的单位冲激响应。

(2) 若 $f(t)=\mathrm{e}^{-2t}u(t)$，该系统的响应是什么？

(3) 对于由下列方程描述的因果 LTI 系统，求其单位冲激响应。

$$\frac{\mathrm{d}^2 y(t)}{\mathrm{d}t^2} + \sqrt{2}\frac{\mathrm{d}y(t)}{\mathrm{d}t} + y(t) = 2\frac{\mathrm{d}^2 f(t)}{\mathrm{d}t^2} - 2f(t)$$

4. 考虑一 LTI 系统，当输入 $f(t)=(\mathrm{e}^{-t}+\mathrm{e}^{-3t})u(t)$，响应是 $y(t)=(2\mathrm{e}^{-t}-2\mathrm{e}^{-4t})u(t)$。

(1) 求系统频率响应。

(2) 确定该系统的单位冲激响应。

(3) 求关联该系统输入和输出的微分方程。

第**4**章

通 信 导 论

学习目标

（1）了解通信系统的组成与模型。
（2）熟悉通信系统的分类方式。
（3）掌握通信方式。
（4）了解通信的发展史和发展趋势。

本章知识结构

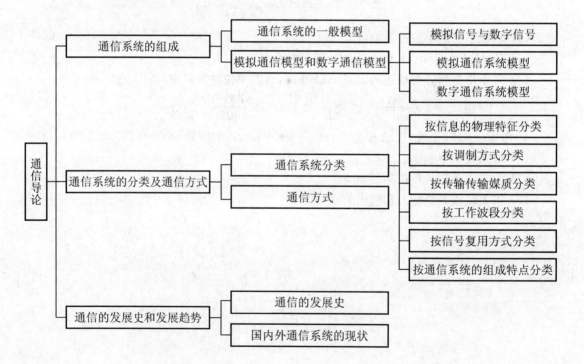

导入案例

随着数字通信技术和计算机技术的快速发展以及通信网和计算机网络的相互融合,信息科学技术已成为 21 世纪国际社会和世界经济发展的强大推动力。信息作为一种资源,只有通过广泛地传播和交流,才能产生利用价值、促进社会成员之间的合作、推动社会生产力的发展、创造出巨大的经济效益。信息的传播与交流,是依靠各种通信方式和技术来实现的。

案例一:互联网通信

互联网改变了我们的生活,它让我们与这个世界连成一个整体。有了网络,我们可以畅游整个世界,尽情欣赏异国风光;有了网络,我们可以以最快的速度了解最新的信息;有了网络,我们可以与天南地北的网友神侃一番……网络意味着快捷、方便、异彩纷呈! 现在的互联网已经是光纤通信的时代,高速的通信使得人们更能够酣畅淋漓地享受互联网所带来的便捷。人们可以浏览他们感兴趣的东西,不用再为网络缓慢的速度而焦急地等待。

计算机网络通信如图 1 所示。

图 1 计算机网络通信

案例二:移动通信

很多同学的一天可能都是从打开手机这一刻开始的,从早上起床,手机就会收到短信和彩信,彩信主要是因为订了手机报,短信则包括一些工作流程信息,还有邮件到达的短信提醒。中午休息前,拿着手机上网看看有什么新闻或者较好的书,可以打发时间又可以丰富自己的阅历。另外,跟朋友聚会都不知道到什么地方去,不知道那里的天气怎么样,这时可以求助手机的热线,了解附近好玩、好吃的地方以及未来的天气情况。

4.1 通信系统的组成

从古到今,人类的活动总离不开信息的传递和交换,古代的消息树、烽火台和驿马传令,以及现代社会的文字、书信、电报、电话广播、电视、遥控、网络等都是信息传递的方式或信息交流的手段。人们可以用语言、文字、数据或图像等不同的形式来表达信息。基于这种观点，"通信"也就是"信息传输"或"消息传输"。

实现通信的方式很多，随着社会的需求、生产力的发展和科学技术的进步，目前的通信越来越依赖利用"电"来传递信息的电通信方式。由于电通信迅速、准确、可靠且不受时间、地点、距离的限制，因而近百年来得到了迅速的发展和广泛的应用。当今，在自然科学领域涉及"通信"这一术语时，一般均是指"电通信"。广义来说，光通信也属于电通信，因为光也是一种电磁波。

4.1.1 通信系统的一般模型

通信是指从一地向另一地传递和交换信息的过程。实现信息传递所需的一切技术设备和传输媒质的总和称为通信系统。通信系统的一般模型如图 4-1 所示。

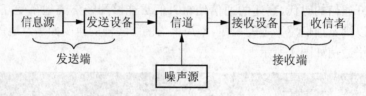

图 4-1 通信系统的一般模型

信源是指消息的发出者。电话、电视摄像机、电传机、计算机等各种终端设备就是信源。电话、电视摄像机属于模拟信源，输出的是模拟信号；后者是数字信源，输出离散的数字信号。

发送设备的基本功能是将信源和信道匹配起来，即把消息转换为适合在信道中传输的信号。变换方式是多种多样的，在需要频谱搬移的场合，调制是最常见的变换方式。

信道指传输信号的物理介质。在无线信道中的，信道可以是大气（自由空间），在有线信道中，可以是明线、电缆、光纤。有线和无线信道均有多种物理媒质。媒质的固有特性及引入的干扰与噪声直接关系到通信的质量。

接收设备完成发送设备的反变换，即进行解调、译码等。它的任务是从带有干扰的接收信号中正确恢复出相应的原始基带信号来。对于多路复用信号，还包括解多路复用，实现正确分路的功能。

收信者也称为信宿，它是指信息传送的终点，也就是信息接收者。

噪声是通信中不得不考虑的因素，再完美的通信系统也没有办法阻止分子的热运动，热噪声或者说高斯白噪声可以说是无处不在，如影随形地伴随着通信系统。所以最后我们把噪声这个因素考虑进来，就构成了一个相对完整的通信系统模型。

图 4-1 概括地描述了一个通信系统的组成，它反映了通信系统的共性，因此称为通信系统的一般模型。根据研究对象以及所关注的问题不同，图 4-1 模型中的各小方框的内容和作用将有所不同，因而相应有不同形式的更具体的通信模型。

4.1.2 模拟通信模型和数字通信模型

1. 模拟信号与数字信号

信号基本上可分为两大类：模拟信号和数字信号。模拟信号的特点是信号参量的取值是连续的或具有无穷多个取值。这里,具有无穷多个取值是指信号的某一参量在某一取值范围内可以有无穷多个取值[如图 4-2(a)、图 4-2(d)所示],且直接与消息相对应,如强弱连续变化的语音信号、亮度连续变化的电视图像信号等。在这里要强调一下,模拟信号在时间上不一定连续。

数字信号与模拟信号相反,数字信号的参量取值是离散变化的,具有有限个取值(如图 4-2(b)、图 4-2(c)所示),并且常常不直接与消息相对应,如早期的电报信号、电传机送出来的脉冲信号等。在这里也要强调一下,数字信号在时间上不一定也离散。

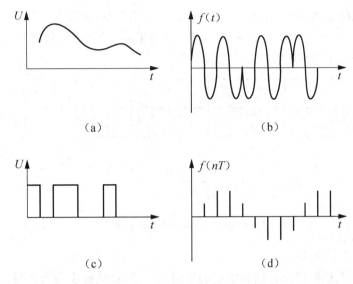

图 4-2　模拟信号和数字信号

2. 模拟通信系统模型

模拟通信系统是利用模拟信号来传递信息的通信系统。信源发出的原始电信号是基带信号,基带的含义是指信号的频谱从零频附近开始,如语音信号为 $300\sim3400\mathrm{Hz}$,图像信号 $0\sim6\mathrm{MHz}$。由于这种信号具有频率很低的频谱分量,一般不宜直接传输,这就需要把基带信号变换成其频带适合在信道中传输的信号,并在接收端进行反变换。完成这种变换和反变换的通常是调制器和解调器。经过调制以后的信号称为已调信号。已调信号有 3 个基本特征:一是携带有信息;二是适合在信道中传输;三是信号的频谱具有带通形式且中心频率远离零频,因而已调信号又称频带信号。

需要指出,消息从发送端到接收端的传递过程中,不仅仅只有连续消息与基带信号和基带信号与频带信号之间的两种变换,实际通信系统中可能还有滤波、放大、天线辐射、控制等过程。由于调制与解调两种变换对信号的变化起决定性作用,而其他过程对信号不会发生质的变化,只是对信号进行了放大或改善了信号特性,因而被认为是理想的而不予讨论。

模拟通信系统模型可由图 4-1 略加演变而成,如图 4-3 所示。图中的调制器和解调器代替了图 4-1 中的发送设备和接收设备。

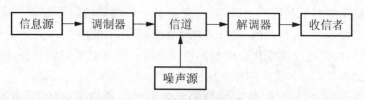

图 4-3　模拟通信系统模型

3. 数字通信系统模型

数字通信系统是利用数字信号来传递信息的通信系统,如图 4-4 所示。数字通信涉及的技术问题很多,其中主要有信源编码/译码、信道编码/译码、数字调制/解调、数字复接、同步以及加密等。下面对这些技术作简要介绍。

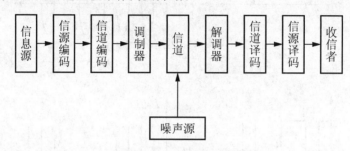

图 4-4　数字通信系统模型

(1) 数字通信系统的组成

① 信源编码与信源译码。信源编码的作用之一是,设法减少码元数目以提高传送的有效性,即通常所说的数据压缩。码元速率将直接影响传输所占的带宽,而传输带宽又直接反映了通信的有效性。作用之二是,当信源给出的是模拟语音信号时,信源编码器将其转换为数字信号,以实现模拟信号的数字化传输。

② 信道编码与信道译码。数字信号在信道传输时,由于噪声、衰落以及人为干扰等,将会引起差错。为了减少差错,信道编码器对传输的信息码元按一定规则加入监督码元,组成所谓“抗干扰编码”。接收端的信道译码器按一定规则进行解码,从解码过程中发现错误或纠正错误,从而提高通信系统抗干扰能力,实现可靠通信。

③ 加密与解密。在需要实现保密通信的场合,为了保证所传信息的安全,人为地将传输的数字序列扰乱,这种处理过程叫加密。在接收端利用与发送端相同的密钥对接收到的数字序列进行解密,恢复原信息,叫解密。

④ 数字调制与解调。数字调制就是把数字基带信号的频谱搬移到高频,形成适合在信道中传输的频带信号。基本的数字调制方式有振幅键控 ASK、频移键控 FSK、绝对相移键控 PSK、相对(差分)相移键控 DPSK。对这些信号可以采用相干解调或非相干解调还原成数字基带信号。对高斯噪声下的信号检测,一般用相关器接收机或匹配滤波器实现。

⑤ 同步与数字复接。同步是保证数字通信系统有序、准确、可靠工作的不可缺少的前提条件。同步是使收、发两端的信号在时间上保持步调一致。按照同步的功能不同,可分为载波同步、位同步、群同步和网同步。数字复接就是依据时分复用基本原理把若干个低速数

字信号合并成一个高速的数字信号,以扩大传输容量和提高传输效率。

在信息时代中,数字技术的应用远远超过了模拟技术。虽然在我们的生活中,的确存在模拟通信系统优于数字通信系统的情况,比如说,电影一般而言是采用胶片拍摄的,胶片能够更加细腻地体现场景的细节和氛围,在色彩、光线变化等各方面都比数字成像的包容度更高,画面也更清晰和细腻。但是大家看到更多的是这样的一种现实情况和趋势,"大哥大被小巧的 3G 手机踢进了博物馆,磁带被 CD 淘汰进了垃圾堆,就连模拟电视也即将被数字电视彻底取代",我们不禁要问,数字通信到底有什么好?为何俨然有一统江湖的势头呢?接下来我们将对比模拟通信和数字通信,谈一下数字通信的主要特点。

(2) 数字通信系统的主要特点

① 抗干扰能力强。模拟通信系统中传输的是连续变化的信号,如果传输中叠加上噪声后,即使噪声很小,也很难消除它,如图 4-5(a)所示。在数字通信中,由于数字信号的幅度值为有限个数的离散值(通常取两个幅值),在传输过程中受到噪声干扰,虽然也要叠加噪声,但当信噪比还没有恶化到一定程度时,在适当的距离,采用再生的方法即可消除噪声干扰,将信号再生成发送端发送的信号,如图 4-5(b)所示。

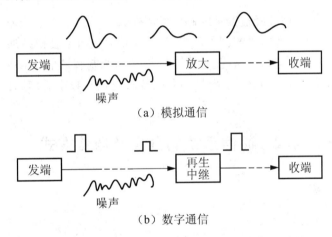

图 4-5 模拟通信与数字通信抗干扰性能比较

② 易于加密处理,且保密性能好。图 4-6 以语音通信系统为例给出了数字通信加密方法,语音信号经电话机的声/电转换后,将声音信号变成了电信号,电信号经模拟信号数字化过程转变成数字信号,然后对此数字信号进行加密处理,扰乱原有数字序列,以达到保密的目的。

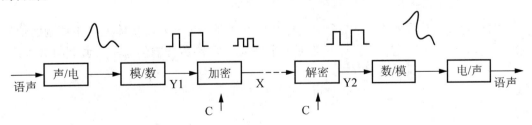

图 4-6 数字通信加密方法示意图

③ 可以采用信道编码技术。使误码率降低,提高传输的可靠性。

④ 易于与各种数字终端接口。用现代计算技术对信号进行处理、加工、变换、存储,易于实现通信设备的集成和小型化。

需要说明的是,图 4-4 是数字通信系统的一般化模型,实际的数字通信系统不一定包括图 4-4 中的所有环节。如在某些有线信道中,若传输距离不太远且通信容量不太大时,数字基带信号无须调制,可以直接传送,称之为数字信号的基带传输,如图 4-7 所示,其模型中就不包括调制和解调环节。

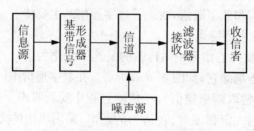

图 4-7　数字基带传输系统

应该指出的是,模拟信号经过数字编码后可以在数字通信系统中传输,数字电话系统就是以数字方式传输模拟语音信号的例子。当然,数字信号也可以在模拟通信系统中传输,如计算机数据可以通过模拟电话线路传输,这时必须使用调制解调器(Modem)将数字基带信号进行调制,以适应模拟信道的传输特性。可见,模拟通信与数字通信的区别仅在于信道中传输的信号种类。

4.2　通信系统的分类及通信方式

4.2.1　通信系统分类

1. 按信息的物理特征分类

根据信息的物理特征的不同,通信系统可以分为电报通信系统、电话通信系统、数据通信系统、图像通信系统等。由于电话通信网最为发达普及,因而其他消息常常通过公共的电话通信网传送。例如,电报常通过电话信道传送。又如,随着计算机发展而迅速增长起来的数据通信,在远距离传输数据时也常常利用电话信道传送。在综合业务通信网中,各种类型的消息都在统一的通信网中传送。

2. 按调制方式分类

根据是否调制,可将通信系统分为基带传输和频带传输。基带传输是将未调制的信号直接传送,如音频市内电话。频带传输是对各种信号调制后传输的总称。调制方式很多,表 4-1 列出了一些常见的调制方式。

表 4-1 常见的调制方式

调制方式			主要用途
连续波调制	线性调制	常规双边带调制 AM	广播
		单边带调制 SSB	载波通信、短波无线电话通信
		双边带调制 DSB	立体声广播
		残留边带调制 VSB	电视广播、传真
	非线性调制	频率调制	微波中继、卫星通信、广播
		相位调制	中间调制方式
	数字调制	振幅键控 ASK	数据传输
		频移键控 FSK	数据传输
		相移键控 PSK	数据传输
		最小频移键控 MSK	数字微波、空间通信
数字调制	脉冲模拟调制	脉幅调制 PAM	中间调制方式、遥测
		脉宽调制 PWM	中间调制方式
		脉位调制 PPM	遥测、光纤传输
	脉冲数字调制	脉码调制 PCM	市话中继线、卫星、空间通信
		增量调制 DM	军用、民用数字电话
		差分脉码调制 DPCM	电视电话、图像编码
		矢量编码调制 VCM	语音、图像压缩编码

3. 按传输媒质分类

按传输媒质分,通信系统可分为有线通信系统和无线通信系统两大类。有线通信是用导线(如架空明线、同轴电缆、光导纤维、波导等)作为传输媒质完成通信的,如市内电话、有线电视、海底光缆通信等。无线通信是依靠电磁波在空间传播到达目的地的,如短波电离层传播、微波视距传播、卫星中继等。表 4-2 对常见的传输媒质作一比较。

表 4-2 传输媒质比较

	双绞线	同轴电缆	光导纤维	微 波	卫 星
数据速率	随导线长度和粗细而异,快速以太局域网的速率可达 100Mbps	在 1000～2000m 的距离内可达到 800Mbps 的数据速率	2～3Gbps 的比特率已逐渐普及,有报道称已达到 28Gbps 的速度	取决于信号的频率。速率从 10～300Mbps 不等	和微波一样,取决于频率(10～300Mbps),随着 Ka 波段(26～40GHz,见表 8-1)的逐渐普及,可望达到更高的速率

续表

	双绞线	同轴电缆	光导纤维	微 波	卫 星
对干扰的敏感度	邻近导线或电动机的电磁干扰	保护层将屏蔽掉大部分电磁干扰	对电磁干扰具有免疫力	固态物体将产生干扰。两端点间必须存在直接视线	大气条件将产生干扰,频率越高,情况越严重
距离	取决于导线粗细和数据速率。不使用中继器可以传输 8.05～9.65km(5～6mile)	同样取决于数据速率。不使用中继器可以传输 8.05～9.65km(5～6mile)	可达 96.54km(60mile)	32.18～48.27km(20～30mile),但具体取决于天线高度和两端点之间的地形	全球范围内

4. 按工作波段分类

按通信设备的工作频率不同可分为长波通信、中波通信、短波通信、远红外线通信等。表 4-3 列出了通信使用的频段、常用的传输媒质及主要用途。

表 4-3 通信波段的划分

频率范围	符 号	传输媒介	用 途
3Hz～30kHz	甚低频 VLF	有线线对 长波无线电	音频、电话、数据终端、长距离导航、时标
30～300kHz	低频 LF	有线线对 长波无线电	导航、信标、电力线通信
300kHz～3MHz	中频 MF	同轴电缆 短波无线电	调幅广播、移动陆地通信、业余无线电
3～30MHz	高频 HF	同轴电缆 短波无线电	电视、调频广播、空中管制、车辆通信、导航
30～300MHz	甚高频 VHF	同轴电缆 米波无线电	电视、调频广播、空中管制、车辆导航、导航
300MHz～3GHz	特高频 UHF	波导 分米波无线电	电视、空间遥测、雷达导航、点对点通信、移动通信
3～30GHz	超高频 SHF	波导 厘米波无线电	微波通信、卫星通信、空间通信、雷达
30～300GHz	极高频 EHF	波导 毫米波无线电	雷达、微波接力、射电天文学
10^5～10^7 GHz	紫外、可见光、红外	光纤 激光空间传播	光纤通信

5. 按信号复用方式分类

传送多路信号有3种复用方式,即频分复用(Frequency Division Multiplexing,FDM)、时分复用(Time Division Multiplexing,TDM)和码分复用(Code Division Multiplexing,CDM)。频分复用是用频谱搬移的方法使不同信号占据不同的频率范围;时分复用是用抽样或脉冲调制方法使各路不同信号占用不同的时间区间;码分复用则是用一组包含互相正交的码字的码组携带多路信号。

传统的模拟通信中大都采用频分复用。随着数字通信的发展,时分复用的应用越来越广泛。码分复用主要用于军事通信的扩频通信中。

6. 按通信系统的组成特点分类

实用的通信系统都是针对特定的传输媒介并遵守有关国际标准的规定。实用的通信系统按传输媒介和系统组成特点可分为:短波通信系统、微波通信系统、卫星通信系统、光纤通信系统、移动通信系统、网络通信系统等。

4.2.2 通信方式

对于点与点之间的通信,按消息传送的方向与时间关系,通信方式可分为单工通信,半双工通信及全双工通信3种。

所谓单工通信,是指消息只能单方向传输的工作方式,如图4-8(a)所示。例如遥测、遥控,就是单工通信方式。所谓半双工通信,是指通信双方都能收发消息,但不能同时进行收发的工作方式,如图4-8(b)所示。例如,使用同一载频工作的无线电对讲机,就是按这种通信方式工作的。所谓全双工通信,是指通信双方可同时进行收发消息的工作方式,如图4-8(c)所示。例如,普通电话就是一种最常见的全双工通信方式。

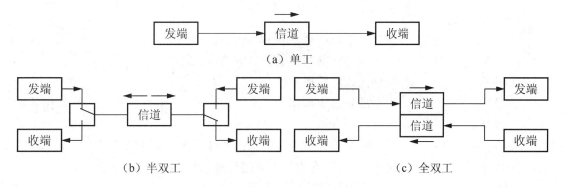

图 4-8 单工、半双工和全双工通信方式示意图

在数字通信中,按照数字信号码元排列方法不同,有串行传输与并行传输之分。所谓串行传输,是将数字信号码元序列按时间顺序一个接一个地在信道中传输,如图4-9(b)所示。如果将数字信号码元序列分割成两路或两路以上的数字信号码元序列同时在信道中传输,则称为并行传输,如图4-9(a)所示。

我们可以将串行传输比作单车道,并行传输则为多车道,很明显多车道的运输能力更强,传输同样的数据所需的时间更短,但由于它需要传输信道多,设备复杂,成本高,一般在计算机内部或近距离数字通信中采用。一般的远距离数字通信大都采用串行传输方式。

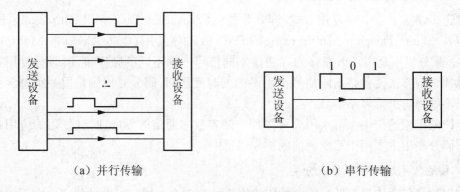

（a）并行传输   （b）串行传输

图 4-9 并行和串行通信方式示意图

4.3 通信的发展史和发展趋势

4.3.1 通信的发展史

19 世纪开始发展电通信以来，通信技术发展速度很快，特别是 20 世纪 50 年代以后发展更为迅速。现将通信发展简史介绍如下。

1839 年	发明有线电报
1864 年	提出电磁辐射方程
1876 年	发明电话
1896 年	发明无线电报
1906 年	发明真空管
1918 年	调幅无线电广播、超外差收音机问世
1925 年	开始采用三路明线载波电话、多路通信
1936 年	调频无线电广播开播
1937 年	发明脉冲编码调制
1938 年	电视广播开播
1940—1945 年	第二次世界大战刺激了雷达和微波通信系统的发展
1948 年	发明晶体管；香农提出了信息论，通信统计理论开始展开
1950 年	时分多路通信应用于电话
1956 年	敷设了越洋电缆
1957 年	发射第一颗人造卫星
1958 年	发射第一颗通信卫星
1960 年	发明激光
1961 年	发明集成电路
1962 年	发射第一颗同步通信卫星；脉冲编码调制进入实用阶段
1960—1970 年	彩色电视问世；阿波罗宇宙飞船登月；数字传输的理论和技术得

到了迅速发展；出现了高速数字电子计算机

1970—1980 年　　　大规模集成电路、商用卫星通信、程控数字交换机、光纤通信系统、微处理机等迅速发展

1980 年以后　　　超大规模集成电路、长波长光纤通信系统广泛应用；综合业务数字网崛起

4.3.2　国内外通信系统的现状

1. 有线通信系统(架空明线、对称电缆、同轴电缆和光缆

它是各国国内长途干线的主要通信手段。国内,目前的有线通信系统主要是以光缆(光纤)通信为主导,无论是长途干线或市内局间均已用光缆更换(或取代)。国内近几年来也在迅速发展光纤通信系统。目前已建成各种光纤通信线路数千千米。并在研制各种类型的大容量光纤通信系统和光纤局域网。

2. 微波中继通信系统

在国内、外均是一种重要的通信手段。目前国外在数字化、大容量、更高频段(接近毫米波)和无人管理方面均已取得很大的进展,实现了在 40MHz 的标准频道间隔内,可传送(1920～7680)路 PCM 数字电话,实现了在 40MHz 带宽内传输 4×140Mbp/s 多路通信。而国内:已新建了不少微波中继专用通信网,我国超出 50Mm(兆米)的微波中继通信线路,其中 3/5 用于通信,2/5 用于广播 TV 传送,至 2000 年前国内已新建了超出 100Mm 的微波中继线路。但我国数字微波通信系统目前仍比较落后,现在正在大力发展。

3. 光纤通信系统

具有通信容量大、成本低,而且抗干扰能力强,与同轴电缆相比可以节省大量的有色金属和能源。自 1997 年世界第一个光纤通信系统在芝加哥投入使用以来,光纤通信发展极为迅速,世界各国广泛采用光纤通信系统,大西洋、太平洋的海底光纤通信系统已经开通使用。目前,某些发达国家长途电话及市话中继系统的光纤通信网已基本建成。今后将集中发展用户光纤通信网(即个人通信网)。

目前除了扩充、改造原有的同轴电缆载波线路,以充分发挥其作用外,已不再敷设同轴电缆,全部采用光纤通信的新技术,预计未来十年内光缆还将增加 100Mm。

光纤通信的发展方向:大力开发单模、长波长、大容量数字传输光缆通信和相干光通信。

4. 卫星通信系统

自 1965 年第一颗国际通信卫星投入商用以来,卫星通信获得了迅速的发展。现在第七代国际通信卫星(IS - VII)即将投入使用,卫星通信的使用范围已遍布全球。仅国际卫星通信组织拥有数十万条话路,80％的洲际通信业务和 100％的远距离 TV 传输,均采用卫星通信,它已成为国际通信的主要传输手段,同时,卫星通信已进入国内通信领域,许多发达国家和发展中国家均拥有国内卫星通信系统。

我国自 20 世纪 70 年代起,开始将卫星通信用于国际通信,从 1985 年开始发展国内卫星通信,至今已发射了 7 颗同步通信卫星,连同租借的国际卫星转发器,已拥有 30 多个转发

器,与182个国家和地区开通了国际通信业务,并初步组织了国内公用卫星通信网及若干专用网。目前卫星通信部分使用模拟调制及频分多路和频分多址,部分使用数字及时分多址和码分多址。

5. 移动通信系统

它是现代通信系统中发展最为迅速的一种通信手段。它是随着汽车、飞机、轮船、火车等交通工具的发展而同时发展起来的。近十年来,在微电子技术和计算技术的推动下,移动通信从过去简单的无线对讲或广播方式发展成为一个有线、无线融为一体,固定移动相互连通的全国规模的通信系统。在电信工业中,移动通信所占比例名列前三,仅次于电话、数据通信。

目前,欧美各国蜂窝式公用移动通信系统的用户已有数百万,专用调度系统的移动用户亦有数百万。我国公用移动通信系统处于发展初期,专用移动通信系统及无线寻呼在近几年也发展迅速。目前广泛用于政府、军事、外交、气象等部门,尤其是军事部门。

6. 计算机通信系统

计算机与通信的结合是通信网发展的一个新阶段。目前国外计算机通信网已相当发达,组成了全国性的大型计算机网,使信息得到充分地利用。国内也已开始建设数字网和计算机网。

7. 扩频通信系统

扩频通信是20世纪70年代中期迅速发展起来的一种新型的通信系统,它抗干扰能力、抗衰落能力、抗多径的能力是上述其他通信系统无法比拟的。目前国外扩频通信系统发展相当迅速,尤其是中、长波和超短波已相当成熟,已生产出各种类型的扩频通信系统,并广泛地用于多个领域,尤其是资源探测,交通管理部门(如 GPS 系统)和军事部门(如海湾战争)均用到这种通信系统。短波跳频通信目前国外主要用在军事上。我国自20世纪80年代以来亦开展了扩频通信系统的研制工作,在中波和超短波的扩频通信也已有产品用于军事通信上,而短波跳频通信正处于理论探讨和实验阶段。估计不久也会有这类产品问世。

小　　结

信息的传播与交流,是依靠各种通信方式和技术来实现的。本章作为通信技术的导论,首先介绍了通信系统的一般模型,让大家对通信系统有整体、宏观的认识。在此基础上介绍了具体的模拟通信系统的组成和数字通信系统的组成。并对通信系统的分类、通信方式以及通信的发展历史和未来的发展趋势进行了详细介绍和展望。

 阅读材料

4G 通信时代

目前全世界手机用户已达45亿,移动通信已经基本实现了人与人的互联,并正在实现人与互联网的互联。3G 技术的普及正使越来越多的人通过手机上网,4G 技术的推广将使手机上网用户数量产生飞跃。据预计,到 2015 年,全世界手机上网用户数量将超过使用电脑上网的用户数量,达到 19.8 亿,同时智能手机和其他能上网的手机数量将更加可观。

4G 通信集 3G 与 WLAN 于一体,通信速度更快,可以达到 10Mbps 至 20Mbps,甚至可以达到高达 100Mbps 的速度。而且,其通信更加灵活,4G 手机的功能,已不能简单划归“电话机”的范畴,毕竟语音资料的传输只是 4G 移动电话的功能之一而已,因此未来 4G 手机更应该算得上是一只小型电脑了,而且 4G 手机从外观和式样上,会有更惊人的突破,人们可以想象的是眼镜、手表、化妆盒、旅游鞋,以方便和个性为前提,任何一件能看到的物品都有可能成为 4G 终端,只是人们还不知应该怎么称呼它。未来的 4G 通信使人们不仅可以随时随地通信,也可以双向下载传递资料、图画、影像,当然更可以和从未谋面的陌生人网上联线对打游戏。

4G 通信不仅解决了与 3G 通信的兼容性问题,让更多的现有通信用户能轻易地升级到 4G 通信,而且 4G 通信引入了许多尖端的通信技术,这些技术保证了 4G 通信能提供一种灵活性非常高的系统操作方式,因此相对其他技术来说,4G 通信部署起来就容易迅速得多。同时在建设 4G 通信网络系统时,通信营运商们会考虑直接在 3G 通信网络的基础设施之上,采用逐步引入的方法,这样就能够有效地降低运行者和用户的费用。据研究人员宣称,4G 通信的无线即时连接等某些服务费用会比 3G 通信更加便宜。

习　　题

一、选择题

1. 下列说法中正确的是(　　)。

A. 频率越高的电磁波,传播速度越大

B. 波长越短的电磁波,传播速度越大

C. 频率越高的电磁波,波长越短

D. 波长不同的电磁波,频率不同,因而速度亦不同

2. 关于同步卫星,以下说法中正确的是(　　)。

A. 同步卫星的转动周期和地球的自转周期相同

B. 同步卫星和月球一样每天绕地球一周

C. 同步卫星固定在空中一直不动

D. 同步通信卫星做为传播微波的中继站,地球上只要有 2 颗就能覆盖全世界

3. 以下现象中不能产生电磁波的是(　　)。

A. 闭合和断开灯的开关的瞬间　　　　B. 电冰箱启动和停机时

C. 电铃工作发声时　　　　　　　　　 D. 用铁锤敲击铁棒时

4. 无线电通信是利用(　　)。

A. 电流传输信号的　　　　　　　　　 B. 振荡电流传输信号的

C. 电磁波传输信号的　　　　　　　　 D. 以上说法都不对

5. 抽样是把时间（　　），幅值（　　）的连续信号变换为时间（　　），幅值（　　）的信号，量化是把幅值（　　）的信号变换为幅值（　　）的信号。

A. 连续　　连续　　连续　　离散　　连续　　离散

B. 连续　　连续　　离散　　连续　　离散　　连续

C. 连续　　连续　　离散　　连续　　连续　　离散

D. 连续　　连续　　连续　　离散　　离散　　连续

二、简答题

1. 请描述通信系统的一般模型。

2. 简要叙述几种通信方式。

第5章

通信的基本概念和原理

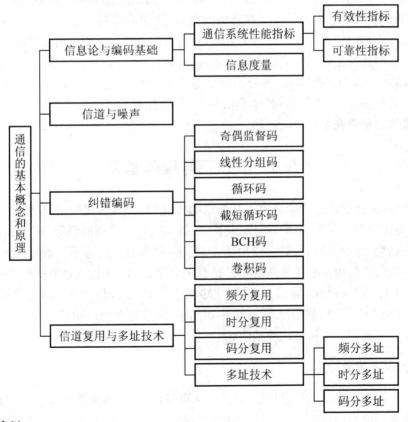

学习目标

(1) 了解信息编码的原理。

(2) 掌握信道的概念及性质,并熟悉几种典型信道。

(3) 对多址技术有初步认识。

(4) 熟悉信道复用的几种复用方法。

导入案例

信息论在过去的 50 年中取得了巨大的、丰富的理论和科技成果,正潜移默化地改变着

我们的生活。

案例一

人口问题:在某个地区,一对夫妻只允许生一个孩子,可是这里所有的夫妻都希望能生个男孩传宗接代,因此这里的夫妻都会一直生到生了一个男孩为止,假定生男生女的概率相同,那么这个地区男孩会多于女孩吗? 我们的结论是男孩女孩的平均数是相等的! 我们利用信息论的方法可以轻易地证明。

案例二

在使用 CD-ROM、VCD 和 DVD 或在网络上,经常遇到对数据压缩以减小数据的存储容量,如对图片所采用的 JPEG 压缩编码技术,一般是采用以离散余弦变换为基础的有损压缩算法,或是以空间线性预测技术为基础的无损压缩算法。现在应用得较多的是有损压缩算法。得到的 JPEG 图片满足了可以节省空间和可以减少对带宽的占用的要求,同时,人们查看图片基本不会发现有什么差别,因为人们看图画或者电视画面的时候可能并不会注意到一些细节上的细微差别。

随着通信技术的发展和通信系统的广泛应用,通信网的规模和需求越来越大。经过多年的发展,通信技术已经进入了一个崭新的时代,特别是当今的信息社会,通信技术已深入到国家经济各个部门和人民生活的各个方面,成为人们日常生活中不可或缺的一部分。

通信的基本任务是传递和交换消息中包含的信息。例如,语音、文字、图形、图像等都是消息(Message)。人们接收消息,关心的是消息中包含的有效内容,即信息(Information)。类似于运输货物多少采用"货运量"来衡量一样,传输信息的多少使用"信息量"来衡量。所以如何度量信息是首先要解决的问题。

5.1　信息论与编码基础

从古到今,人类的社会活动总离不开消息的传递和交换,古代的消息树、烽火台和驿马传令,以及现代社会的文字、书信、电报、电话、广播、电视、遥控和遥测等,这些都是消息传递的方式或信息交流的手段。人们可以用语言、文字、数据或图像等不同的形式来表达信息。但是这些语言、文字、数据或图像本身不是信息而是消息,信息是消息中所包含的人们原来不知而待知的内容。因此,通信的根本目的在于传输含有信息的消息。1948 年,香农(Shannon)在他的"通信的数学原理"一文中提出了"信息是事物运动状态和存在方式的不确定性的描述",从而确定了信息论的基础。

5.1.1　信息及其度量

"信息"一词在概念上与消息相似,但其含义更具普遍性、抽象性。信息可理解为消息中包含的有意义的内容;消息可以有各种各样的形式,但消息的内容可统一用信息来表述。传输信息的多少可直观地用"信息量"来衡量。

传递的消息都有其量值的概念。在一切有意义的通信中,虽然消息的传递意味着信息的传递,但对接收者而言,某些消息比另外一些消息的传递具有更多的信息。例如,甲方告诉乙方一件非常可能发生的事情"明天中午 12 时正常开饭",那么比起告诉乙方一件极不可能发生的事情"明天12时有地震"来说,前一消息包含的信息显然要比后者少些。因为对乙方(接收者)来说,前一件事很可能(必然)发生,不足为奇;而后一事情却极难发生,使人惊奇。这表明消息确实有量值的意义,而且,对接收者来说,事件越不可能发生,越使人感到意外和惊奇,则信息量就越大。正如已经指出的,消息是多种多样的,因此,量度消息中所含的信息量值,必须能够估计任何消息的信息量,且与消息种类无关。另外,消息中所含信息的多少也应和消息的重要程度无关。

由概率论可知,事件的不确定程度,可用事件出现的概率来描述:事件出现(发生)的可能性越小,则概率越小;反之,概率越大。基于此认识,可以得到:消息中的信息量与消息发生的概率紧密相关。消息出现的概率越小,则消息中包含的信息量就越大。且概率为零时(不可能发生事件)信息量为无穷大;概率为1时(必然事件),信息量为0。

由此可见,消息中所含的信息量与消息出现的概率之间的关系应符合如下规律:

(1) 消息中所含信息量 I 是消息出现的概率 $P(x)$ 的函数。即

$$I = I[P(x)] \tag{5.1-1}$$

(2) 消息出现的概率越小,它所含信息量越大;反之,信息量越小。且

$$I = \begin{cases} 0 & P=1 \\ \infty & P=0 \end{cases} \tag{5.1-2}$$

(3) 若干个互相独立的事件构成的消息,所含信息量等于各独立事件信息量的和。即

$$I[P_1(x) \cdot P_2(x) \cdots] = I[P_1(x)] + I[P_2(x)] + \cdots \tag{5.1-3}$$

可以看出,I 与 $P(x)$ 间应满足以上3点,则有如下关系式

$$I = \log_a \frac{1}{P(x)} = -\log_a P(x) \tag{5.1-4}$$

信息量 I 的单位与对数的底数 a 有关。

$a=2$ 单位为比特(bit 或 b);

$a=e$ 单位为奈特(nat 或 n);

$a=10$ 单位为哈特莱(hartly)或称为十进制单位;

$a=r$ 单位称为 r 进制单位。

通常信息量使用的单位为比特。

5.1.2 离散信息源的熵

先看一个例子。假如甲乙两人讨论2010足球世界杯的冠军归属。甲不知道赛果,于是咨询已经知道结果的乙"哪支球队获得了冠军"。乙不直接告诉甲,而是让甲猜,而且是收取1元钱才肯告诉甲是否猜对。

甲把球队编号,从1～32。然后提问:"冠军的球队是在1～16号中吗?"

假如乙告诉甲猜对了,甲会继续问:"冠军队是在1～8号中吗?"

假如乙告诉甲猜错了,甲自然知道冠军队在9～16中。

这样只需要5次问答,甲便能够确定哪支球队获得了冠军,所以说,在这个例子,谁是世界杯这条消息的信息量值5元钱。同时每支球队只有2种情况,夺冠或者未夺冠,是属于二进制的问题。

当然二进制单位的信息的度量用比特(bit),在上面的例子中这条消息的信息量是 5 比特,也即是 32 球队某支球队获冠军,消息信息量是 5 比特。

2 支球队争冠,某支球队获冠军,消息信息量是 1 比特(只需要猜 1 次)。以此类推,4 支球队争冠,某支球队获冠军,消息信息量是 2 比特;8 支球队争冠,某支球队获冠军,消息信息量是 3 比特;16 支球队争冠,某支球队获冠军,消息信息量是 4 比特;……;2^k 支球队争冠,某支球队获冠军,消息信息量是 k 比特。

在这种情况下,每支球队获得冠军的概率是一样的,都是 $1/2^k$,每支球队获得冠军代表 1 个消息,则 k 比特信息能传送 2^k 个消息。

2^k 个消息等概率出现,且独立,则信息量

$$I=\log_2 2^k=\log_2\frac{1}{1/2^k}=k \text{ (bit)} \tag{5.1-5}$$

式中:k 为正整数。这便是等概率出现的离散消息的信息度量公式。

然而上述例子的实际情况,各个球队获得冠军的概率是不同的,像西班牙、巴西、意大利这样的球队得冠军的可能性比韩国、日本等队大得多。因此按照上述的方法,直接把少数最可能的国家分成一组,把其他队分成一组。然后猜冠军是否在热门球队中,重复以上过程根据夺冠概率继续分组,也许三或四次就能猜到结果。因此,每个球队获得冠军可能性不同时,"谁获得冠军"的信息量比 5 比特少。

设离散信息源是一个由 n 个符号组成的集合 $x_1,x_2,\cdots,x_n$,按 $P(x_1)$ 独立出现。记

$$\begin{bmatrix} x_1 & x_2 & \cdots & x_i & \cdots & x_n \\ P(x_1) & P(x_2) & \cdots & P(x_i) & \cdots & P(x_n) \end{bmatrix}, 且有 \sum_{i=1}^{n}(P(x_i))=1$$

则 $x_1,x_2,\cdots,x_n$ 各符号的信息量分别为

$$-\log_2 P(x_1), \quad -\log_2 P(x_2), \quad \cdots, \quad -\log_2 P(x_n)$$

这里,式中的每个符号(消息)的信息量不同。下面引入平均信息量 $\bar{I}$,平均信息量 $\bar{I}$ 等于各符号的信息量与各自出现的概率乘积之和。在二进制时:

$$\bar{I}=-P(1)\log_2 P(1)-P(0)\log_2 P(0) \tag{5.1-6}$$

把 $P(1)=p,P(0)=1-p$ 代入,则

$$\bar{I}=-p\log_2 p-(1-p)\log_2(1-p) \tag{5.1-7}$$

对于多个信息符号的平均信息量的计算,则每个符号所含信息的平均值(平均信息量)

$$\bar{I}=P(x_1)[-\log_2 P(x_1)]+P(x_2)[-\log_2 P(x_2)]+\cdots+P(x_n)[-\log_2 P(x_n)]$$

$$=\sum_{i=1}^{n}P(x_i)[-\log_2 P(x_i)] \tag{5.1-8}$$

平均信息量 $\bar{I}$ 的单位为 b/符号。由于平均信息量同热力学中的熵形式相似,故通常又称为信息源的熵,该度量方法由香农于 1948 年提出,故又称之为香农熵。

当离散信息源中每个符号等概率出现,且各符号的出现为统计独立时,该信息源的熵最大。此时最大熵(平均信息量)为

$$\bar{I}_{\max}=\max\left\{\sum_{i=1}^{n}P(x_i)[-\log_2 P(x_i)]\right\}=-\sum_{i=1}^{n}\frac{1}{n}\left(\log_2\frac{1}{n}\right)=\log_2 n \tag{5.1-9}$$

即为等概率的情况取得最大值,因此,我们得出结论,变量的不确定性越大,熵也就越大,确定消息的所需的信息量也就越大。

5.1.3 通信系统的性能指标

衡量比较一个通信系统的优劣时，必然要涉及系统的主要性能指标。无论是模拟通信还是数字、数据通信，尽管业务类型和质量要求各异，但它们都有一个总的质量指标要求，即通信系统的性能指标。

通信系统的性能指标包括有效性、可靠性、适应性、保密性、标准性、维修性和工艺性等。从信息传输的角度来看，通信的有效性和可靠性是最主要的两个性能指标。

通信系统的有效性与系统高效率地传输消息相关联。即通信系统怎样以最合理、最经济的方法传输最大数量的消息。

通信系统的可靠性与系统可靠地传输消息相关联。可靠性是一种量度，用来表示收到消息与发出消息的符合程度。因此，可靠性取决于通信系统的抗干扰性。

一般情况下，要增加系统的有效性，就得降低可靠性，反之亦然。在实际应用中，常依据实际系统要求采取相对统一的办法，即在满足一定可靠性指标的前提下，尽量提高消息的传输速率，即有效性；或者在维持一定有效性的前提下，尽可能提高系统的可靠性。

1. 有效性能指标

数字通信的有效性主要体现在一个信道通过的信息速率。对于基带数字信号，可以采用时分复用（TDM）以充分利用信道带宽。数字信号频带传输，可以采用多元调制提高有效性。数字通信系统的有效性可用传输速率来衡量，传输速率越高，则系统的有效性越好。通常可从以下 4 个角度来定义传输速率。

（1）码元传输速率 R_B

码元传输速率通常又称为码元速率，用符号 R_B 表示。码元速率是指单位时间（每秒钟）内传输码元的数目，单位为波特（Baud），常用符号"B"表示。例如，某系统在 2s 内共传送 4800 个码元，则系统的传码率为 2400 B。

数字信号一般有二进制与多进制之分，但码元速率 R_B 与信号的进制无关，只与码元宽度 T_B 有关。

$$R_B = \frac{1}{T_B} \tag{5.1-10}$$

通常在给出系统码元速率时，说明码元的进制，多进制（M）码元速率 R_{BM} 与二进制码元速率 R_{B2} 之间，在保证系统信息速率不变的情况下，可相互转换，转换关系式为

$$R_{B2} = R_{BM} \cdot \log_2 M (B) \tag{5.1-11}$$

式中：$M = 2^k$；$k = 2、3、4$。

（2）信息传输速率 R_b

信息传输速率简称信息速率，又可称为传信率、比特率等。信息传输速率用符号 R_b 表示。R_b 是指单位时间（每秒钟）内传送的信息量，单位为比特/秒，简记为 bps。例如，若某信源在 1s 内传送 1200 个符号，且每一个符号的平均信息量为 1b，则该信源的 $R_b = 1200$ b/s。

因为信息量与信号进制数 M 有关，因此，R_b 也与 M 有关。例如，在 8 进制中，当所有传输的符号独立等概率出现时，一个符号能传递的信息量为 3bit，当符号速率为 1200B 时，信

息速率为 1200×3＝3600bps。

（3）R_b 与 R_B 的关系

在二进制中，码元速率 R_{B2} 同信息速率 R_{b2} 的关系在数值上相等，但单位不同。

在多进制中，R_{BM} 与 R_{bM} 数值不同，单位也不同。它们之间在数值上有如下关系式

$$R_{bM} = R_{BM} \cdot \log_2 M \tag{5.1-12}$$

在码元速率保持不变的情况下，二进制信息速率 R_{b2} 与多进制信息速率 R_{bM} 之间的关系为

$$R_{bM} = (\log_2 M) R_{b2} \tag{5.1-13}$$

（4）频带利用率 η

频带利用率指传输效率，也就是说，我们不仅关心通信系统的传输速率，还要看在这样的传输速率下所占用的信道频带宽度是多少。如果频带利用率高，说明通信系统的传输效率高，否则相反。

频带利用率的定义是单位频带内码元传输速率的大小，即

$$\eta = \frac{R_B}{B} (\text{B/Hz}) \tag{5.1-14}$$

频带宽度 B 的大小取决于码元速率 R_B，而码元速率 R_B 与信息速率有确定的关系。因此，频带利用率还可用信息速率 R_b 的形式来定义，以便比较不同系统的传输效率，即

$$\eta = \frac{R_b}{B} (\text{bps/Hz}) \tag{5.1-15}$$

2. 可靠性指标

对于模拟通信系统，可靠性通常以整个系统的输出信噪比来衡量。信噪比是信号的平均功率与噪声的平均功率之比。信噪比越高，说明噪声对信号的影响越小信号的质量越好。例如，在卫星通信系统中，发送信号功率总是有一定限量，而信道噪声（主要是热噪声）则随传输距离而增加，其功率不断累积，并以相加的形式来干扰信号，信号加噪声的混合波形与原信号相比则有一定程度的失真。模拟通信的输出信噪比越高，通信质量就越好。诸如，公共电话（商用）以 40 dB 为优良质量，电视节目信噪比至少应为 50 dB，优质电视接收应在 60 dB 以上，公务通信可以降低质量要求，也需 20 dB 以上。当然，衡量信号质量还可以用均方误差，它是衡量发送的模拟信号与接收端恢复的模拟信号之间误差程度的质量指标。均方误差越小，说明恢复的信号越逼真。

衡量数字通信系统可靠性的指标，可用信号在传输过程中出错的概率来表述，即用差错率来衡量。差错率越大，表明系统可靠性越差。差错率通常有两种表示方法。

（1）码元差错率 P_e

码元差错率 P_e 简称误码率，它是指接收错误的码元数在传送的总码元数中所占的比例，更确切地说，误码率就是码元在传输系统中被传错的概率。用表达式可表示成

$$P_e = \frac{\text{单位时间内接收的错误码元数}}{\text{单位时间内系统传输的总码元数}}$$

（2）信息差错率 P_b

信息差错率 P_b 简称误信率，或误比特率，它是指接收错误的信息量在传送信息总量

中所占的比例,或者说,它是码元的信息量在传输系统中被丢失的概率。用表达式可表示成

$$P_b = \frac{\text{单位时间内接收的错误比特数(错误信息量)}}{\text{单位时间内系统传输的总比特数(总信息量)}}$$

(3) P_e 与 P_b 的关系

对于二进制信号而言,误码率和误比特率相等。而 M 进制信号的每个码元含有 $n = \log_2 M$ 比特信息,并且一个特定的错误码元可以有 $(M-1)$ 种不同的错误样式。当 M 较大时,误比特率

$$P_b \approx \frac{1}{2} P_e$$

5.2 信道与噪声

信道是通信系统必不可少的组成部分,信道特性的好坏直接影响到系统的特性。信号在信道中传输时,噪声作用于所传输的信号,接收端所接收的信号是传输信号与噪声的混合体。

信道连接发送端和接收端的通信设备,并将信号从发送端传送到接收端。按照传输媒体区分,信道可以分为两大类:无线信道和有线信道。无线信道利用电磁波在空间中的传播来传输信号,而有线信道则需利用人造的传输媒体来传输信号。广播电台就是利用无线信道传输节目给收音机的;而传统的固定电话则是用有线信道(电话线)作为传输媒体的。光也是一种电磁波,它可以在空间传播,也可以在导光的媒体中传输。所以上述两大类信道的分类也适用于光信号。导光的媒体有波导(Wave guide)和光纤(Optical fiber)等。光纤是目前光通信系统中广泛应用的传输媒体。

信道中的噪声对于信号传输的影响,是一种有源干扰。而信道传输特性不良可以看作是一种无源干扰。在本节中将重点介绍信道特性、噪声及其对于信号传输的影响。

5.2.1 信道

通俗地说,信道是指以传输媒质(介质)为基础的信号通路。具体地说,信道是指由有线或无线线路提供的信号通路;抽象地说,信道是指定的一段频带,它让信号通过,同时又给信号以限制和损害。信道的作用是传输信号。

信道大体可分成两类:狭义信道和广义信道。

狭义信道通常按具体媒质的不同类型可分为有线信道和无线信道。所谓有线信道,是指传输媒质为明线、对称电缆、同轴电缆、光缆及波导等看得见的媒质。有线信道是现代通信网中最常用的信道之一,如对称电缆(又称电话电缆),它广泛应用于(市内)近程传输。无线信道的传输媒质比较多,它包括短波电离层、对流层散射等。虽然无线信道的传输特性不如有线信道稳定可靠,但无线信道具有方便、灵活、通信者可移动等优点。

广义信道通常也可分为调制信道和编码信道两种。调制信道是从调制与解调的基本问题出发而构成的,它的范围是从调制器输出端到解调器输入端。从调制和解调的角度来看,由调制器输出端到解调器输入端的所有转换器及传输媒质,只是把已调信号进行了某种变

换,我们只需关心变换的最终结果,而无需关心详细过程。因此,研究调制与解调问题时,定义一个调制信道是方便和恰当的。调制信道常用在模拟通信中。如果仅着眼于编码和译码问题,则可得到编码信道。从编码和译码的角度看,编码器的输出仍是一数字序列,而译码器的输入同样也是一数字序列,它们在一般情况下是相同的。因此,从编码器输出端到译码器输入端的所有转换器及传输媒质可用一个完成数字序列变换的方框加以概括,此方框称为编码信道。调制信道和编码信道的示意图如图 5-1 所示。另外,根据研究对象和关心问题的不同,也可以定义其他形式的广义信道。

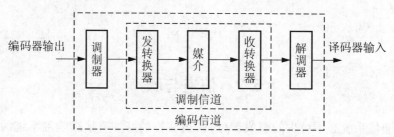

图 5-1 调制信道与编码信道

1. 有线信道

传输电信号的有线信道主要有四类,即明线、双绞线、同轴电缆和光缆。

明线是指平行架设在电线杆上的架空线路。它本身是导电裸线或带绝缘层的导线。其传输损耗低,但是易受天气和环境的影响,对外界噪声干扰较敏感,并且很难沿一条路径架设大量的(成百对)线路,故目前已经逐渐被电缆所代替。双绞线是由若干对叫作芯线的双导线放在一根保护套内制成的。为了减小各对导线之间的干扰,每一对导线都做成扭绞形状的,由于是对称的,又称为对称电缆。保护套则是由几层金属屏蔽层和绝缘层组成的,它还有增大电缆机械强度的作用。对称电缆的芯线比明线细,直径约在 0.4~1.4 mm,故其损耗较明线大,但是性能较稳定。同轴电缆则是由内外两根同心圆柱形导体构成的,在这两根导体间用绝缘体隔离开。外导体是一根空心导管,内导体多为实心导线。在内外导体间可以填充塑料支架用于连接和固定内外导体。由于外导体通常接地,所以它同时能够很好地起到屏蔽作用。在实用中多将几根同轴电缆和几根电线放入同一根保护套内,以增强传输能力;其中的几根电线则用来传输控制信号或供给电源。图 5-2 为一种同轴电缆的截面示意图。

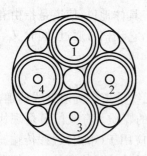

图 5-2 同轴电缆截面示意图

传输光信号的有线信道是光导纤维,简称光纤。光纤是由华裔科学家高锟(Charles Kuen Kao)发明的。他于 1966 年发表的一篇题为"光频率的介质纤维表面波导"的论文奠定了光纤发展和应用的基础。因此,他被认为是"光纤之父"。

最简单的光纤是由折射率不同的两种玻璃介质纤维制成的。其内层称为纤芯,在纤芯外包有另一种折射率的介质,称为包层,如图 5-3 所示。由于内外两层的折射率不同,光波会在两层的边界处不断产生反射,从而达到远距离传输。由于折射率在两种介质内是均匀不变的,仅在边界处发生突变,故这种光纤称为阶跃(折射率)型光纤。另一种光纤的纤芯的折射率沿半径方向逐渐减小,光波在光纤中传输的路径是逐渐弯曲的,这种光纤称为梯度(折射率)型光纤。

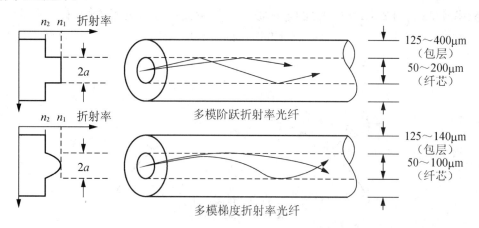

图5-3　多模光纤结构示意图

按照光纤内光波的传播模式不同,光纤可以分为多模光纤和单模光纤两类。最早制造出的光纤为多模光纤。在图 5-3 中示出了多模光纤的典型直径尺寸。它用发光二极管(LED)作为光源。这种光纤的直径较粗,光波在光纤中的传播有多种模式。另外,光源发出的光波也包含许多频率成分。因此,光波在光纤中有不止一条传播路线,不同频率光波的传输时延也不同,这样会造成信号的失真,从而限制了传输带宽。单模光纤的直径较小,其纤芯的典型直径为 $8\sim12\mu m$,包层的典型直径约为 $125\mu m$。单模光纤用激光器作为光源。激光器产生单一频率的光波,并且光波在光纤中只有一种传播模式。因此,单模光纤的传输频带较宽,较多模光纤的传输容量大得多。但是,由于其直径较小,所以在将两段光纤相接时不易对准。另外,激光器的价格比 LED 贵。所以,这两种光纤各有优缺点,都得到了广泛的应用。在实用中光纤的外面还有一层塑料保护层,并将多根光纤组合起来成为一根光缆。光缆有保护外皮,内部还加有增加机械强度的钢线和辅助功能的电线。

为了使光波在光纤中传输时的衰减尽量小以便传输尽量远的距离,需将光波的波长选择在光纤传输损耗最小的波长上。目前使用单个波长的单模光纤传输系统的传输速率已达 10 Gbps。若在同一根光纤中传输波长不同的多个信号,则总传输速率将提高好多倍。光纤的传输损耗也是很低的,其传输损耗可达 0.2 dB/km 以下。因此,无中继的直接传输距离可达上百千米。目前,经过海底的跨洋远程光纤传输信道已经得到广泛应用。

2. 无线信道

在无线信道中信号的传输是利用电磁波(electromagnetic wave)在空间的传播来实现的。电磁波是英国数学家麦克斯韦(J. C. Maxwell)于 1864 年根据法拉第(M. Faraday)的实验在理论上做出预言的。后来由德国物理学家赫兹(H . Hertz)在 1886—1888 年间用实验证明了麦克斯韦的预言。此后,电磁波在空间的传播被广泛地用来作为通信的手段。

除了在外层空间两个飞船的无线电收发信机之间的电磁波传播为自由空间(free space)传播外,在无线电收发信机之间的电磁波传播总是受到地面和(或)大气层的影响。根据通信距离、频率和位置的不同,电磁波的传播可以分为地波传播、天波传播、视距传播和散射传播 4 种。

（1）地波传播

频率较低（大约 2 MHz 以下）的电磁波趋于沿弯曲的地球表面传播,有一定的绕射能力。这种传播方式称为地波传播,在低频和甚低频段,地波传播距离可超过数百或数千千米（图 5-4）。

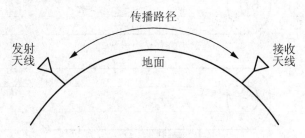

图 5-4　地波传播

（2）天波传播

频率较高（大约在 2～30 MHz 之间）的电磁波能够被电离层反射。电离层位于地面上约 60～400 km 之间。它是因太阳的紫外线和宇宙射线辐射使大气电离的结果。电磁波经过电离层的一次反射最大可以达到约 4000 km 的距离,经过反射的电磁波到达地面后可以被地面再次反射,并再次由电离层反射,这样经过多次反射,电磁波可以传播 10000km 以上（图 5-5）。利用电离层反射的传播方式称为天波传播。电离层反射波到达地面的区域可能是不连续的,图中用粗线表示的地面是电磁波可以到达的区域,其中在发射天线附近的地区是地波覆盖的范围,而在电磁波不能到达的其他区域称为寂静区。

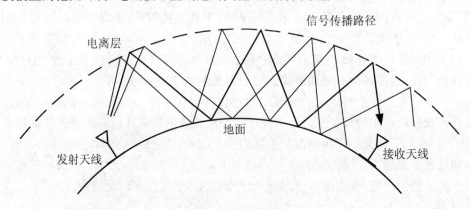

图 5-5　天波传播

（3）视距传播

频率高于 30 MHz 的电磁波将穿透电离层,不能被反射回来。此外,它沿地面绕射的能力也很弱。所以,它只能类似光波那样做视线传播。为了能增大其在地面上的传播距离,最简单的办法就是提升天线的高度从而增大视线距离（图 5-6）。

根据图 5-6,我们可以计算出天线高度和传播距离的关系为

$$h = \frac{D^2}{8r} \approx \frac{D^2}{50}$$

式中：设收发天线的高度相等，为 $h(\mathrm{m})$，并且 h 是使此两天线间保持视线的最低高度；D 为两天线间的距离(km)，地球半径 r 按 6370 km 计。

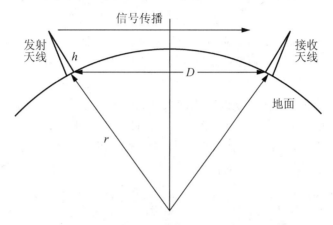

图 5-6　视距传播的天线高度与传播距离的关系

　　由于视距传输的距离有限，为了达到远程通信的目的，可以采用无线电中继的办法实现，每间隔一定距离将信号转发一次，如图 5-7 所示。这样经过多次转发，也能实现远程通信。由于视距传输的距离和天线架设高度有关，故利用人造卫星作为转发站（或称基站）将会大大提高视距。在距地面 35800 km 的赤道平面上卫星围绕地球转动一周的时间和地球自转周期相等，从地面上看卫星好像静止不动。利用 3 颗这样的静止卫星作为转发站就能覆盖全球，保证全球通信。这就是目前国际国内远程通信中广泛应用的一种卫星通信。近几年来开始对平流层通信进行研究。平流层通信是指用位于平流层的高空平台电台代替卫星作为基站的通信，其高度距地面在 3～22 km。曾研究用充氦飞艇、气球或飞机作为安置转发站的平台。平流层通信系统和卫星通信系统相比，具有费用低廉、时延小、建设快、容量大等特点。它是很有发展前途的一种未来通信手段。

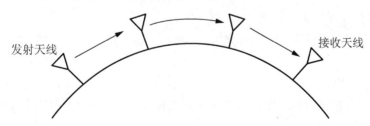

图 5-7　无线电中继式的视距传播

　　此外，在高空的飞行器之间的电磁波传播，以及太空中人造卫星或宇宙飞船之间的电磁波传播，都符合视线传播的规律，只是其传播不受或少受大气层的影响而已。

　　（4）散射传播

　　散射传播分为电离层散射、对流层散射和流星余迹散射三类。电离层散射和上述电离层反射不同。电离层反射类似光的镜面反射，这时电离层对于电磁波可以近似看作是镜面。

而电离层散射则是由于电离层的不均匀性产生的乱散射电磁波现象。故接收点的散射信号的强度比反射信号的强度要小得多。电离层散射现象发生在 30~60 MHz 间的电磁波上。对流层散射则是由于对流层中的大气不均匀性产生的。对流层是在从地面至十余千米间存在强烈的上下对流现象的大气层。电磁波由于对流层中的这种大气不均匀性可以产生散射现象,使电磁波散射到接收点。散射现象具有强的方向性,散射的能量主要集中于前方,故常称其为"前向散射"。图 5-8 示出对流层散射传播的示意图,图中发射天线射束和接收天线射束相交于对流层上空,两波束相交的空间为有效散射区域。利用对流层散射进行通信的频率范围主要在 100~4000 MHz,可以达到的有效散射传播距离最大约为 600 km。流星余迹散射则是由于流星经过大气层时产生的很强的电离余迹使电磁波散射的现象。流星余迹散射(图 5-9)的频率范围为 30~100 MHz,传播距离可达 1000 km 以上。一条流星余迹的存留时间在十分之几秒到几分钟之间,但是空中随时都有大量的人们肉眼看不见的流星余迹存在,能够随时保证信号断续的传输。所以,流星余迹散射通信只能用低速存储、高速突发的断续方式传输数据。

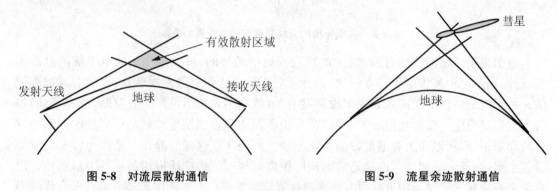

图 5-8 对流层散射通信   图 5-9 流星余迹散射通信

目前在民用无线电通信中,应用最广的是蜂窝网和卫星通信。蜂窝网工作在特高频频段,在手机和基站间使用地波传播。而卫星通信则工作在特高频和超高频频段,其电磁波传播是利用视线传播方式,但是在地面和卫星之间的电磁波传播要穿过电离层。

3. 信道模型

通常,为了方便地表述信道的一般特性,我们引入信道的模型——调制信道模型和编码信道模型。

(1) 调制信道模型

最基本的调制信道有一对输入端和一对输出端,其输入端信号电压 $e_i(t)$ 和输出端电压 $e_0(t)$ 间的关系可以用下式表示。

$$e_0(t) = f[e_i(t)] + n(t) \tag{5.2-1}$$

式中:$e_i(t)$ 为信道输入端的信号电压;$e_0(t)$ 为信道输出端的信号电压;$n(t)$ 为噪声电压。

由于无论有无信号,信道中的噪声 $n(t)$ 是始终存在的。因此通常称它为加性噪声或加性干扰,意思是说它与信号是相加的关系。当没有信号输入时,信道输出端也有加性干扰输出。$f[e_i(t)]$ 表示信道输入和输出电压之间的函数关系。为了便于数学分析,通常假设 $f[e_i(t)] = k(t)e_i(t)$,即信道的作用相当于对输入信号乘以一个系数 $k(t)$。这样,式(5.2-1)

就可以改写为

$$e_0(t)=k(t)e_i(t)+n(t) \tag{5.2-2}$$

式(5.2-2)就是信道的一般数学模型。$k(t)$是一个很复杂的函数，它反映信道的特性。一般说来，它是时间t的函数，即表示信道的特性是随时间变化的。随时间变化的信道称为"时变"信道。$k(t)$又可以看作是对信号的一种干扰，称为乘性干扰。因为它与信号是相乘的关系，所以当没有输入信号时，信道输出端也没有乘性干扰输出。作为一种干扰看待，$k(t)$会使信号产生各种失真，包括线性失真、非线性失真、时间延迟以及衰减等。这些失真都可能随时间做随机变化，所以$k(t)$只能用随机过程表述。这种特性随机变化的信道称为随机参量信道，简称随参信道。另一方面，也有一些信道的特性基本上不随时间变化，或变化极慢极小，因此将这种信道称为恒定参量信道，简称恒参信道。综上所述，调制信道可以分为两类，即随参信道和恒参信道。

（2）编码信道模型

调制信道对信号的影响是由$k(t)$和$n(t)$使信号的模拟波形发生变化。编码信道由于包括了调制信道及调制器、解调器，其对信号的影响则不同。因为编码信道的输入信号和输出信号是数字序列，例如在二进制信道中是"0"和"1"的序列，故编码信道对信号的影响是使传输的数字序列发生变化，即序列中的数字发生错误。所以，可以用错误概率来描述编码信道的特性。这种错误概率通常称为转移概率。在二进制系统中，就是"0"转移为"1"的概率和"1"转移为"0"的概率。按照这一原理可以画出一个二进制编码信道的简单模型，如图5-10所示。图中$P(0/0)$和$P(1/1)$是正确转移概率。$P(1/0)$是发送"0"而接收"1"的概率；$P(0/1)$是发送"1"而接收"0"的概率。后面这两个概率为错误传输概率。实际编码信道转移概率的数值需要由大量的实验统计数据分析得出。在二进制系统中由于只有"0"和"1"这两种符号，所以由概率论的原理可知

$$P(0/0)=1-P(1/0)$$
$$P(1/1)=1-P(0/1)$$

图5-10中的模型之所以称为"简单的"二进制编码信道模型是因为已经假定此编码信道是无记忆信道，即前后码元错误的发生是互相独立的。

也就是说，一个码元的错误和其前后码元是否发生错误无关。类似地，我们可以画出无记忆四进制编码信道模型，如图5-11所示。

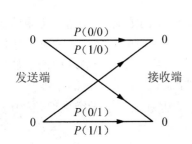

图5-10　二进制编码信道模型

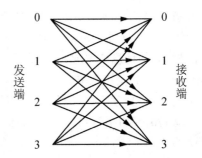

图5-11　四进制编码信道模型

编码信道的范围包括调制信道在内，编码信道中产生错码的原因以及转移概率的大小

主要是由调制信道的特性决定,一个特定的编码信道有相应确定的转移概率。编码信道的转移概率一般需要对实际编码信道做大量的统计分析才能得到。

5.2.2 信道容量

1. 信号带宽的定义

带宽这个名称在通信系统中经常出现,而且常常代表不同的含义,在这里先做一些说明。从通信系统中信号的传输过程来说,有两种不同含义的带宽:一种是信号(包括噪声)的带宽,这是由信号(或噪声)能量谱密度 $G(\omega)$ 或功率谱密度 $P(\omega)$ 在频域的分布规律确定的,也就是本节要定义的带宽;另一种是信道的带宽,这是由传输电路的传输特性决定的。信号带宽和信道带宽的符号都用 B 表示,单位为 Hz。本教材中在用到带宽时将说明是信号带宽,还是信道带宽。

2. 信道容量的计算

从信息论的观点来看,各种信道可以概括为两大类,即离散信道和连续信道。所谓离散信道,就是输入与输出信号都是取值离散的时间函数;而连续信道是指输入和输出信号都是取值连续的时间函数。信道容量是指单位时间内信道中无差错传输的最大信息量。这里仅给出连续信道的信道容量。

在实际的有扰连续信道中,当信道受到加性高斯噪声的干扰,且信道传输信号的功率和信道的带宽受限时,可依据高斯噪声下关于信道容量的香农(Shannon)公式计算信道容量。这个结论不仅在理论上有特殊的贡献,而且在实践意义上也有一定的指导价值。

设连续信道(或调制信道)的输入端加入单边功率谱密度为 n_0(W/Hz)的加性高斯白噪声,信道的带宽为 B(Hz),信号功率为 S(W),则通过这种信道无差错传输的最大信息速率 C(比特每秒,bps)为

$$C = B \log_2 \left(1 + \frac{S}{n_0 B}\right) \tag{5.2-3}$$

式中:C 为信道容量(bps)。式(5.2-3)就是著名的香农信道容量公式,简称香农公式。$n_0 B$ 为噪声的功率,令 $N = n_0 B$,则式(5.2-3)也可写为

$$C = B \log_2 \left(1 + \frac{S}{N}\right) \tag{5.2-4}$$

根据香农公式,可以得出以下重要结论。

(1) 任何一个连续信道都有信道容量。在给定 B,S/N 的情况下,信道的极限传输能力为 C,如果信源的信息速率 R 小于或等于信道容量 C,那么在理论上存在一种方法使信源的输出能以任意小的差错概率通过信道传输;如果 R 大于 C,则无差错传输在理论上是不可能的。因此,实际传输速率(一般地)不能大于信道容量,除非允许存在一定的差错率。

(2) 增大信号功率 S 可以增加信道容量 C。当信号功率 S 趋于无穷大时,信道容量 C 也趋于无穷大,即

$$\lim_{S \to \infty} \frac{C}{\text{bps}} = \lim_{S \to \infty} B \log_2 \left(1 + \frac{S}{n_0 B}\right) \to \infty \tag{5.2-5}$$

减小噪声功率 N($N = n_0 B$,相当于减小噪声功率谱密度 n_0),也可以增加信道容量 C。

若噪声功率 N 趋于零（或 n_0 趋于零），则信道容量趋于无穷大，即

$$\lim_{N\to 0}\frac{C}{\text{bps}}=\lim_{N\to 0}B\log_2\left(1+\frac{S}{N}\right)\to\infty \qquad (5.2\text{-}6)$$

增大信道带宽 B 可以增加信道容量 C，但不能无限增大。当信道带宽 B 趋于无穷大时，信道容量 C 的极限值为

$$\lim_{B\to\infty}\frac{C}{\text{bps}}=\lim_{B\to\infty}B\log_2\left(1+\frac{S}{n_0 B}\right)=1.44\frac{S}{n_0} \qquad (5.2\text{-}7)$$

由此可见，当 S 和 n_0 一定时，虽然信道容量 C 随带宽 B 增大而增大，然而当 $B\to\infty$ 时，C 不会趋于无穷大，而是趋于常数 $1.44\,S/n_0$。

（3）当信道容量保持不变时，信道带宽 B、信号噪声功率比 S/N 之间是可以互换的。增加信道带宽，可以换来信号噪声功率比的降低；反之亦然。这就是"带宽换功率"的措施。

5.3　编　码　基　础

5.3.1　纠错编码的概念

信道编码的目的是提高信号传输的可靠性。信道编码是在经过信源编码的码元序列中增加一些多余的比特，目的在于利用这种特殊的多余信息去发现或纠正传输中发生的错误。若信道编码只有发现错码能力而无纠正错码能力时，必须结合其他措施来纠正错码，否则只能将发现为错码的码元删除，以求避免错码带来的负面影响。上述手段统称为差错控制。

产生错码的原因可以分为两类。第一类，由乘性干扰引起的码间串扰会造成错码。码间串扰可以采用均衡的方法解决，从而减少或消除错码。第二类，加性干扰将使信噪比降低从而造成错码。提高发送功率和改用性能更优良的调制体制，是提高信噪比的基本手段。但是，信道编码等差错控制技术在降低误码率方面仍然是一种重要的手段。

（1）按照加性干扰造成错码的统计特性不同，可以将信道分为以下三类

① 随机信道。这种信道中的错码是随机出现的，并且各个错码的出现是统计独立的。例如，由白噪声引起的错码。

② 突发信道。这种信道中的错码是相对集中出现的，即在短时间段内有很多错码出现，而在这些短时间段之间有较长的无错码时间段。例如，由脉冲干扰引起的错码。

③ 混合信道。这种信道中的错码既有随机的又有突发的。

（2）差错控制技术分类

由于上述信道中的错码特性不同，所以需要采用不同的差错控制技术来减少或消除不同特性的错码。差错控制技术有以下四种。

① 检错重发。在发送码元序列中加入一些差错控制码元，接收端能够利用这些码元发现接收码元序列中有错码，但是不能确定错码的位置。这时，接收端需要利用反向信道通知发送端，要求发送端重发，直到接收到的序列中检测不到错码为止。采用检错重发技术时，通信系统需要有双向信道。

② 前向纠错（FEC）。接收端利用发送端在发送序列中加入的差错控制码元，不但能够发现错码，还能确定错码的位置。在二进制码元的情况下，能够确定错码的位置，就相当于

能够纠正错码。将错码"0"改为"1"或将错码"1"改为"0"就可以了。

③ 反馈校验。这时不需要在发送序列中加入差错控制码元。接收端将接收到的码元转发回发送端,在发送端将它和原发送码元逐一比较。若发现有不同,就认为接收端收到的序列中有错码,发送端立即重发。这种技术的原理和设备都很简单。其主要缺点是需要双向信道,传输效率也较低。

④ 检错删除。它和第①种方法的区别在于,在接收端发现错码后,立即将其删除,不要求重发。这种方法只适用于少数特定系统中,在那里发送码元中有大量冗余度,删除部分接收码元不影响应用。例如,循环重复发送某种遥测数据时,以及通过多次重发仍然存在错码,这时为了提高传输效率不再重发,而是采取删除的方法。这样在接收端当然会有少许损失,但是却能够及时接收后续的消息。

以上几种差错控制技术可以结合使用。例如,第①和第②种技术结合,即检错和纠错结合使用。当接收端出现较少错码并有能力纠正时,采用前向纠错技术;当接收端出现较多错码而没有能力纠正时,采用检错重发技术。

上面提到,为了在接收端能够发现或纠正错码,在发送码元序列中需要加入一些差错控制码元,后面将这些码元称为监督码元或监督位。加入监督码元的方法称为差错控制编码方法或纠错编码方法。编码方法不同,纠错或检错的能力也不同。一般来说,加入的监督码元越多,纠/检错的能力越强。另一方面,加入的监督码元越多,传输效率越低。这就是得到纠/检错能力所要付出的代价,即用降低传输效率换取传输可靠性的提高。编码序列中信息码元数量 k 和总码元数量 n 之比 k/n 称为码率(code rate)。例如,若某种编码平均每 3 个发送码元有 2 个信息码元和 1 个监督码元,则称这种编码的码率等于 2/3。而监督码元数 $(n-k)$ 和信息码元数 k 之比:$(n-k)/k$,称为冗余度(redundancy)。

无论是具有检错功能还是纠错功能的编码,我们统称为纠错编码。现在先用一个例子说明其原理。设有一种由 3 个二进制码元构成的编码,共有 $2^3=8$ 种不同的可能码组。若将其全部用来表示天气,则可以表示 8 种不同天气。例如

000—晴　001—云　010—阴　011—雨

100—雪　101—霜　110—雾　111—雹　　　　　　　　　(5.3-1)

这时,若一个码组在传输中发生错码,则因接收端无法发现错码,而将收到错误信息。假设在此 8 种码组中仅允许使用 4 种来传送天气。例如,令

000—晴　011—云　101—阴　110—雨　　　　　　　　　(5.3-2)

为许用码组,其他 4 种不允许使用,称为禁用码组。这时,接收端有可能发现(检测到)码组中的一个错码。例如,若 000 中有一个错码,则它可能错成 100、010 或 001。但是这 3 种码组都是禁用码组,所以能够发现错码。不难验证,上面这 4 个码组的任一码元出错都将变成禁用码组,所以,这种编码能发现一个错码。当 000 中有 3 个错码时,它变成为 111,也是禁用码组。其他 3 个码组的情况也是如此。所以这种编码也能发现 3 个错码。但是,它不能发现两个错码,因为发生两个错码后得到的仍是许用码组。

这种编码只能检测错码,不能纠正错码。例如,若接收到的码组为 100,它是禁用码组,可以判断其中有错码。若这时只有 1 个错码,则 000、110 和 101 这 3 种许用码组错了 1 个码元后都可能变成 100。所以不能判断其中哪个码组是原发送码组,即不能纠正错误。要想

纠正错误,还要增大冗余度。例如,可以规定只许用如下两个码组。

$$000——晴\quad 111——雨 \tag{5.3-3}$$

其他都是禁用码组。这种编码能检测出两个以下的错码,或纠正一个错码。例如,当收到"100"时,若采用的是纠错技术,则认为它是由"000(晴)"中第一位出错造成的,故纠正为"000(晴)";若采用的是检错技术,它可以发现两个以下的错码,即"000"错一位,或"111"错两位都可能变成"100",故能够发现此码组有错,但是不能纠正。

从上面的例子可以建立"分组码"的概念。还用式(5.3-3)的例子,将其中的码组列于表5-1中。由于4种信息用2比特就能代表,现在为了纠错用了3比特,所以在表中将3个比特分为信息位和监督位两部分。将若干监督位附加在一组信息位上构成一个具有纠错功能的独立码组,并且监督位仅监督本组中的信息码元,则称这种编码为分组码。

分组码一般用符号(n,k)表示,其中n是码组长度,即码组的总位数,k是信息码元数目。因此,$r=n-k$就是码组中的监督码元数目。例如,表5-1中的分组码就可以用(3,2)码表示,即$n=3$,$k=2$,$r=1$。需要提醒的是,这里用的两个名词:信息位和信息码元,以及监督位和监督码元,在二进制系统中是通用的。通常分组码都按照表5-1中的格式构造,即在k位信息位之后附加r位监督位,如图5-12所示。

表5-1　分组码举例

	信息位	监督位
晴	00	0
云	01	1
阴	10	1
雨	11	0

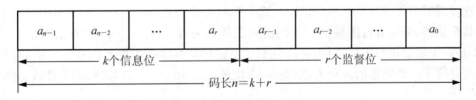

图5-12　分组码的结构

5.3.2　纠错编码的几种方法

1. 奇偶监督码

奇偶监督码是一类常用的简单分组码。由于它们构造简单且行之有效,故应用较广泛。奇偶监督码分为一维奇偶监督码和二维奇偶监督码两种,下面分别介绍。

一维奇偶监督码简称奇偶监督码,分为奇数监督码和偶数监督码两类,但其原理相同。在奇偶监督码中,无论信息位有多少,监督位都只有1位,故码率等于$k/(k+1)$。当k较大时,显然码率很高。在偶数监督码中,此监督位使码组中"1"的个数为偶数,即下式成立。

$$a_{n-1} \oplus a_{n-2} \oplus \cdots \oplus a_0 = 0 \tag{5.3-4}$$

式中:a_0为监督位;其他位为信息位。

这种编码能够检测奇数个错码。在接收端检测时,将接收码组按照式(5.3-4)求"模 2 和"。若计算结果为"1"就说明有错码,为"0"就认为无错码。

奇数监督码与偶数监督码的区别仅在于,监督位使码组中"1"的数目为奇数,即下式成立。

$$a_{n-1} \oplus a_{n-2} \oplus \cdots \oplus a_0 = 1 \tag{5.3-5}$$

奇数监督码的检错能力和偶数监督码的一样。下面就其检错能力做进一步的分析。

若码组长度为 n,码组中各个错码的发生是独立的和等概率的,则在一个码组中出现 j 个错码的概率为

$$P(j,n) = C_j^n p^j (1-p)^{n-j} \tag{5.3-6}$$

式中:$C_j^n = \dfrac{n!}{j! \, (n-j)!}$ 为在 n 个码元中有 j 个错码的组合数。

奇偶监督码不能检测码组中出现的偶数个错码,所以在一个码组中有错码而不能检测的概率为

$$P_u = \sum_{j=1}^{n/2} C_{2j}^n p^{2j} (1-p)^{n-2j} \quad (当 \, n \, 为偶数时)$$

$$P_u = \sum_{j=1}^{(n-1)/2} C_{2j}^n p^{2j} (1-p)^{n-2j} \quad (当 \, n \, 为奇数时)$$

二维奇偶监督码又称方阵码或矩形码。它的构造方法是先将若干奇偶监督码组按行排列成矩阵,再按列增加第二维监督位,如图 5-13 所示。图中共有 m 个信息码组,它们按行排列后加入的监督位为 $a_0^1 a_0^2 \cdots a_0^m$,然后再按列加入第二维监督位 $c_{n-1} c_{n-2} \cdots c_0$。很容易写出,这种码的码率为

$$\frac{k}{n} = \frac{m(n-1)}{(m+1)n} \tag{5.3-7}$$

这种编码有可能检测偶数个错码。因为每行的监督位 $a_0^1 a_0^2 \cdots a_0^m$ 虽然不能检测出各行的偶数个错码,但是有可能按列的方向由第二维监督位 $c_{n-1} c_{n-2} \cdots c_0$ 检测出来。这仅是可能,不是一定能够检测出来,因为有部分偶数个错码是肯定不能检测出来的。例如,有 4 个错码恰好位于一个矩形的 4 角上,如图 5-13 中的 $a_{n-2}^2, a_1^2, a_{n-2}^m, a_1^m$ 那样,就不能被检测出来。

$$
\begin{array}{ccccc}
a_{n-1}^1 & a_{n-2}^1 & \cdots & a_1^1 & a_0^1 \\
a_{n-1}^2 & a_{n-2}^2 & \cdots & a_1^2 & a_0^2 \\
\vdots & \vdots & & \vdots & \vdots \\
a_{n-1}^m & a_{n-2}^m & \cdots & a_1^m & a_0^m \\
c_{n-1} & c_{n-2} & \cdots & c_1 & c_0
\end{array}
$$

图 5-13 校正子和错码位置的关系

这种二维奇偶监督码还适合检测突发错码。因为突发错码常成串出现,可能在码组某一行中连续出现多个错码,而二维奇偶监督码正适合检测这类错码。总体来看,这种编码的检错能力较强。一些实际测试表明,这种编码可使误码率降低至原误码率的百分之一到万分之一。

二维奇偶监督码还能够纠正部分错码。例如,当码组中仅在某一行中有奇数个错码时,就能够确定错码的位置,从而纠正错码。

2. 线性分组码

奇偶监督码的编码方法利用代数关系式产生监督位,我们将这类编码称为代数码。在代数码中,若监督位和信息位的关系是由线性方程组(代数关系)决定的,则称这种编码为线性分组码。在代数码中,常见的是线性码,即编码中的信息位和监督位是由一些线性代数方程联系着,或者说可用线性代数方程表述编码的规律性。

那么为了纠正一位错误码,在分组码中最少要几位监督位,编码效率能否提高? 从这种思想出发进行的研究,导致了汉明码的诞生。

汉明码是能够纠正一位错码且编码效率较高的一种线性分组码。由式(5.3-4)可知,对于偶数监督码而言,在接收端解码时,实际上计算监督关系式

$$S=a_{n-1}\oplus a_{n-2}\oplus\cdots\oplus a_0 \tag{5.3-8}$$

若计算出的 $S=0$,则认为无错码;若 $S=1$,则认为有错码。现将式(5.3-8)称为监督关系式,S 称为校正子。由于校正子 S 只有两种形式"0"或"1",只能代表有错或无错,因而不能找出错码的位置。不难想象,如果监督位增加一位,即变成二位监督位,即能增加一个类似于偶校验码监督式的新的监督式。两个监督式就有两个校正子,其可能值有 4 种组合:0 0、0 1、1 0、1 1 这 4 种组合代表不同信息。若用 1 种组合表示无错,其余 3 种组合就可以用来表示一位错码的 3 种不同位置。同理,r 个监督式能指示一位错码的 (2^r-1) 个不同位置。

一般来说,若码长 n,信息位数 k,则监督位 $r=n-k$,码长 n 与 r 满足

$$n=2^r-1 \tag{5.3-9}$$

现以 $(n,k)=(7,4)$,$r=3$ 为例的汉明码来说明如何具体构造监督关系式。

设码字 $(n,k)=a_6a_5a_4\cdots a_0$,其中,$a_6a_5a_4a_3$ 为信息位,$a_2a_1a_0$ 为监督位,$S_1S_2S_3$ 为校正子。这 3 个校正子,可建立 3 个互为独立的监督关系式。$S_1S_2S_3$ 的值与错码位置的对应关系见表 5-2。

表 5-2　校正子和错误码位置的关系

$S_1S_2S_3$	错码位置	$S_1S_2S_3$	错码位置
001	a_0	101	a_4
010	a_1	110	a_5
100	a_2	111	a_6
011	a_3	000	无错码

$S_1S_2S_3$ 全为 0,表示无错码,S_1(或 S_2,或 S_3)为"1",就表示有错码,S_1 的值是否等于 1,由 $a_6a_5a_4a_2$ 的出错决定,则可写成偶监督式

$$S_1=a_6\oplus a_5\oplus a_4\oplus a_2$$

同理,有

$$S_2=a_6\oplus a_5\oplus a_3\oplus a_1$$
$$S_3=a_6\oplus a_4\oplus a_3\oplus a_0$$

在发端编码时,信息位 $a_6a_5a_4a_3$ 的值是随机的,监督位 $a_2a_1a_0$ 应根据信息位按监督关

系来确定,即监督位应使上面的$S_1S_2S_3$监督式为零,则有

$$a_6 \oplus a_5 \oplus a_4 \oplus a_2 = 0$$
$$a_6 \oplus a_5 \oplus a_3 \oplus a_1 = 0$$
$$a_6 \oplus a_4 \oplus a_3 \oplus a_0 = 0$$

或写成监督码元在左边的形式

$$a_2 = a_6 \oplus a_5 \oplus a_4$$
$$a_1 = a_6 \oplus a_5 \oplus a_3$$
$$a_0 = a_6 \oplus a_4 \oplus a_3$$

这样,信息位一旦确定后,可直接按上式计算出监督位。

按照上述方法构造的码称为汉明码。上面例子中的汉明码是$(7,4)$码,其最小码距$d_0 = 3$。

在讨论了上面实例的基础上,介绍线性分组码的一般原理。线性分组码的监督位和信息位的关系是一组线性代数方程式决定的。将上述汉明码$(7,4)$的监督关系式改写成

$$1 \cdot a_6 + 1 \cdot a_5 + 1 \cdot a_4 + 0 \cdot a_3 + 1 \cdot a_2 + 0 \cdot a_1 + 0 \cdot a_0 = 0$$
$$1 \cdot a_6 + 1 \cdot a_5 + 0 \cdot a_4 + 1 \cdot a_3 + 0 \cdot a_2 + 1 \cdot a_1 + 0 \cdot a_0 = 0$$
$$1 \cdot a_6 + 0 \cdot a_5 + 1 \cdot a_4 + 1 \cdot a_3 + 0 \cdot a_2 + 0 \cdot a_1 + 1 \cdot a_0 = 0$$

上式中$\oplus$简写为$+$,表示模2相加。

写成矩阵形式

$$\begin{bmatrix} 1 & 1 & 1 & 0 & 1 & 0 & 0 \\ 1 & 1 & 0 & 1 & 0 & 1 & 0 \\ 1 & 0 & 1 & 1 & 0 & 0 & 1 \end{bmatrix} \begin{bmatrix} a_6 \\ a_5 \\ a_4 \\ a_3 \\ a_2 \\ a_1 \\ a_0 \end{bmatrix} = \begin{bmatrix} 0 \\ 0 \\ 0 \end{bmatrix} \text{（模2）}$$

简记为 $\boldsymbol{HA}^{\mathrm{T}} = \boldsymbol{0}^{\mathrm{T}}$ 或 $\boldsymbol{AH}^{\mathrm{T}} = \boldsymbol{0}$ \hfill (5.3-10)

我们将上式中的$\boldsymbol{H}$称为监督矩阵。监督矩阵$\boldsymbol{H}$为$r \times n$(r行,n列)阶矩阵,$\boldsymbol{H}$阵的每行之间彼此线性无关。

也可将H矩阵分为两部分

$$\boldsymbol{H} = \begin{bmatrix} 1 & 1 & 1 & 0 & 1 & 0 & 0 \\ 1 & 1 & 0 & 1 & 0 & 1 & 0 \\ 1 & 0 & 1 & 1 & 0 & 0 & 1 \end{bmatrix} = [\boldsymbol{P}\ \boldsymbol{I}_r] \hfill (5.3-11)$$

式中$\boldsymbol{P}$为$r \times k$阶矩阵,$\boldsymbol{I}_r$为$r \times r$阶单位矩阵。我们将如上式所示形式的监督矩阵称为典型监督矩阵。

若把监督关系式改写补充,则有

$$\begin{cases} a_6 = a_6 \\ a_5 = \quad\quad a_5 \\ a_4 = \quad\quad\quad\quad a_4 \\ a_3 = \quad\quad\quad\quad\quad\quad a_3 \\ a_2 = a_6 + a_5 + a_4 \\ a_1 = a_6 + a_5 \quad\quad + a_3 \\ a_0 = a_6 \quad\quad\quad + a_4 + a_3 \end{cases}$$

可改写为矩阵形式
$$\begin{bmatrix} a_6 \\ a_5 \\ a_4 \\ a_3 \\ a_2 \\ a_1 \\ a_0 \end{bmatrix} = \begin{bmatrix} 1 & 0 & 0 & 0 \\ 0 & 1 & 0 & 0 \\ 0 & 0 & 1 & 0 \\ 0 & 0 & 0 & 1 \\ 1 & 1 & 1 & 0 \\ 1 & 1 & 0 & 1 \\ 1 & 0 & 1 & 1 \end{bmatrix} \cdot \begin{bmatrix} a_6 \\ a_5 \\ a_4 \\ a_3 \end{bmatrix}$$

即
$$\boldsymbol{A}^{\mathrm{T}} = \boldsymbol{G}^{\mathrm{T}} \begin{bmatrix} a_6 \\ a_5 \\ a_4 \\ a_3 \end{bmatrix} \text{ 或 } \boldsymbol{A} = [a_6 a_5 a_4 a_3] \cdot \boldsymbol{G} \tag{5.3-12}$$

式中：
$$\boldsymbol{G} = \begin{bmatrix} 1 & 0 & 0 & 0 & 1 & 1 & 1 \\ 0 & 1 & 0 & 0 & 1 & 1 & 0 \\ 0 & 0 & 1 & 0 & 1 & 0 & 1 \\ 0 & 0 & 0 & 1 & 0 & 1 & 1 \end{bmatrix} = [\boldsymbol{I}_k \boldsymbol{Q}] \tag{5.3-13}$$

式中：$\boldsymbol{Q} = \begin{bmatrix} 1 & 1 & 1 \\ 1 & 1 & 0 \\ 1 & 0 & 1 \\ 0 & 1 & 1 \end{bmatrix} = \boldsymbol{P}^{\mathrm{T}}; \boldsymbol{I}_k$ 为 $k \times k$ 方阵 $\begin{bmatrix} 1 & 0 & 0 & 0 \\ 0 & 1 & 0 & 0 \\ 0 & 0 & 1 & 0 \\ 0 & 0 & 0 & 1 \end{bmatrix}$。

$\boldsymbol{G}$ 称为生成矩阵，如果找到 $\boldsymbol{G}$，则纠错编码方法就确定了，可由信息组和 $\boldsymbol{G}$ 可产生全部码字。

具有 $\boldsymbol{G} = [\boldsymbol{I}_k \boldsymbol{Q}]$ 形式的生成矩阵也称典型生成矩阵，由典型生成矩阵得出的码组 $\boldsymbol{A}$ 中，信息位不变，监督位附加其后，这种码组称为系统码。典型监督矩阵 H 和典型生成矩阵 $\boldsymbol{G}$ 之间通过式(5.3-13)联系。

设发送码组 $\boldsymbol{A} = [a_{n-1}, a_{n-2}, \cdots, a_1, a_0]$，在传输过程中可能发生误码而有别于 $\boldsymbol{A}$，则接收码组 $\boldsymbol{B} = [b_{n-1}, b_{n-2}, \cdots, b_1, b_0]$。

则发送码组与接收码组之差定义为 E（也称错误图样）。

$$E = \boldsymbol{B} - \boldsymbol{A}（模\,2） \tag{5.3-14}$$

$$\boldsymbol{E} = [e_{n-1}, e_{n-2} \cdots e_1, e_0] \tag{5.3-15}$$

式中：$e_i = \begin{cases} 0 , & b_i = a_i \\ 1 , & b_i \neq a_i \end{cases} \quad (i = 0, 1, \cdots, n-1)$。

因此,若 $e_i=0$,表示该位接收码元无错;若 $e_i=1$,则表示该码元有错。式(5.3-14)也可改写为

$$\boldsymbol{B}=\boldsymbol{A}+\boldsymbol{E} \tag{5.3-16}$$

例如:发送码组 $\boldsymbol{A}=[1000111]$,错误矩阵 $\boldsymbol{E}=[0000100]$,则接收码组 $\boldsymbol{B}=[1000011]$。

令 $\boldsymbol{S}=\boldsymbol{B}\cdot\boldsymbol{H}^{\mathrm{T}}$

$$\boldsymbol{S}=\boldsymbol{B}\cdot\boldsymbol{H}^{\mathrm{T}}=(\boldsymbol{A}+\boldsymbol{E})\boldsymbol{H}^{\mathrm{T}}=\boldsymbol{A}\boldsymbol{H}^{\mathrm{T}}+\boldsymbol{E}\boldsymbol{H}^{\mathrm{T}} \tag{5.3-17}$$

由于式(5.3-10)可知,上式右端第一项等于 $\boldsymbol{0}$,所以有

$$\boldsymbol{S}=\boldsymbol{E}\boldsymbol{H}^{\mathrm{T}} \tag{5.3-18}$$

式(5.3-18)中,就是由式(5.3-17)中的校正子 $\boldsymbol{S}$ 构成的,故称 $\boldsymbol{S}$ 为校正子,也称伴随式,它同样可以用来指示错码的位置。当 $\boldsymbol{H}$ 确定后,$\boldsymbol{S}$ 只与 $\boldsymbol{E}$ 有关,而与 $\boldsymbol{A}$ 无关。这就意味着校正子 $\boldsymbol{S}$ 与错误图样 $\boldsymbol{E}$ 之间有确定的线性变换关系。若 $\boldsymbol{S}$ 和 $\boldsymbol{E}$ 之间一一对应,则 $\boldsymbol{S}$ 将能代表错码的位置。接收端译码器的任务就是从校正子 $\boldsymbol{S}$ 确定错误图样,然后,从接收到的码字中减去错误图样 $\boldsymbol{E}$。

3. 循环码

在线性分组码中有一类重要的码,称为循环码。循环码是在严密的现代代数学理论的基础上建立起来的。这种码的编码和解码设备都不太复杂,而且检错和纠错的能力都较强。循环码除了具有线性码的一般性质外,还具有循环性。循环性是指任一码组循环一位后仍然是该编码中的一个码组。这里的"循环"是指将码组中最右端的一个码元移至左端;或反之,即将最左端的一个码元移至右端。在表 5-3 中给出一种(7,3)循环码的全部码组。由此表中列出的码组可以直观地看出它的循环性。例如,表中第 2 码组向右移一位即得到第 5 码组;第 6 码组向右移一位即得到第 7 码组。一般来说,若 $(a_{n-1}a_{n-2}\cdots a_0)$ 是循环码的一个码组,则循环移位后的码组为

$$
\begin{array}{cccc}
(a_{n-2} & a_{n-3} & \cdots & a_0 & a_{n-1}) \\
(a_{n-3} & a_{n-4} & \cdots & a_{n-1} & a_{n-2}) \\
\vdots & \vdots & \vdots & \vdots \\
(a_0 & a_{n-1} & \cdots & a_2 & a_1)
\end{array}
$$

仍然是该编码中的码组。

表 5-3　一种(7,3)循环的全部码组

码组编号	信息位 $a_6 a_5 a_4$	监督位 $a_3 a_2 a_1 a_0$	码组编号	信息位 $a_6 a_5 a_4$	监督位 $a_3 a_2 a_1 a_0$
1	000	0000	5	100	1011
2	001	0111	6	101	1100
3	010	1110	7	110	0101
4	011	1001	8	111	0010

在代数编码理论中,为了便于计算,把码组中的各个码元当作一个多项式的系数。这样,一个长度为 n 的码组就可以表示成

$$T(x) = a_{n-1}x^{n-1} + a_{n-2}x^{n-2} + \cdots + a_1 x + a_0 \qquad (5.3\text{-}19)$$

应当注意,上式中 x 的值没有任何意义,我们也不必关心它,仅用它的幂代表码元的位置。这种多项式有时被称为码多项式。

(1) 循环码的运算

在整数运算中,有模 n 运算。例如,在模 2 运算中,有

$$1+1=2\equiv 0(\text{模 }2) \quad 1+2=3\equiv 1(\text{模 }2) \quad 2\times 3=6\equiv 0(\text{模 }2)$$

一般来说,若一个整数 m 可以表示为

$$\frac{m}{n} = Q + \frac{p}{n} \quad p < n \qquad (5.3\text{-}20)$$

式中:Q 为整数。则在模 n 运算下,有

$$m \equiv p(\text{模 }n) \qquad (5.3\text{-}21)$$

所以,在模 n 运算下,一个整数 m 等于它被 n 除得的余数。

上面是复习整数的按模运算。现在码多项式也可以按模运算。若任意一个多项式 $F(x)$ 被一个 n 次多项式 $N(x)$ 除,得到商式 $Q(x)$ 和一个次数小于 n 的余式 $R(x)$,即

$$F(x) = N(x)Q(x) + R(x) \qquad (5.3\text{-}22)$$

则在按模 $N(x)$ 运算下,有

$$F(x) \equiv R(x)(\text{模 }N(x)) \qquad (5.3\text{-}23)$$

这时,码多项式系数仍按模 2 运算,即系数只取 0 和 1。例如,x^3 被 (x^3+1) 除,得到余项 1。所以有

$$x^3 \equiv 1(\text{模}(x^3+1)) \qquad (5.3\text{-}24)$$

需要注意的是,由于系数是按模 2 运算,在模 2 运算中加法和减法一样,所以上式中余数的系数都是正号。

在循环码中,若 $T(x)$ 是一个长度为 n 的码组,则 $x^i T(x)$ 在按模 (x^n) 运算下,也是该编码中的一个码组。在用数学式表示时,即若

$$x^i T(x) \equiv T'(x)(\text{模}(x^n+1)) \qquad (5.3\text{-}25)$$

则 $T'(x)$ 也是该编码中的一个码组。现证明如下。

设

$$T(x) = a_{n-1}x^{n-1} + a_{n-2}x^{n-2} + \cdots + a_1 x + a_0 \qquad (5.3\text{-}26)$$

则有 $x^i T(x) = a_{n-1}x^{n-1+i} + a_{n-2}x^{n-2+i} + \cdots + a_{n-1-i}x^{n-1} + a_1 x^{1+i} + a_0 x^i$

$$\equiv a_{n-1-i}x^{n-1} + a_{n-2-i}x^{n-2} + \cdots + a_0 x^i + a_{n-1}x^{i-1} + \cdots + a_{n-i}(\text{模}(x^n+1))$$

$$(5.3\text{-}27)$$

所以有 $\quad T'(x) = a_{n-1-i}x^{n-1} + a_{n-2-i}x^{n-2} + \cdots + a_0 x^i + a_{n-1}x^{i-1} + \cdots + a_{n-i} \qquad (5.3\text{-}28)$

式 (5.3-28) 中的 $T'(x)$ 正是式 (5.3-26) 中的码组向左循环移位 i 次的结果。因为已假定 $T(x)$ 是循环码的一个码组,所以 $T'(x)$ 也必定是其中的一个码组。例如,式 (5.3-19) 中的循环码组:

$$T(x) = x^6 + x^5 + x^2 + 1$$

其长度 $n=7$。若给定 $i=3$,则有

$$x^3 T(x) = x^9 + x^8 + x^5 + x^3 = x^5 + x^3 + x^2 + x(\text{模}(x^7+1)) \qquad (5.3\text{-}29)$$

式 (5.3-29) 对应的码组为 0101110,它正是表 5-3 中的第 3 码组。

由上面的分析可见,一个长为 n 的循环码必定为按模(x^n+1)运算的一个余式。

(2) 循环码的编码方法

由式(5.3-13)可知,有了生成矩阵 G,就可以由 k 个信息位得出整个码组,而且生成矩阵 G 的每一行都是一个码组。例如,在式(5.3-25)中,若 $a_6a_5a_4a_3 = 1000$,则码组 A 就等于 G 的第一行;若 $a_6a_5a_4a_3 = 0100$,则码组 A 就等于 G 的第二行;等等。由于 G 是 k 行 n 列的矩阵,因此若能找到 k 个已知的码组,就能构成矩阵 G。如前所述,这 k 个已知码组必须是线性不相关的,否则给定的信息位与编出的码组就不是一一对应的。

在循环码中,一个 (n,k) 码有 2^k 个不同的码组。若用 $g(x)$ 表示其中前 $(k-1)$ 位皆为"0"的码组,则 $g(x),xg(x),x^2g(x),\cdots,x^{k-1}g(x)$ 都是码组,而且这 k 个码组是线性无关的,因此它们可以用来构成此循环码的生成矩阵 G。

在循环码中除全"0"码组外,再没有连续 k 位均为"0"的码组,即连"0"的长度最多只能有 $(k-1)$ 位。否则,在经过若干次循环移位后将得到 k 位信息位全为"0",但监督位不全为"0"的一个码组。这在线性码中显然是不可能的。因此,$g(x)$ 必须是一个常数项不为"0"的 $(n-k)$ 次多项式,而且这个 $g(x)$ 还是这种 $(n-k)$ 码中次数为 $(n-k)$ 的唯一一个多项式。因为如果有两个,则由码的封闭性,把这两个相加也应该是一个码组,且此码组多项式的次数将小于 $(n-k)$,即连续"0"的个数多于 $(k-1)$。显然,这是与前面的结论相矛盾的,故是不可能的。我们称这唯一的 $(n-k)$ 次多项式 $g(x)$ 为码的生成多项式。一旦确定了 $g(x)$,则整个 (n,k) 循环码就被确定了。

因此,循环码的生成矩阵 G 可以写成

$$G(x)=\begin{bmatrix} x^{k-1}g(x) \\ x^{k-2}g(x) \\ \cdots \\ xg(x) \\ g(x) \end{bmatrix} \qquad (5.3\text{-}30)$$

例如,在表 5-3 中的循环码,其 $n=7,k=3,n-k=4$。由表中可见,唯一的一个 $(n-k)=4$ 次码多项式代表的码组是第二码组 0010111,与它对应的码多项式,即生成多项式为 $g(x)=x^4+x^2+x+1$。将 $g(x)$ 代入式(5.3-30),得到

$$G(x)=\begin{bmatrix} x^2g(x) \\ xg(x) \\ g(x) \end{bmatrix}$$

按照式(5.3-26),可以写出该循环码组的多项式表示式

$$T(x)=[a_6a_5a_4]G(x)=[a_6a_5a_4]\begin{bmatrix} x^2g(x) \\ xg(x) \\ g(x) \end{bmatrix}$$

$$=(a_6x^2+a_5x+a_4)g(x) \qquad (5.3\text{-}31)$$

式(5.3-31)表明,所有码组多项式 $T(x)$ 都能够被 $g(x)$ 整除,而且任意一个次数不大于 $(k-1)$ 的多项式乘以 $g(x)$ 都是码多项式。

循环码在编码时,首先根据给定的 (n,k) 值来选定生成多项式,从多项式 (x^n+1) 的因子

中选定一个 $(n-k)$ 次多项式作为 $g(x)$。由式(5.3-31)可知,可以对信息位进行编码。设 $m(x)$ 为信息码多项式,其次数小于 k。用 x^{n-k} 乘 $m(x)$ 得到的 $x^{n-k}m(x)$ 的次数必定小于 n;用 $g(x)$ 除 $x^{n-k}m(x)$ 得到的余式 $r(x)$ 的次数必定小于 $g(x)$ 的次数。将此余式 $r(x)$ 加载信息位之后作为监督位,即将 $r(x)$ 和 $x^{n-k}m(x)$ 相加,得到的多项式必定是一个码多项式。因为它必能被 $g(x)$ 整除,且商的次数不大于 $(k-1)$。

根据上述原理,编码步骤可以归纳如下过程。

首先,用 x^{n-k} 乘 $m(x)$。该运算实际上是在信息码后附上 $(n-k)$ 个"0"。例如,信息码为110,将其写成多项式为 $m(x)=x^2+x$。当 $n-k=7-3=4$ 时,$x^{n-k}m(x)=x^6+x^5$,它表示码组1100000。

其次,用 $g(x)$ 除 $x^{n-k}m(x)$,得到的商 $Q(x)$ 和余式 $r(x)$,即有

$$\frac{x^{n-k}m(x)}{g(x)}=Q(x)+\frac{r(x)}{g(x)} \tag{5.3-32}$$

例如,若选定 $g(x)=x^4+x^2+x+1$,则有

$$\frac{x^{n-k}m(x)}{g(x)}=(x^2+x+1)+\frac{x^2+1}{x^4+x^2+x+1} \tag{5.3-33}$$

最后,编出的码组为

$$T(x)=x^{n-k}m(x)+r(x) \tag{5.3-34}$$

在上例中,$T(x)=1100000+101$,它就是表5-3中的第7码组。

(3) 循环码的解码方法

接收端解码的要求有两类:检错和纠错。在检错时,解码原理很简单。由于任意一个码组多项式 $T(x)$ 都应该被多项式 $g(x)$ 整除,所以在接收端可以将接收码组 $R(x)$ 用原来的生成多项式 $g(x)$ 去除。当接收码组没有错码时,接收码组和发送码组相同,即 $R(x)=T(x)$,故接收码组 $R(x)$ 必定能被 $g(x)$ 整除;若接收码组中有错码,则 $R(x)\neq T(x)$,$R(x)$ 被 $g(x)$ 除时可能除不尽而有余项,则可以写成

$$R(x)/g(x)=Q(x)+r(x)g(x) \tag{5.3-35}$$

因此,可以就余式 $r(x)$ 是否为 0 来判断接收码组中有无错码。

在要求纠错时,其解码方法就比检错时的复杂多了。为了能够纠错,要求每个可纠错的错误图样(见式(5.3-14))必须和式(5.3-35)中一个特定的余式有一一对应的关系。只有这样才能按此余式唯一的决定图样,从而纠正错码。因此,原则上可以按照下述步骤进行纠错:①用生成多项式 $g(x)$ 除接收码组 $R(x)$,得出余式 $r(x)$;②按照余式 $r(x)$,用查表的方法或计算方法得出错误图样 $E(x)$;③从 $R(x)$ 中减去 $E(x)$,便得到已经纠正错误的原发送码组 $T(x)$。

(4) 卷积码

卷积码是 P. Elias 于 1955 年发明的一种非分组码。分组码在编码时,先将输入信息码元序列分为长度为 k 的段,然后按照编码规则,给每段附加上 r 位监督码元,构成长度为 n 的码组。各个码组间没有约束关系,即监督码元只监督本码组的码元有无错码。因此在解码时各个接收码组也是分别独立地进行解码的。卷积码则不同。卷积码在编码时虽然也是把 k 个比特的信息段编成 n 个比特的码组,但是监督码元不仅和当前的 k 比特信息段有关,而且还同前面 $m=N-1$ 个信息段有关。所以一个码组中的监督码元监督着 N 个信息段。

通常将 N 称为码组的约束度。一般来说，对于卷积码，k 和 n 的值是比较小的整数。通常将卷积码记做 (n,k,m)，其码率为 k/n。

卷积码编码器原理方框图如图 5-13 所示。

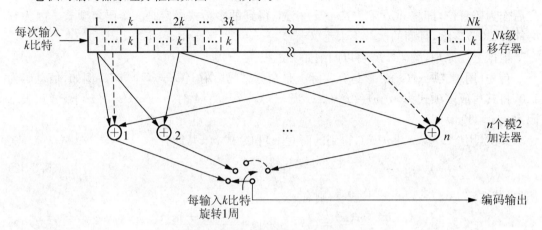

图 5-13　卷积码编码器原理方框图

图 5-13 所示为卷积码编码器的一般原理方框图。编码器由 3 种主要元件构成，即移存器、模 2 加法器和旋转开关。移存器共有 Nk 级，模 2 加法器共有 n 个。每个模 2 加法器的输入端数目不等，它连接到某些移存器的输出端；模 2 加法器的输出端接到旋转开关上。在每个时隙中，一次有 k 个比特从左端进入移存器，并且移存器各级暂存的内容向右移 k 位。在此时隙中，旋转开关旋转 1 周，输出 n 个比特 $(n>k)$。

下面我们仅讨论实用中最常用的卷积码，其 $k=1$。这时，移存器共有 N 级。每个时隙中，只有 1 比特的输入信息进入移存器，并且移存器各级暂存的内容向右移 1 位，开关旋转 1 周输出 n 比特。所以，码率为 $1/n$。在图 5-14 中给出一个这种编码器的实例，它是一个 $(n,k,m)=(3,1,2)$ 卷积码的编码器，其码率等于 $1/3$。我们将以它为例，做较详细的讨论。

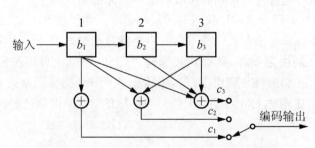

图 5-14　一种 $(3,1,2)$ 卷积码编码器方框图

每当输入 1 比特时，此编码器输出 3 比特 $c_1 c_2 c_3$，输入和输出的关系如下

$$c_1 = b_1, \quad c_2 = b_1 \oplus b_3, \quad c_3 = b_1 \oplus b_2 \oplus b_3 \tag{5.3-36}$$

式中：b_1 为当前输入信息位；b_2 和 b_3 为移存器存储的前两个信息位。在输出中信息位在前，后接监督位，故这种码也是在本节中定义过的系统码。设编码器初始状态的 b_1、b_2 和 b_3 是000，输入的信息位是 1101，则此编码器的工作状态变化见表 5-4。

表 5-4 编码器的工作状态变化

b_1	1	1	0	1	0	0	0
$b_3\,b_2$	00	01	11	10	01	10	00
$c_1\,c_2\,c_3$	111	110	010	100	001	011	000
状　态	a	b	d	c	b	c	a

由表可见,当输入为 1101 时,输出为 111 110 010 100…为了使输入的信息位全部通过移存器,使移存器回到初始状态,在表中信息位后面加了 3 个"0"。此外,由于 b_3b_2 只有 4 种状态:00,01,10,11,因此在表中用 a、b、c 和 d 表示这 4 种状态。

卷积码有多种解码方法。在这里仅介绍两种方法:码树搜索法和维特比(Viterbi)算法。维特比解码算法是应用最广泛的方法。维特比算法是维特比(A. J. Viterbi)于 1967 年提出的。由于这种解码方法比较简单,计算快,故得到广泛应用,特别是在卫星通信和蜂窝网通信系统中的应用。这种算法的基本原理是将接收到的信号序列和所有可能的发送信号序列作比较,选择其中汉明距离最小的序列作为现在的发送信号序列。

5.4 信道复用与多址技术

随着通信技术的发展和通信系统的广泛应用,通信网的规模和需求越来越大,因此系统容量就成为一个非常重要的问题。一方面,原来只传输一路信号的链路上,现在可能要求传输多路信号;另一方面,通常一条链路的频带很宽,足以容纳多路信号传输。所以,多路独立信号在一条链路上传输,称多路通信,就应运而生了。为了区分在一条链路上的多个用户的信号,理论上可以采用正交划分的方法。也就是说,凡是在理论上正交的多个信号,在同一条链路上传输到接收端后都可能利用其正交性完全区分开。在实际中,常用的正交划分体制主要有在频域中划分的频分制、在时域中划分的时分制和利用正交编码划分的码分制,如图 5-15 所示,图中纵坐标为振幅 A。与这 3 种方法相对应的技术,分别称为频分复用 FDM (Frequency Division Multiplexing)、时分复用 TDM (Time Division Multiplexing),以及码分复用 CDM(Code Division Multiplexing)。

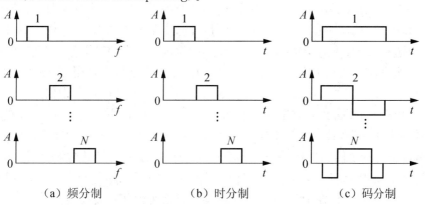

（a）频分制　　　　　（b）时分制　　　　　（c）码分制

图 5-15 多路信号的正交划分

除了上述 3 种复用法外,还有所谓的空分(空间划分)复用法和极化复用法,这两种方法都是用在无线通信网中。空分复用是指利用窄波束天线在不同方向上重复使用同一频带,即将频谱按空间划分复用。极化复用则是利用(垂直和水平)两种极化的电磁波分别传输两个用户的信号,即按极化重复使用同一频谱。最后值得指出的是,在光纤通信中还采用波分复用 WDM(Wave Division Multiplexing)。波分复用是按波长划分的复用方法,它实质上也是一种频分复用,只是由于载波在光波波段,其频率很高,通常用波长代替频率来讨论,故称为波分复用。光波在光纤中传播也有其特殊性,例如不同波长的光波在光纤中的传输时延不同。因此,通常将波分复用从频分复用分离出单独作讨论。

一个通信网需占用一定的频带和时间资源。在多路复用(和复接)时并不是每路用户在每一时刻都占用着信道。为了充分利用频带和时间,希望每条信道为多个用户所共享,尽量使它时时都有用户在使用着。于是在多路复用发展的同时,逐渐发展出了多址接入技术。"多路复用"和"多址接入"都是为了共享通信网,这两种技术有许多相同之处,但是它们之间也有一些区别。在多路复用中,用户是固定接入的,或者是半固定接入的,因此网络资源是预先分配给各用户共享的。然而,多址接入时网络资源通常是动态分配的,并且可以由用户在远端随时提出共享要求。卫星通信系统就是这样一个例子。为了使卫星转发器得到充分利用,按照用户需求,将每个信道动态地分配给大量用户,使他们可以在不同时间以不同速率(带宽)共享网络资源。故多址接入网络必须按照用户对网络资源的需求,随时动态地改变网络资源的分配。多址技术也有多种,例如频分多址、时分多址、码分多址、空分多址、极化多址以及其他利用信号统计特性复用的多址技术等。

5.4.1 频分复用

将信号的频谱搬移到希望的频段上,以适应信道传输的要求,然后将多路信号合并起来在同一信道中做多路传输。这种多路传输的方式称为频分复用(FDM)。在频分复用时,每路信号占用不同的频段。在有大量信号需做频分复用时,总的占用频带必然很宽。因此,希望在复用时每路信号占用的频带宽度尽量窄。单边带调制信号占用的带宽最窄,其已调信号的带宽和基带信号的带宽相同。所以,在频分复用中一般都采用单边带调制技术。下面以多路电话通信系统为例,说明其原理。

在图 5-16 中画出了一个 3 路频分复用电话通信系统发送端的原理图。各路语音信号先经过一个低通滤波器,滤波后的语音信号频带,例如,在 300~3400 Hz 内。它和一个载波相乘,产生双边带(DSB)信号,然后用一个带通滤波器滤出上边带,作为单边带(SSB)调制的输出信号(单边带信号和双边带信号详见第 6 章)。若此 3 路信号采用的载频分别为 4 kHz、8 kHz 和 12 kHz,则得到的 3 路输出信号的频谱位置如图 5-16 所示(图中仅给出了正频率部分的频谱)。由图 5-16 看出,这 3 路输出信号的频谱互不重叠,并且有约 900 Hz 的保护间隔作为滤波器的过渡频带,总占用频带在 4.3~15.4 kHz。接收信号首先经过 3 个通频带不同的带通滤波器,分别滤出这 3 路单边带信号,再进行单边带信号的解调,得到 3 路解调信号输出。这里需要指出:第一,这个 3 路合成的复用信号的频谱虽然位于 4.3~15.4 kHz,但是为了与信道特性匹配,它还可以再次经过调制将频谱搬移到其他适合传输的位置上;第二,实用的频分复用系统中可以有成百上千路的语音信号,国际电信联盟(ITU)对此制订了一系列建议,以统一其技术特性。

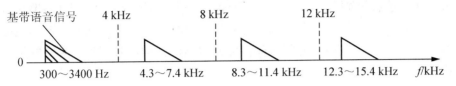

图5-16 频分复用的频谱图举例

例如,ITU将一个12路频分复用电话系统称为一个基群,它共占用48 kHz带宽,位于12~60 kHz之间;所用的12路载频分别为12、16、…56kHz,如图5-17所示。ITU的建议中还规定,可以将5个基群组成一个6路的"超群",它占用240 kHz的带宽;并可以将10个超群复用为一个600路的"主群"。主群占用的带宽达2 GHz以上。在有些主要干线上,一条链路可容纳3个以上主群,总容量在1800个话路以上。

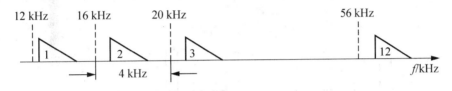

图5-17 12路群的频谱图举例

目前频分复用技术已经被广泛应用于广播式的音频和视频领域以及民用通信系统中,主要包括:非对称的数字用户环线(ASDL)、数字视频广播(DVB)、高清晰度电视(HDTV)、无线局域网(WLAN)和第四代移动通信系统(4G)等。这种频分复用多路模拟电话系统曾经在各国通信网的干线中广泛采用。

但是,它要求系统的非线性失真很小,否则将因非线性失真而产生各路信号间的相互干扰。并且这种设备的生产技术较为复杂,特别是滤波器的制作和调试较难,成本也较高。故近年来,除了上述的应用之外,已经逐渐被更为先进的时分复用技术所取代。

5.4.2 时分复用

任何信号都可以采用时分制多路复用法在一条链路上传输。时分复用是采用同一物理连接的不同时段来传输不同的信号,也能达到多路传输的目的。时分复用以时间作为信号分割的参量,故必须是各路信号在时间轴上互不重叠。时分复用的基本条件是:

(1)各路信号必须组成为帧。帧是时分复用信号的最小结构,在每一帧中必须分配给每路信号至少一个位置。

(2)一帧应分为若干时隙。时隙和各路信号的关系是确定的。在上述简单的例子中,各路电话信号的抽样速率相同,在一帧中可以分配给每路信号一个时隙,也可以分配给每路信号几个时隙,但各路的时隙数目应相同。在各路信号的类型不同且抽样速率不等的情况下,每帧中分配给各路的时隙数可以不同。对速率高的路,分给较多的时隙。

(3)在帧结构中必须有帧同步码,以保证在接收端能够正确识别每帧的开始时刻。

(4)当各路信号不是用同一时钟抽样时,必须容许各路输入信号的抽样速率(时钟)有少许误差。

时分复用的示意图如图 5-18(b)所示。每路信号占用不同的时隙,因此各路信号是断续地发送的。时间上连续的信号可以用它的离散抽样值来表示,只要其抽样速率足够高。这样,我们就可以利用抽样信号的间隔时间传输其他路的抽样信号。时分多路复用的原理示意图如图 5-18(a)所示。

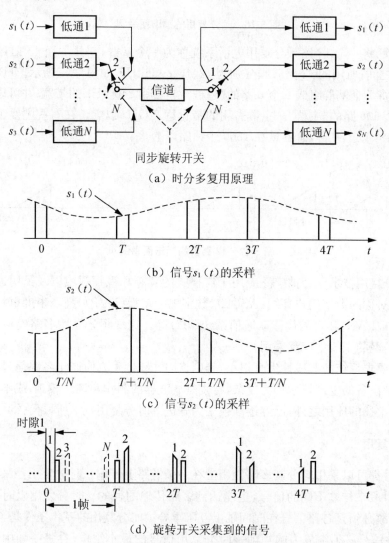

（a）时分多复用原理

（b）信号 $s_1(t)$ 的采样

（c）信号 $s_2(t)$ 的采样

（d）旋转开关采集到的信号

图 5-18　时分多路复用的原理示意图

图 5-18(a)中在发送和接收端分别有一个机械旋转开关,以抽样频率同步地旋转。在发送端,此开关依次对输入信号抽样,开关旋转 1 周得到的多路信号抽样值合为 1 帧。例如,若语音信号经过低通滤波器后,其频谱限制在 3400 Hz 以下,它需要用 8 kHz 的速率抽样,则此开关应每秒旋转 8000 周。设旋转周期为 T 秒,共有 N 路信号,则每路信号在每周中占用 T/N 秒的时间。此旋转开关采集到的信号如图 5-18(d)所示,每路信号实际上是 PAM 调制的信号。在接收端,若开关同步地旋转,则对应各路的低通滤波器的输入端能得到相应

路的 PAM 信号。因为 PAM 信号中包含有原调制信号的频谱,所以它通过低通滤波器后可以直接得到原调制信号 $s_i(t)$,其中 $i=1,2,\cdots,N$。模拟脉冲调制信号目前在通信中几乎不再采用。抽样信号一般都在量化和编码后以数字信号的形式传输。电话信号采用最多的编码方式是 PCM,DPCM 和 ADPCM 等体制。

任何信号都可以采用时分制多路复用法在一条链路上传输。不同种类和速率的信号,例如语音、图像、数据、传真、文字等,都可以在一条链路上以时分复用方式传输。

5.4.3 码分复用

码分复用使用一组包含互相正交的码字的码组携带多路信号。采用同一波长的扩频序列,频谱资源利用率高,频谱展宽是靠与信号本身无关的一种编码来完成的。码分复用是靠不同的编码来区分各路原始信号的一种复用方式,主要和各种多址技术结合产生了各种接入技术,包括无线和有线接入。

各种复用技术都是利用信号的正交性。在码分复用中,各路信号码元在频谱上和时间上都是混叠的,但是代表每个码元的码组是正交的。这里首先介绍码组正交的概念。设"+1"和"−1"表示二进制码元,码组由等长的二进制码元组成,长度为 N,并用 x 和 y 表示两个码组。

$$x=(x_1,x_2,\cdots,x_i,\cdots,x_N),y=(y_1,y_2,\cdots,y_i,\cdots,y_N) \tag{5.4-1}$$

式中:$x_i,y_i\in(+1,-1)$;$i=1,2,\cdots,N$。

则将两个码组的互相关系数定义为

$$\rho(x,y)=\frac{1}{N}\sum_{i=1}^{N}x_iy_i \tag{5.4-2}$$

并将 $\rho(x,y)=0$ 作为两码组正交的充分必要条件。

在图 5-20 中给出了 4 个 $N=4$ 的正交码组,表示如下

$$
\begin{aligned}
s_1&=(1,1,1,1) \quad s_2=(1,1,-1,-1)\\
s_3&=(1,-1,-1,1) \quad s_4=(1,-1,1,-1)
\end{aligned} \tag{5.4-3}
$$

按照式(5.4-2)计算,上式中任意两个码组的互相关系数均等于 0,所以这 4 个码组两两正交。

在用"1"和"0"表示二进制码元时,通常用二进制数字"1"表示"−1",用二进制数字"0"表示"+1",于是码组的互相关系数的定义式应该变为

$$\rho(x,y)=\frac{A-D}{A+D} \tag{5.4-4}$$

式中:A 为 x 和 y 中对应码元相同的个数;D 为 x 和 y 应码元不同的个数。

这时,式(5.4-3)变为

$$
\left.\begin{aligned}
s_1&=(0,0,0,0), \quad s_2=(0,0,1,1)\\
s_3&=(0,1,1,0), \quad s_4=(0,1,0,1)
\end{aligned}\right\} \tag{5.4-5}
$$

用式(5.4-4)不难验证,上式中任意两个码组的互相关系数仍然为 0。

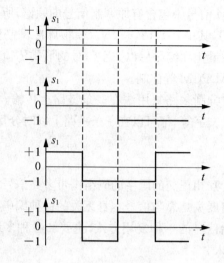

图 5-19　正交码组

顺便指出,上面采用的对应关系有一个重要优点,就是它可以将原来的相乘关系映射为模 2 加法关系,见表 5-5 和表 5-6。

表 5-5　相乘关系

×	+1	−1
+1	+1	−1
−1	−1	+1

表 5-6　模 2 加关系

⊕	0	1
0	0	1
1	1	0

类似上面的互相关系数表达式(5.4-4),我们还可以定义一个码组的自相关系数为

$$\rho_x(j) = \frac{1}{N}\sum_{i=1}^{N} x_i x_{i+j} \quad (j = 0, 1, \cdots, N-1) \tag{5.4-6}$$

式中:x 的下标 $i+j$ 应按模 N 运算,即 $x_{N+1} \equiv x_i$。例如,设

$$x = (x_1, x_2, x_3, x_4) = (+1, -1, -1, +1)$$

则其自相关系数

$$\rho_x(0) = \frac{1}{4}\sum_{i=1}^{4} x_i^2 = 1$$

$$\rho_x(1) = \frac{1}{4}\sum_{i=1}^{4} x_i x_{i+1} = \frac{1}{4}(x_1 x_2 + x_2 x_3 + x_3 x_4 + x_4 x_1) = \frac{1}{4}(-1+1-1+1) = 0$$

$$\rho_x(2) = \frac{1}{4}\sum_{i=1}^{4} x_i x_{i+2} = \frac{1}{4}(x_1 x_3 + x_2 x_4 + x_3 x_1 + x_4 x_2) = \frac{1}{4}(-1-1-1-1) = -1$$

$$\rho_x(3) = \frac{1}{4}\sum_{i=1}^{4} x_i x_{i+3} = \frac{1}{4}(x_1 x_4 + x_2 x_1 + x_3 x_2 + x_4 x_3) = \frac{1}{4}(+1-1+1-1) = 0$$

仿照式(5.4-4)的形式,可以写出自相关系数的另一种表示式

$$\rho(x_i, x_{i+j}) = \frac{A-D}{A+D} \tag{5.4-7}$$

式中:A 为 x_i 和 x_{i+j} 中对应码元相同的个数;D 为 x_i 和 x_{i+j} 中对应码元不同的个数。

下面将利用上述相关系数的定义,从正交概念出发,引出准正交、超正交和双正交概念。

由互(自)相关系数 ρ 的定义式容易看出,任何码组的 ρ 的取值范围均在 ± 1 之间,即有

$$-1 \leqslant \rho \leqslant +1 \tag{5.4-8}$$

当 $\rho = 0$ 时,称码组为正交编码;若 $\rho \approx 0$,则称为准正交码。若两个码组的相关系数 ρ 为负值,即 $\rho < 0$,则称其为超正交。若一种编码中的任意两个码组均超正交,则称这种编码为超正交编码。例如,若将式(5.4-5)中的码组删去第一行和第一列,构成如下的新码组

$$s_1 = (0,1,1), \quad s_2 = (1,1,0), \quad s_3 = (1,0,1) \tag{5.4-9}$$

则不难验证它是超正交编码。

由正交编码和其反码还可以构成双正交码。例如,式(5.4-5)中编码的反码是:

$$(1,1,1,1), (1,1,0,0), (1,0,0,1), (1,0,1,0) \tag{5.4-10}$$

式(5.4-5)和式(5.4-10)的总体,构成双正交码如下

$$
\begin{array}{l}
(0,0,0,0)(1,1,1,1)\\
(0,0,1,1)(1,1,0,0)\\
(0,1,1,0)(1,0,0,1)\\
(0,1,0,1)(1,0,1,0)
\end{array}
$$

此双正交码共有 8 种码组,码长为 4。其中任意两个码组的互相关系数为 0 或 -1。

不难看出,若将正交编码用于码分复用中作为"载波",则合成的多路信号很容易用计算互相关系数的方法分开。例如,可以利用式(5.4-3)中的 4 个码组作为载波,构成 4 路码分复用系统。在图 5-20 中画出了其原理方框图。图 5-20 中 $m_i (i=1\sim4)$ 是输入信号码元,其持续时间为 T;它输入后先和载波 $s_i (i=1\sim4)$ 相乘,再与其他各路已调信号合并(相加),形成码分复用信号。

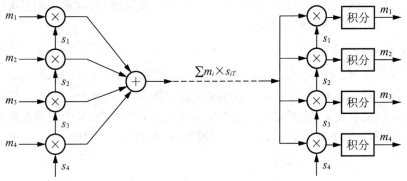

图 5-20　4 路码分复用原理方框图

在接收端,多路信号分别和本路的载波相乘、积分,就可以恢复(解调)出原发送信息码元。这一过程的波形图如图 5-21 所示。在波形图中画出的二进制输入码元是"+1"和"−1";若输入码元为"0"和"1"时,则将得到同样结果。这两种情况中,前者相当于双边带抑制载波调幅,后者相当于振幅调制。

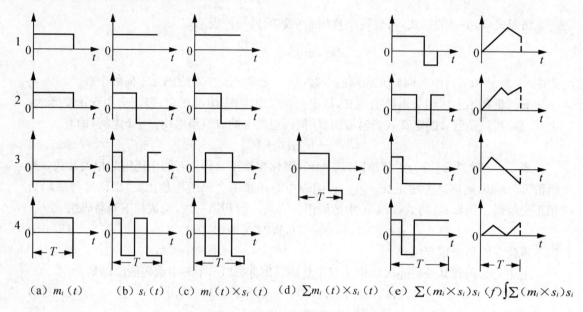

$$(a)\ m_i(t) \quad (b)\ s_i(t) \quad (c)\ m_i(t)\times s_i(t) \quad (d)\ \sum m_i(t)\times s_i(t) \quad (e)\ \sum(m_i\times s_i)s_i \quad (f)\int\sum(m_i\times s_i)s_i$$

图 5-21　4 路码分复用原理波形图

最后指出,码分复用不是必须采用正交码。在数字通信中,超正交码和准正交码都可以采用,因为这时的邻道干扰很小,可以用设置门限的方法消除之。

5.4.4　多址技术

多址接入是多用户无线通信网中按用户地址进行连接的通信技术。在移动通信系统中,基站覆盖区内存在许多移动台,移动台必须能识别基站发射的信号中哪一个是发给自己的,基站也必须从众多的移动台发射的信号中识别出每一个移动台所发射的信号。由此可见,多址(接入)技术在数字蜂窝移动通信中占有重要的地位。我们知道,无线电信号可以表达为频率、时间和码型的函数,多址技术的原理正是利用这些信号参量的正交性来区分不同的信道,以达到不同信道提供给不同用户使用的目的。相应地,目前常用的多址技术可分为三类:频分多址、时分多址和码分多址。

1. 频分多址(FDMA)

频分多址是按频率来区分信道的。频分多址方式将移动台发出的信息调制到移动通信频带内的不同载频位置上,这些载频在频率轴上分别排开,互不重叠。基站可以根据载波频率的不同来识别发射地址,从而完成多址连接。频分多址方式中,N 个波道在频率轴上严格分割,但在时间和空间上是重叠的,此时,"信道"一词的含义即为"频道"。模拟信号和数字信号都可采用频分多址方式传输。

2. 时分多址（TDMA）

时分多址是按时隙(时间间隔)来区分信道的。在一个无线频道上,按时间分割为若干个时隙,每个业务信道占其中的一个,在规定的时隙内收发信号。在时分多址方式中,分配给各移动台的是一个特定的时隙。各移动台在规定的时隙内向基站发射信号(突发信号),基站接收这些顺序发来的信号,处理后转送出去。由于移动台在分配的时隙内发送,所以不会相互干扰。移动台发送到基站的突发信号是按时间分割的,相互间没有保护时隙。在时分多址方式中,在时间轴上按时隙严格分割,但在频率轴上是重叠的,此时,"信道"一词的含义为"时隙"。时分多址只能传送数字信息,语音必须先进行模数转换,再送到调制器对载波进行调制,然后以突发信号的形式发送出去。根据复用信道 N 的大小,时分多址又可分为3、4路复用和8~10路复用。

3. 码分多址（CDMA）

码分多址基于码型分割信道。在 CDMA 方式中,不同用户传输信息所用的信号不是靠频率不同或时隙不同来区分的,而是用两个不相同的编码序列来区分的。如果从频域或时域来观察,多个信号是互相重叠的。接收机用相关器可以在多个 CDMA 信号中选出其中使用预定码型的信号,而其他使用不同码型的信号不能被解调。它们的存在类似于在信道中引入了噪声和干扰(称为多址干扰)。CDMA 系统无论传送何种信息的信道都是靠采用不同的码型来区分的,所以,此时"信道"一词的含义为"码型"。

CDMA 的特征是代表各信源信息的发射信号在结构上各不相同,并且其地址码相互间具有正交性,以区别地址。

 阅读材料

数据压缩技术

数据压缩技术是指在不丢失信息的前提下,缩减数据量以减少存储空间,提高其传输、存储和处理效率的一种技术方法。或按照一定的算法对数据进行重新组织,减少数据的冗余和存储的空间。数据压缩包括有损压缩和无损压缩。

1. 数据压缩概述

在计算机科学和信息论中,数据压缩或者信源编码是按照特定的编码机制用比未经编码少的数据位元(或者其他信息相关的单位)表示信息的过程。例如,如果我们将"compression"编码为"comp"那么这篇文章可以用较少的数据位表示。一种流行的压缩实例是许多计算机都在使用的 ZIP 文件格式,它不仅仅提供了压缩的功能,而且还作为归档工具(Archiver)使用,能够将许多文件存储到同一个文件中。

数据压缩能够实现是因为多数现实世界的数据都有统计冗余。例如,字母"e"在英语中比字母"z"更加常用,字母"q"后面是"z"的可能性非常小。无损压缩算法通常利用了统计冗余,这样就能更加简练地,但仍然是完整地表示发送方的数据。

如果允许一定程度的保真度损失,那么还可以实现进一步的压缩。例如,人们看图画或者电视画面的时候可能并不会注意到一些细节并不完善。同样,两个音频录音采样序列可能听起来一样,但实际上并不完全一样。有损压缩算法在带来微小差别的情况下使用较少的位数表示图像、视频或者音频。

2. 数据压缩原理

压缩的理论基础是信息论(它与算法信息论密切相关)以及率失真理论,这个领域的研究工作主要是由 Claude Shannon 奠定的,他在 20 世纪 40 年代末期及 20 世纪 50 年代早期发表了这方面的基础性的论文。Doyle 和 Carlson 在 2000 年写道数据压缩"有所有的工程领域最简单、最优美的设计理论之一。"密码学与编码理论也是密切相关的学科,数据压缩的思想与统计推断也有很深的渊源。

许多无损数据压缩系统都可以看作是 4 步模型,有损数据压缩系统通常包含更多的步骤,例如它包括预测、频率变换以及量化。

一些机制是可逆的,这样就可以恢复原始的数据,这种机制称为无损数据压缩;另外一些机制为了实现更高的压缩率允许一定程度的数据损失,这种机制称为有损数据压缩。

无损压缩是指使用压缩后的数据进行重构(或者叫作还原,解压缩),重构后的数据与原来的数据完全相同;无损压缩用于要求重构的信号与原始信号完全一致的场合。一个很常见的例子是磁盘文件的压缩。根据目前的技术水平,无损压缩算法一般可以把普通文件的数据压缩到原来的 1/4~1/2。一些常用的无损压缩算法有霍夫曼(Huffman)算法和 LZW(Lenpel-Ziv& Welch)压缩算法。

有损压缩是指使用压缩后的数据进行重构,重构后的数据与原来的数据有所不同,但不影响人对原始资料表达的信息造成误解。有损压缩适用于重构信号不一定非要和原始信号完全相同的场合。例如,图像和声音的压缩就可以采用有损压缩,因为其中包含的数据往往多于我们的视觉系统和听觉系统所能接收的信息,丢掉一些数据而不至于对声音或者图像所表达的意思产生误解,但可大大提高压缩比。

然而,经常有一些文件不能被无损数据压缩算法压缩,实际上对于不含可以辨别样式的数据任何压缩算法都不能压缩。试图压缩已经经过压缩的数据通常得到的结果实际上是扩展数据,试图压缩经过加密的数据通常也会得到这种结果。

总之,压缩的理论基础是信息论。从信息的角度来看,压缩就是去除掉信息中的冗余,即去除掉确定的或可推知的信息,而保留不确定的信息,也就是用一种更接近信息本质的描述来代替原有的冗余的描述,这个本质的东西就是信息量。

3. 数据压缩应用

一种非常简单的压缩方法是行程长度编码,这种方法使用数据及数据长度这样简单的编码代替同样的连续数据,这是无损数据压缩的一个实例。这种方法经常用于办公计算机以更好地利用磁盘空间,或者更好地利用计算机网络中的带宽。对于电子表格、文本、可执行文件等这样的符号数据来说,无损是一个非常关键的要求,因为除了一些有限的情况,大多数情况下即使是一个数据位的变化都是无法接受的。

对于视频和音频数据,只要不损失数据的重要部分一定程度的质量下降是可以接受的。通过利用人类感知系统的局限,能够大幅度得节约存储空间并且得到的结果质量与原始数据质量相比并没有明显的差别。这些有损数据压缩方法通常需要在压缩速度、压缩数据大小以及质量损失这三者之间进行折中。

有损图像压缩用于数码相机中,大幅度地提高了存储能力,同时图像质量几乎没有降低。用于 DVD 的有损 MPEG-2 编解码视频压缩也实现了类似的功能。

在有损音频压缩中,心理声学的方法用来去除信号中听不见或者很难听见的成分。人类语音的压缩经常使用更加专业的技术,因此人们有时也将"语音压缩"或者"语音编码"作为一个独立的研究领域与"音频压缩"区分开来。不同的音频和语音压缩标准都属于音频编解码范畴。例如语音压缩用于因特网电话,而音频压缩被用于 CD 翻录并且使用 MP3 播放器解码。

小　结

本章从信息的定义开始,引入信息论和编码基础,然后对信道与噪声、信道复用与多址技术介绍。信道是通信系统必不可少的组成部分,信道特性的好坏直接影响到系统的总特性。通过学习信道复用与多址技术,了解信道复用的方法和分类及多址技术的方法和分类,为进一步学习通信的相关概念和原理打下了良好基础。

习　题

一、填空题

1. 设剧院有 1280 个座位,分为 32 排,每排 40 座。现欲从中找出某人,求以下信息的信息量。①"某人在第 10 排"的信息量为_____;②"某人在第 15 座" 的信息量为_____;③某人在第 10 排第 15 座的信息量为_____。

2. 设一数字传输系统传送二进制码元的速率为 1200B,该系统的信息传输速率为_____;若该系统改为 16 进制信号码元,码元速率为 2400B,则这时的系统信息传输速率为_____。

二、简答题

1. 设一个信息源由 64 个不同符号组成,其中 16 个符号的出现概率均为 1/32,其余 48 个符号出现概率为 1/96。若此信息源每秒发出 1000 个独立符号,试求该信息源的平均信息速率。

2. 设一条无线链路采用视距传播方式通信,其收发天线的架设高度都等于 80m,试求其最远通信距离。

3. 设一个信号源输出四进制等概率信号,其码元宽度为 $125\mu s$。试求其码元速率和信息速率。

4. 设一个纯 ALOHA 系统中,分组长度 $\tau = 20$ms,总业务到达率 $\lambda_t = 10$pkt/s,试求一个消息成功传输的概率。

5. 设在一个 S-ALOHA 系统中有 6000 个站,平均每个站每小时需要发送 30 次,每次发送占一个 $500\mu s$ 的时隙。试计算该系统的归一化总业务量。

6. 产生错码的原因?

7. 根据噪声来源的不同,噪声可以分为哪几类?

第6章
模拟信号的调制技术

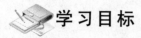
学习目标

（1）了解模拟信号调制的原理。
（2）掌握线性调制技术的几种调制方法。
（3）熟悉非线性调制信号的产生和解调方法。

知识结构

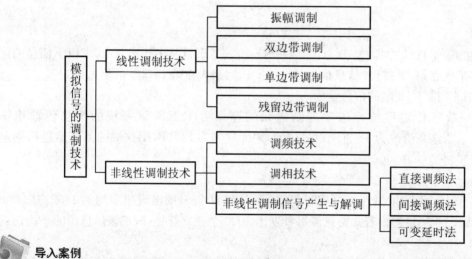

导入案例

校园广播是小功率调频广播的一种，很多大专院校、中学甚至小学，现在已经大量采用校园 FM 广播方式播放英语节目或其他节目，频率范围通常在 76～87MHz 之间，也就是说用普通的电视伴音收音机可以接收得到，如图1所示。调频广播是一种以无线发射的方式来传输广播的设备。具有无需立杆架线，覆盖范围广，无限扩容，安装维护方便，投资省，音质优美清晰的特点。对于目前规模大、地域广的学校来说，调频广播具有传统的有线广播无法比拟的优越性。校园为了让学生练习英语听力，利用调频小发射机，每个学生配备无线收听设备。校园内还可以安装大功率调频广播音箱。英语四六级考试是就是用调频广播进行统一的听力考试的。

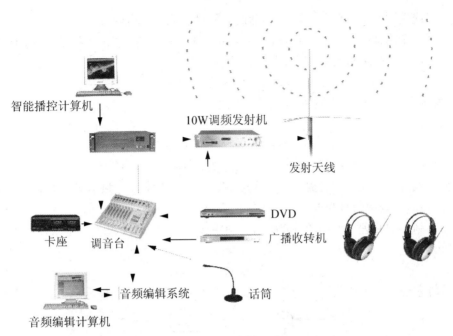

智能播控计算机

10W调频发射机

发射天线

卡座 调音台

DVD

广播收转机

音频编辑系统 话筒

音频编辑计算机

图1 校园广播组成

模拟信号是指信息参数在给定范围内表现为连续的信号,或者在一段连续的时间间隔内,其代表信息的特征量任意瞬间可以为任意数值的信号。在通信系统中,信源输出的是由原始消息直接变换成的电信号(模拟基带信号)。这种信号的频率较低,不直接在信道中传输。为了适应信道传输的要求而将信号的频谱搬移到希望的频段上,在通信技术中,进行了信号的调制。调制的结果使载波中的 3 个参量振幅、角频率及初始相位中的某个参量发生变化。模拟调制是指用来自信源的基带模拟信号去调制某个载波。调制的目的是,为了适应信道传输的要求而将信号的频谱搬移到希望的频段,同时可以提高信号传输时的抗干扰能力和传输效率。

6.1 线性调制技术

调制的结果将使载波的某个参量随信号变化而变化,或者说是用载波的某个参量值代表自信源来的信号的值。在后面的章节中把自信源来的信号称为调制信号 $m(t)$,而把受调制后的载波称为已调信号 $s(t)$。进行调制的部件则称为调制器(图 6-1)。

调制信号
$m(t)$

调制器

已调信号
$s(t)$

图6-1 调制器

模拟调制可以分为两大类:线性调制和非线性调制。

(1) 线性调制。其已调信号的频谱结构和调制信号的频谱结构相同。线性调制的种类包括:调幅信号、单边带信号、双边带(抑制载波)信号、残留边带信号等,它们又统称为幅度调制。

(2) 非线性调制又称角度调制。其已调信号的频谱结构和调制信号的频谱结构有很大的不同。非线性调制的已调信号种类包括调频信号和调相信号两大类。

载波是一个确知的周期性波形,有 3 个参量,即振幅 A、载波角频率 ω_0 和初始相位 φ_0。在本章中讨论的载波波形是余弦波,它的数学表示式为

$$c(t) = A\cos(\omega_0 t + \varphi_0) \tag{6.1-1}$$

式中:A 为振幅;ω_0 为载波角频率;φ_0 为初始相位。

设载波为

$$c(t) = A\cos\omega_0 t = A\cos 2\pi f_0 t \tag{6.1-2}$$

式中:A 为振幅(V);f_0 为频率(Hz);$\omega_0 = 2\pi f_0$ 为角频率(rad/s)。

在上面载波的定义式中已经假定其初始相位为 0,这样假定并不影响我们讨论的一般性。此外,还假设调制信号为 $m(t)$,已调信号为 $s(t)$。

线性调制器的原理模型如图 6-2 所示。图中调制信号 $m(t)$ 和载波在相乘器中相乘,相乘的结果为

$$s'(t) = m(t)A\cos\omega_0 t \tag{6.1-3}$$

然后将它通过一个传输函数为 $H(f)$ 的带通滤波器,得出已调信号 $s(t)$。

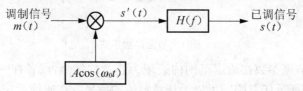

图 6-2　线性调制器的原理模型

现在设调制信号 $m(t)$ 为一个能量信号,其频谱为 $M(f)$,它们之间是傅里叶变换关系,并用"⇔"表示傅里叶变换,则有

$$m(t) \Leftrightarrow M(f) \tag{6.1-4}$$

$$m(t)A\cos\omega_0 t \Leftrightarrow S'(f) \tag{6.1-5}$$

$$S'(f) = \frac{A}{2}[M(f - f_0) + M(f + f_0)] \tag{6.1-6}$$

由式(6.1-3)可见,相乘器的输出信号 $s'(t)$ 是一个幅度与 $m(t)$ 成正比的余弦波,即载波波形的振幅受到了调制。另外由式(6.1-6)看出,相乘器输出信号的频谱密度 $S'(f)$ 是调制信号的频谱 $M(f)$ 平移的结果(差一个常数因子),如图 6-3 所示。由于调制信号 $m(t)$ 和相乘器输出信号 $s'(t)$ 之间是线性关系,所以称其为线性调制。

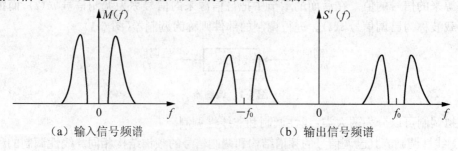

（a）输入信号频谱　　　　　　　　　　（b）输出信号频谱

图 6-3　相乘器输入信号和输出信号的频谱

带通滤波器特性 $H(f)$ 可以有不同的设计,从而得到不同的调制种类,下面分别予以介绍。

6.1.1 振幅调制(AM)

设调制信号 $m(t)$ 包含直流分量,并设其表示式可以写为 $[1+m'(t)]$,其中 $m'(t)$ 为调制信号中的交流分量,且 $|m'(t)|\leqslant 1$。$|m(t)|$ 的最大值称为调幅度 m,并有 $m\leqslant 1$。这样,相乘器的输出信号表示式(6.1-3)可以改写为

$$s'(t)=[1+m'(t)]A\cos\omega_0 t \tag{6.1-7}$$

由式(6.1-7)可以看出,$s'(t)$ 的包络中包含一个直流分量 A,在 A 的基础上叠加有一个交变分量 $m'(t)A$。由于 $m'(t)$ 的绝对值不大于 1,所以 $s'(t)$ 的包络不小于 0,即包络不可能为负值(图 6-4)。这时,若滤波器的传输函数 $H(f)$ 能使 $s'(t)$ 的频谱密度 $S'(f)$ 无失真地完全通过,则调制器输出端得到的信号 $s(t)$ 就是振幅调制信号,简称调幅(AM)信号。对于不包含直流分量的调制信号,为了得到振幅调制,通常采用其他较简单的调制器电路,而不采用加入直流分量的方法。

调幅信号的频谱密度中含有离散的载波分量,在图 6-4 中用带箭头的直线表示。现在来考察调幅信号中的载波分量功率和边带分量功率之比。若调制信号 $m'(t)$ 是一个余弦波 $\cos\Omega t$,则不难证明,在调幅度 m 为最大(等于 100%)时,已调信号的两个边带的功率之和等于载波功率的一半。也就是说,调幅信号中的大部分功率被载波占用,而载波本身并不含有基带信号的信息。所以,可以不传输此载波。这样就得到 6.1.2 节将讨论的双边带调制。

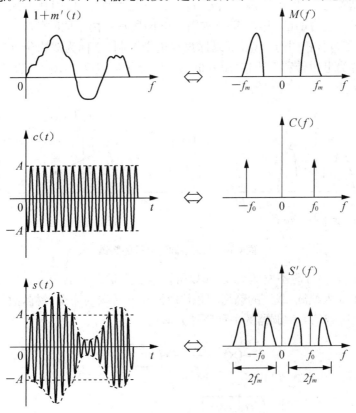

图 6-4 调幅信号的波形和频谱

由调幅信号的波形不难看出,调幅信号包络的形状和调制信号的波形一样。所以在接收端解调时,用包络检波法就能恢复出原调制信号。包络检波器由一个整流器和一个低通滤波器组成,如图6-5所示。由于低通滤波器可以通过直流分量,所以在其输出端接有一个隔直流电路(用一个电容器表示),以去除整流器输出中的直流成分。

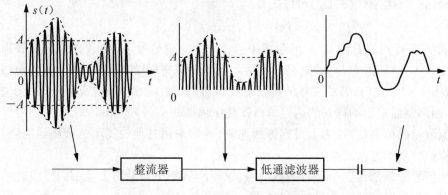

图 6-5　包络检波器的组成

6.1.2　双边带调制(DSB)

在线性调制器(图6-2)中的调制信号 $m(t)$ 若没有直流分量,则在相乘器的输出信号中将没有载波分量。这时的已调信号频谱如图6-6(b)所示。由于此时的频谱中包含有两个边带,且这两个边带包含相同的信息,所以称为双边带调制,全称为双边带抑制载波调制。这两个边带分别称为上边带和下边带(图6-6(b));将频谱位置高于载频的边带称为上边带,低于载波的称为下边带。

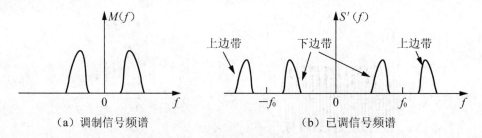

（a）调制信号频谱　　　　　　　　　　（b）已调信号频谱

图 6-6　双边带调制信号的频谱

由于发送 DSB 信号时不发送载波,所以可以节省发送载波的功率。但是解调时需要在接收端的电路中加入载波,载波的频率和相位应该和发送端的完全一样,故接收电路较为复杂。图6-7为双边带信号解调器的一种原理方框图。

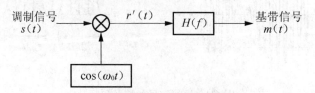

图 6-7　双边带信号解调器原理方框图

设接收的 DSB 信号为 $m'(t)\cos\omega_0 t$,并设接收端的本地载波的频率和相位都有一定的误差,即设其表示式为 $\cos[(\omega_0+\Delta\omega)t+\varphi]$,则两者相乘后的乘积为

$$r'(t)=m'(t)\cos\omega_0 t\cos[(\omega_0+\Delta\omega)t+\varphi]$$

$$=\frac{1}{2}m'(t)\{\cos(\Delta\omega t+\varphi)+\cos[(2\omega_0+\Delta\omega)t+\varphi]\} \qquad (6.1\text{-}8)$$

上式中第二项为频率等于$(2\omega_0+\Delta\omega)$的分量,它可以被低通滤波器 $H(f)$ 滤除,故得到解调输出信号为$\frac{1}{2}m'(t)\cos(\Delta\omega t+\varphi)$。

仅当本地载波没有频率和相位误差,即 $\Delta\omega=\varphi=0$ 时,输出信号才等于 $m'(t)/2$。这时的解调输出信号没有失真,和调制信号相比仅差一个常数因子$(1/2)$。

6.1.3 单边带调制(SSB)

由于双边带调制中两个边带包含相同的信息,没有必要一定传输这两个边带。所以,可以利用线性调制器中的滤波器将其中一个边带滤掉,只传输另一个边带。这就是单边带调制。为了实际上能用滤波器将上下边带分开,考虑到滤波器的边缘不能非常陡峭,故要求调制信号的频谱中不能有太低的频率分量。图 6-8 中画出了单边带信号的频谱示意图。在调制器中采用一个传输特性为 $H_H(f)$ 的高通滤波器可以得到上边带信号;而采用一个传输特性为 $H_L(f)$ 的低通滤波器就可以得到下边带信号。

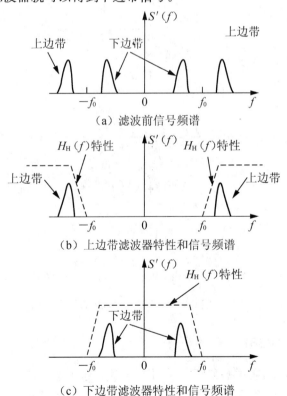

(a) 滤波前信号频谱

(b) 上边带滤波器特性和信号频谱

(c) 下边带滤波器特性和信号频谱

图 6-8 单边带信号的频谱示意图

单边带信号在解调时也需加入载波,用载波和单边带信号相乘,从而恢复出原基带调制信号。下面对此将做简单说明。

已经证明,若两个时间函数相卷积:

$$z(t) = x(t) \times y(t)$$

则其傅里叶变换为乘积关系:

$$Z(\omega) = X(\omega)Y(\omega)$$

同样,可以证明,若两个时间函数相乘:

$$z(t) = x(t)y(t)$$

则其傅里叶变换为卷积关系:

$$Z(\omega) = X(\omega) \times Y(\omega)$$

在单边带信号解调时,用载波 $\cos\omega_0 t$ 和接收信号相乘,相当于在频域中载波频谱和信号频谱相卷积。现以上边带信号的解调为例,在图 6-9 中画出此频谱的卷积。其中,图 6-9(a)为载波频谱,图 6-9(b)为上边带信号频谱,图 6-9(c)为载波频谱和上边带信号频谱的卷积结果。用低通滤波器 $H_L(f)$ 滤波后就能得出所需解调后的基带信号频谱 $M(f)$。单边带调制能够进一步节省发送功率和占用频带,所以在模拟通信中是一种应用较广泛的传输体制。

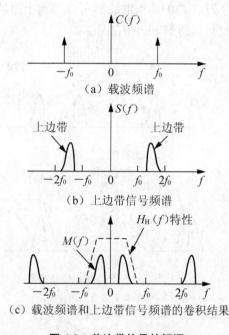

（a）载波频谱

（b）上边带信号频谱

（c）载波频谱和上边带信号频谱的卷积结果

图 6-9　单边带信号的解调

6.1.4　残留边带调制(VSB)

上述单边带信号虽然在功率和频带利用率方面具有优越性,但是在接收端解调时需要有与发送端同频同相的本地载波,才能将单边带信号的频谱搬移到正确的基带位置。另外,在发送端为了滤出单边带信号,要求滤波器的边缘很陡峭,有时这也难以做到。残留边带调制信号的频谱介于双边带和单边带信号之间,并且含有载波分量。所以它能克服上述单边带调制的缺点。特别是,它适合用于包含直流分量和很低频率分量的基带信号,目前在电视信号广播系统中得到了广泛的应用。

残留边带调制仍属于线性调制。图 6-2 中的线性调制器方框图仍然适用,只是其中的滤波器特性应该做相应的修改。图 6-2 中相乘器的输出信号频谱表示式为

$$S'(f) = \frac{A}{2}[M(f-f_0)+M(f+f_0)] \tag{6.1-9}$$

设产生残留边带信号的滤波器的传输特性为 $H(f)$。在经过其滤波后得出的残留边带信号 $s(t)$ 的频谱应为

$$S(f) = \frac{A}{2}[M(f-f_0)+M(f+f_0)]H(f) \tag{6.1-10}$$

现在来求残留边带信号调制器中滤波器传输函数 $H(f)$ 应满足的条件。若仍用图 6-7 中的解调方法,则信号 $s(t)$ 和本地载波 $\cos\omega_0 t$ 相乘后,乘积 $r'(t)$ 的频谱将是 $S(f)$ 平移 f_0 的结果,即 $r'(t)$ 的频谱为

$$\frac{1}{2}[S(f+f_0)+S(f-f_0)] \tag{6.1-11}$$

将式(6.1-11)代入式(6.1-10),得到 $r'(t)$ 的频谱为

$$\frac{A}{4}\{[M(f+2f_0)+M(f)]H(f+f_0)+[M(f-2f_0)+M(f)]H(f-f_0)\}$$

$$\tag{6.1-12}$$

式(6.1-12)中 $M(f+2f_0)$ 和 $M(f-2f_0)$ 两项可以由低通滤波器滤除,所以滤波后输出的解调信号为

$$\frac{A}{4}M(f)[H(f+f_0)+H(f-f_0)] \tag{6.1-13}$$

为了无失真地传输,要求

$$[H(f+f_0)+H(f-f_0)]=C \tag{6.1-14}$$

式中:C 为常数。

由于 $H(f)$ 为基带调制信号的频谱密度函数,如图 6-10 所示,它的最高频率分量为 f_m,即有

$$H(f)=0 (|f|>f_m) \tag{6.1-15}$$

所以,式(6.1-15)可以写为

$$[H(f+f_0)+H(f-f_0)]=C (|f|>f_m) \tag{6.1-16}$$

式(6.1-16)就是对于产生残留边带信号的滤波器特性的要求条件。在图 6-10 中画出了这一要求条件,即只要滤波器的截止特性对于载波频率 f_0 具有互补的对称性就可以了。

由图 6-10 可见,残留边带调制信号频谱中,除了保留单边带信号的全部频谱外,还保留了一些载频分量和另一边带的少部分频谱。这样做既可使接收端避免提取发送载频产生的频率误差,也使发送端调制器的滤波器较易制作;其缺点主要是占用的频带较单边带信号略宽。

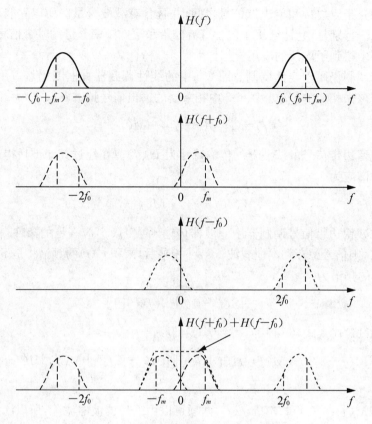

图 6-10　产生残留边带信号的滤波器特性

6.2　非线性调制技术

非线性调制,载波的幅度保持不变,而载波的频率或相位随基带信号变化,形成的信号频谱不再是保持原基带频谱的结构,也就是说,已调信号频谱之间存在非线性变换关系。

在对线性调制的讨论中,我们已经熟悉了载波的概念。线性调制是将调制信号附加在载波的振幅上。非线性调制又称角度调制,它是将调制信号附加到载波的相位上。在数学定义上,载波是具有恒定振幅、恒定频率和恒定相位的正(余)弦波,并且它在时间上是无限延伸的,从负无穷大延伸到正无穷大。因此,在频域上它具有单一频率分量。载波在被调制后,或被截短后,其频谱不再是仅有单一频率分量,而是具有许多离散或连续的频率分量,占据一定的频带宽度。我们说,角度调制使载波的频率和相位随调制信号而变。这里实际上已经引入了"瞬时频率"的概念,因为在严格的数学意义上载波的频率是恒定的。现在就来定义瞬时频率。

设一个载波可以表示为

$$c(t)=A\cos\varphi(t)=A\cos(\omega_0 t+\varphi_0) \tag{6.2-1}$$

式中:φ_0 为载波的初始相位;$\varphi(t)=\omega_0 t+\varphi_0$ 为载波的瞬时相位;$\omega_0=\mathrm{d}\varphi(t)/\mathrm{d}t$ 为载波的角频率。

载波的角频率 ω_0 原本是一个常量。现在将被角度调制后的 $\mathrm{d}\varphi(t)/\mathrm{d}t$ 定义为瞬时频率 $\omega_i(t)$ 即

$$\omega_i(t) = \frac{\mathrm{d}\varphi(t)}{\mathrm{d}t} \tag{6.2-2}$$

式中:瞬时频率 $\omega_i(t)$ 是时间的函数。

由式(6.2-2)可以写出

$$\varphi(t) = \int \omega_i(t)\mathrm{d}t + \varphi_0 \tag{6.2-3}$$

由式(6.2-3)可见,$\varphi(t)$ 是载波的相位。若使它随调制信号 $m(t)$ 以某种方式变化,则称其为角度调制。

若使相位 $\varphi(t)$ 随 $m(t)$ 线性变化,即令

$$\varphi(t) = \omega_0 t + \varphi_0 + k_p m(t) \tag{6.2-4}$$

式中:k_p 为常数,称其为相位调制,简称调相。这样,已调信号的表示式为

$$s_p(t) = A\cos[w_0 t + \varphi_0 + k_p m(t)] \tag{6.2-5}$$

将式(6.2-4)代入式(6.2-2),可以得出此已调载波的瞬时频率为

$$\omega_i(t) = \omega_0 + k_p \frac{\mathrm{d}}{\mathrm{d}(t)} m(t) \tag{6.2-6}$$

式(6.2-6)表示,在相位调制中瞬时频率随调制信号的导函数线性地变化。

若使瞬时频率直接随调制信号线性地变化,则得到频率调制,简称调频。这时有瞬时角频率

$$\omega_i(t) = \omega_0 + k_f m(t) \tag{6.2-7}$$

并由式(6.2-3)得到

$$\varphi(t) = \int \omega_i(t)\mathrm{d}t + \varphi_0 = \omega_0 t + k_f \int m(t)\mathrm{d}t + \varphi_0 \tag{6.2-8}$$

这样得出的已调信号表示式为

$$s_f(t) = A\cos\left[\omega_0 t + k_f \int m(t)\mathrm{d}t + \varphi_0\right] \tag{6.2-9}$$

6.2.1 调频技术

1. 调频信号的参数与波形

设调制信号为单一频率信号 $u_\Omega(t) = U_\omega \cos\Omega t$,未调载波电压为 $u_c(t) = U_c \cos\omega_c t$,则根据频率调制的定义,调频信号的瞬时角频率为

$$\omega(t) = \omega_c + \Delta\omega(t) = \omega_c + k_f u_\Omega(t) = \omega_c + \Delta\omega_m \cos\Omega t \tag{6.2-10}$$

它是在 ω_c 的基础上,增加了与 $u_\Omega(t)$ 成正比的频率偏移。式(6.2-10)中 k_f 为比例常数。调频信号的瞬时相位 $\varphi(t)$ 是瞬时角频率 $\omega(t)$ 对时间的积分,即

$$\varphi(t) = \int_0^t \omega(\tau)\mathrm{d}\tau + \varphi_0 \tag{6.2-11}$$

式中:φ_0 为信号的起始角频率。

为了分析方便,可令 $\varphi_0 = 0$,则式(6.2-11)变为

$$\varphi(t) = \int_0^t \omega(\tau)\mathrm{d}\tau = \omega_c t + \frac{\Delta\omega_m}{\Omega}\sin\Omega t = \omega_c t + m_f\sin\Omega t = \varphi_c + \Delta\varphi(t) \qquad (6.2\text{-}12)$$

式中: $\dfrac{\Delta\omega_m}{\Omega} = m_f$ 为频指数。

FM 波的表示式为

$$u_{FM}(t) = U_c\cos(\omega_c t + m_f\sin\Omega t) \qquad (6.2\text{-}13)$$

调频波波形及调频波 Δf_m 与 m_f 的关系如图 6-11 和图 6-12 所示。

2. 调频波的频谱

$$u_{FM}(t) = U_c\cos(\omega_c t + m_f\sin\Omega t) = Re[U_c\mathrm{e}^{j\omega_c t}\mathrm{e}^{jm\sin\Omega t}] \qquad (6.2\text{-}14)$$

(1) 调频波的展开式

因为式(6.2-14)中的 $\mathrm{e}^{jm_f\sin\Omega}$ 是周期为 $2\pi/\Omega$ 的周期性时间函数,可以将它展开为傅里叶级数,其基波角频率为 Ω,即

$$\mathrm{e}^{jm_f\sin\Omega t} = \sum_{n=-\infty}^{\infty} J_n(m_f)\mathrm{e}^{jn\Omega t} \qquad (6.2\text{-}15)$$

式中: $J_n(m_f)$ 是系数为 m_f 的 n 阶第一类贝塞尔函数,它可以用无穷级数进行计算。它随 m_f 变化的曲线如图 6-13 所示,并具有以下特性:

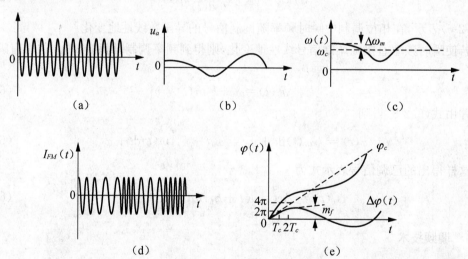

图 6-11　调频波波形

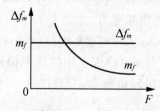

图 6-12　调频波 Δf_m、m_f 与 F 的关系

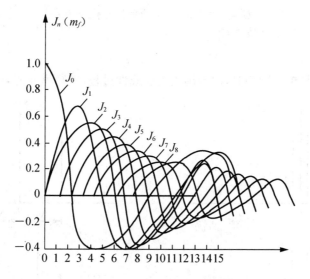

图 6-13　第一类贝赛尔函数曲线

$$J_n(m_f) = J_{-n}(m_f) \quad n \text{ 为偶数}$$

$$J_n(m_f) = -J_{-n}(m_f) \quad n \text{ 为奇数}$$

因而,调频波的级数展开式为

$$J_n(m_f) = \sum_{m=0}^{\infty} \frac{(-1)^n \left(\dfrac{m_f}{2}\right)^{n+2m}}{m!(n+m)!} \tag{6.2-16}$$

$$u_{\text{FM}}(t) = U_c \text{Re}\left[\sum_{n=-\infty}^{\infty} J_n(m_f) e^{j(\omega_c t + n\Omega t)}\right] = U_c \sum_{n=-\infty}^{\infty} J_n(m_f)\cos(\omega_c + n\Omega)t \tag{6.2-17}$$

(2) 调频波的频谱结构和特点

将上式进一步展开,有

$$\begin{aligned}
u_{\text{FM}}(t) = U_c\big[& J_0(m_f)\cos\omega_c t + J_1(m_f)\cos(\omega_c + \Omega)t - J_1(m_f)\cos(\omega_c - \Omega)t \\
& + J_2(m_f)\cos(\omega_c + 2\Omega)t + J_2(m_f)\cos(\omega_c - 2\Omega) + J_3(m_f)\cos(\omega_c + 3\Omega) \\
& - J_3(m_f)\cos(\omega_c - 3\Omega) + \cdots
\end{aligned} \tag{6.2-18}$$

其频谱结构如图 6-14 所示。

3. 调频波的信号带宽

理论上讲,调频波的信号带宽是无限大的。但当 J_n 超过一定值之后,实际的边频分量很小,完全可以忽略不计,所以,实际的有效带宽是有限的。通常采用的有效带宽的信号频带宽度应包括幅度大于未调载波 1% 以上的边频分量,即

$$|j_n(m_f)| \geqslant 0.01$$

当 m_f 很大时,为宽频带调频,其有效带宽为

$$BW = 2LF = 2m_f F = 2\Delta f_m \tag{6.2-19}$$

当 m_f 很小,如 $m_f < 0.25$ 时,为窄频带调频,此时有

$$BW \approx 2F \tag{6.2-20}$$

一般情况下,调频波的有效带宽可用如下的卡森公式进行计算:

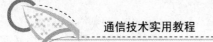
$$BW_{CR}=2(m_f+1)F=2(\Delta f_m+F) \tag{6.2-21}$$

更准确的调频波带宽计算公式为

$$BW=2(m_f+\sqrt{m_f}+1)F \tag{6.2-22}$$

当调制信号不是单一频率时,由于调频是非线性过程,其频谱要复杂得多。

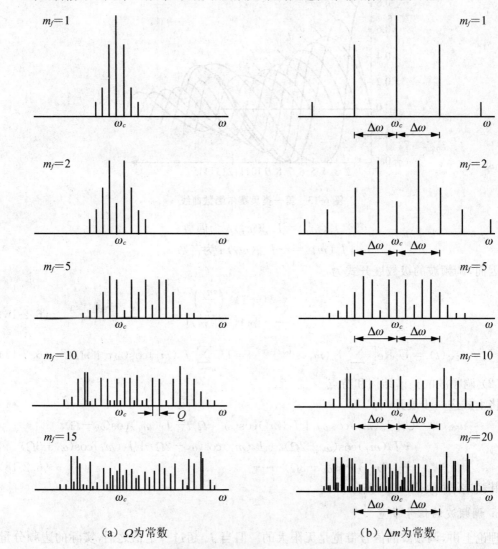

（a）Ω为常数   （b）Δm为常数

图 6-14   单频调制时 FM 波的振幅谱

6.2.2   调相技术

1. 调相波

调相波是其瞬时相位以未调载波相位 φ_c 为中心按调制信号规律变化的等幅高频电磁信号。如果 $u_\Omega(t)=U_\omega\cos\Omega t$,同时令 $\varphi_0=0$,则其瞬时相位为

$$u_{PM}(t)=U_c\cos(\omega_c t+m_p\cos\Omega t) \tag{6.2-23}$$

从而得到调相信号为

$$\varphi(t) = \omega_c t + \Delta\varphi(t) = \omega_c t + k_p u_\Omega(t) = \omega_c t + \Delta\varphi_m \cos\Omega t = \omega_c t + m_p \cos\Omega t \quad (6.2\text{-}24)$$

调相波的瞬时频率为

$$\omega(t) = \frac{\mathrm{d}}{\mathrm{d}t}\varphi(t) = \omega_c - m_p\Omega\sin\Omega t = \omega_c - \Delta\omega_m\sin\Omega t \quad (6.2\text{-}25)$$

调相波 Δf_m、m_p 与 F 的关系图和调频与调相的关系图分别如图 6-15 和图 6-16 所示。

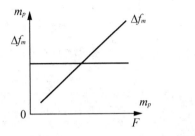

图 6-15　调相波 Δf_m、m_p 与 F 的关系图

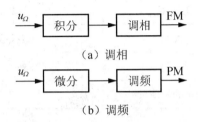

图 6-16　调频与调相的关系

至于 PM 波的频谱及带宽,其分析方法与 FM 相同。调相信号带宽为

$$BW = 2(m_p + 1)F \quad (6.2\text{-}26)$$

由上面的讨论可以看出,在相位调制中载波相位随调制信号 $m(t)$ 线性地变化,而在频率调制中载波相位随调制信号的积分线性地变化。两者并没有本质上的区别。如果将调制信号 $m(t)$ 先积分,再对载波进行相位调制,即得到频率调制信号。类似地,如果将调制信号 $m(t)$ 先微分,再对载波进行频率调制,就得到相位调制信号。无论是频率调制还是相位调制,已调信号的振幅都是恒定的。而且仅从已调信号波形上看无法区分二者。二者的区别仅是已调信号和调制信号的关系不同。在图 6-17 中举例示出了角度调制的波形。

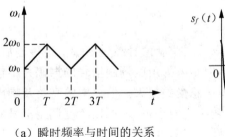

（a）瞬时频率与时间的关系

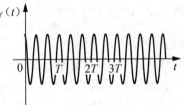

（b）已调信号的波形

图 6-17　角度调制波形

其中图 6-17(a)是已调信号的瞬时频率 ω_i 和时间的关系,它在 ω_0 到 $2\omega_0$ 间做线性变化;图 6-17(b)是已调信号的波形。若调制信号 $m(t)$ 的波形如图 6-17(a)做线性变化,即若 $m(t)$ 做直线变化,则已调信号就是频率调制信号。若 $m(t)$ 是随 t^2 变化,则已调信号就是相位调制信号,此时已调信号的瞬时频率也是做直线变化的。因此,在下面讨论角度调制信号的性能时,我们将不区分频率调制信号和相位调制信号,而统一进行研究。

2. 调频波与调相波的对比

调频波与调相波的比较见表 6-1。需要注意的是如下几方面。

（1）角度调制是非线性调制，在单频调制时会出现$(\omega_c \pm n\Omega)$分量。

（2）在多频调制时还会出现交叉调制$(\omega_c \pm n\Omega_1 + k\Omega_2 + \cdots)$分量。

（3）调频的频谱结构与m_f密切相关，m_f大，频带宽。

（4）因角度调制方式的平均功率与最大功率一样，所以，与 AM 调制相比，角度调制方式的设备利用率高。

表 6-1　调频波与调相波的比较表

项　目	调频波	调相波
载波	$u_c = U_c \cos\omega_c t$	$u_c = U_c \cos\omega_c t$
调制信号	$u_\Omega = U_c \cos\Omega t$	$u_\Omega = U_c \cos\Omega t$
偏移的物理量	频率	相位
调制指数（最大相偏）	$m_f = \dfrac{\Delta\omega_m}{\Omega} = \dfrac{k_f U_\Omega}{\Omega} = \Delta\varphi_m$	$m_p = \dfrac{\Delta\omega_m}{\Omega} = k_p U_\Omega = \Delta\varphi_m$
最大频偏	$\Delta\omega_m = k_p U_\Omega$	$\Delta\omega_m = k_p U_\Omega \Omega$
瞬时角频率	$\omega(t) = \omega_c + k_f u_\Omega(t)$	$\omega(t) = \omega_c + k_p \dfrac{\mathrm{d}u_\Omega(t)}{\mathrm{d}t}$
瞬时相位	$\omega(t) = \omega_c t + k_f \int u_\Omega(t)\mathrm{d}t$	$\omega(t) = \omega_c t + k_p u_\Omega(t)$
已调波电压	$u_{\mathrm{FM}}(t) = U_c \cos(\omega_c + m_f \sin\Omega t)$	$u_{\mathrm{FM}}(t) = U_c \cos(\omega_c t + m_p \cos\Omega t)$
信号带宽	$B_s = 2(m_f + 1)F_{\max}$（恒定带宽）	$B_s = 2(m_p + 1)F_{\max}$（非恒定带宽）

6.2.3　非线性调制信号的产生与解调

角度调制信号的振幅是恒定的。所以角度调制信号经过随参信道传输后，虽然信号振幅会因快衰落及噪声的叠加而发生起伏，但是因为角度调制信号的振幅并不包含调制信号的信息，所以不会因信号振幅的改变而使信息受到损失。信道中的衰落及噪声对于信号角度（频率和相位）的影响与振幅受到的影响相比要小得多，所以角度调制信号的抗干扰能力较强。通常为了消除衰落和噪声对于角度调制信号的影响，在接收设备中信号解调前都采用限幅器来消除这种振幅变化。接收信号经过限幅器后，变成振幅恒定的信号，再由鉴频器或鉴相器解调。

1. 调频方法

（1）直接调频法

这种方法一般是用调制电压直接控制振荡器的振荡频率，使振荡频率$f(t)$按调制电压的规律变化。若被控制的是 LC 振荡器，则只需控制振荡回路的某个元件（L 或 C），使其参数随调制电压变化，就可达到直接调频的目的。调频特性曲线如图 6-18 所示。

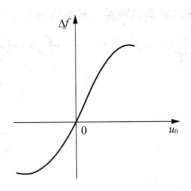

图 6-18　调频特性曲线

（2）间接调频法（调相法）

实现间接调频的关键是如何进行相位调制，所以，间接调频法其实就是调相法。通常，实现相位调制的方法包括矢量合成法和可变延时法，具体两种方法如下所述。

① 矢量合成法。如图 6-19 所示，这种方法主要针对的是窄带的调频或调相信号。

对于单音调相信号

$$u_{PM} = U\cos(\omega_c t + m_p\cos\Omega t) = U\cos\omega_c t\cos(m_p\cos\Omega t) - U\sin\omega_c t\sin(m_p\cos\Omega t)$$
(6.2-27)

当 $m_p \leqslant \pi/12$ 时，上式近似为

$$u_{PM} \approx U\cos\omega_c t - Um_p\cos\Omega t\sin\omega_c t$$
(6.2-28)

可见窄带的调频或调相信号可近似由一个载波信号和一个双边带信号叠加而成。图 6-19 为矢量合成法调频。

② 可变延时法。将载波信号通过一个可控延时网络，延时时间 τ 受调制信号控制，即 $\tau = k_d u_\Omega(t)$，则输出信号为

$$u_0 = U_m\cos\omega_c(t - \tau) = U_m\cos[\omega_c t - k_d\omega_c u_\Omega(t)]$$
(6.2-29)

由此可知，输出信号已变成调相信号了。图 6-20 为可变延时法调相电路的原理框图。

2. 解调

角调波的解调就是从角调波中恢复出原调制信号的过程。调频波的解调电路成为频率检波器或者鉴频器（FD），调相波的解调电路称为相位检波器或者检相器（PD）。对鉴频器的一个要求就是鉴频跨导要大。所谓鉴频跨导 SD，就是鉴频特性在载频处的斜率，它表示的是单位频偏所能产生的解调输出电压。鉴频跨导又叫鉴频灵敏度，用公式表示为

$$S_D = \frac{\mathrm{d}u_0}{\mathrm{d}f}\bigg|_{f=f_0} = \frac{\mathrm{d}u_0}{\mathrm{d}\Delta f}\bigg|_{f=0}$$
(6.2-30)

鉴频方法包括斜率鉴频法、相位鉴频法以及脉冲计数式鉴频法。

（1）斜率鉴频法

调频波振幅恒定，故无法直接用包络检波器解调。鉴于二极管峰值包络检波器线路简单、性能好，能否把包络检波器用于调频解调器中呢？显然，若能将等幅的调频信号变换成振幅也随瞬时频率变化、既调频又调幅的 FM-AM 波，就可以通过包络检波器解调此调频信号。

用此原理构成的鉴频器称为斜率鉴频器。斜率鉴频器工作原理如图 6-21 所示。

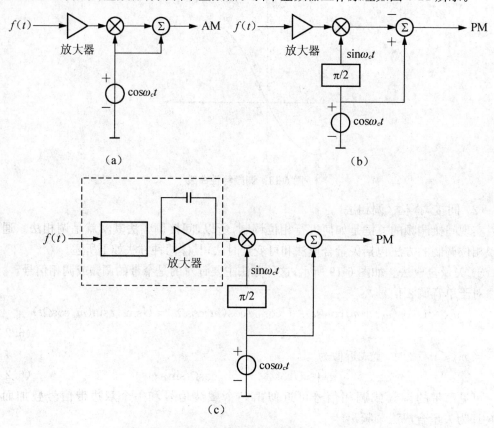

图 6-19 矢量合成法调频

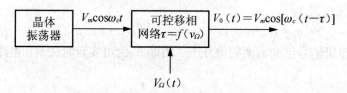

图 6-20 可变延时法调相电路的原理图

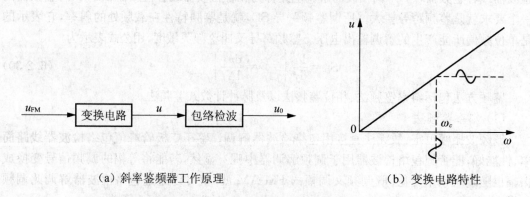

（a）斜率鉴频器工作原理　　　　　　　　　（b）变换电路特性

图 6-21 斜率鉴频器工作原理图

双失谐鉴频器的输出是取两个带通响应之差,即该鉴频器的传输特性或鉴频特性,如图6-22中的实线所示。其中虚线为两回路的谐振曲线。从图看出,可获得较好的线性响应,失真较小,灵敏度也高于单回路鉴频器。图6-23为双失谐平衡鉴频器电路及工作曲线图。

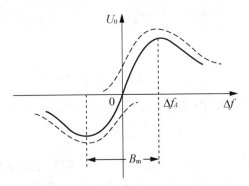

图6-22　双失谐鉴频器的鉴频特性

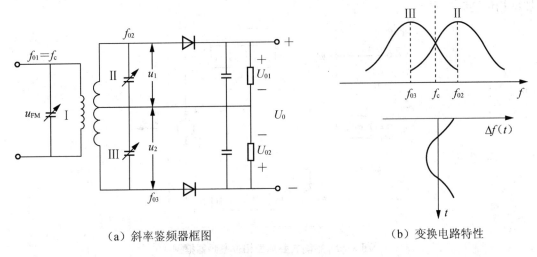

（a）斜率鉴频器框图　　　　　　　　　　（b）变换电路特性

图6-23　双失谐平衡鉴频器电路及工作曲线图

（2）相位鉴频法

相位鉴频法的原理是检出两输入信号的相位差,输出与相位差对应的输出电压。相位鉴频法的关键是相位检波器。相位检波器(鉴相器)就是用来检出两个信号之间的相位差,完成相位差-电压变换作用的电路。设输入鉴相器的两个信号分别为

$$u_1 = U_1 \cos[\omega_c t + \varphi_1(t)] \tag{6.2-31}$$

$$u_2 = U_2 \cos\left[\omega_c t - \frac{\pi}{2} + \varphi_2(t)\right] = U_2 \sin[\omega_c t + \varphi_2(t)] \tag{6.2-32}$$

同时输入到鉴相器,鉴相器的输出电压 u_0 是瞬时相位差的函数,即

$$u_0 = f[\varphi_2(t) - \varphi_1(t)] \tag{6.2-33}$$

相位检波器按工作特点可分为乘积型和叠加型两类。

① 乘积型相位鉴频法。利用乘积型鉴相器实现鉴频的方法称为乘积型相位鉴频法或

积分(Quadrature)鉴频法。在乘积型相位鉴频器中,线性相移网络通常是单谐振回路,而相位检波器为乘积型鉴相器,如图 6-24 所示。

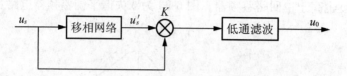

图 6-24　乘积型相位鉴频法

若乘法器的乘积因子为 K,则经过相乘器和低通滤波器后的输出电压为

$$u_0 = \frac{K}{2} U_1 U_2 \sin\left(\mathrm{arctg}\,\frac{2Q_0 F}{f_0}\right) \qquad (6.2\text{-}34)$$

② 叠加型相位鉴频法。利用叠加型鉴相器实现鉴频的方法称为叠加型相位鉴频法。

对于叠加型鉴相器,就是先将 u_1 和 u_2 相加,把两者的相位差的变化转换为合成信号的振幅变化,然后用包络检波器检出其振幅变化,从而达到鉴相的目的。图 6-25 为平衡式叠加型相位鉴频器框图。

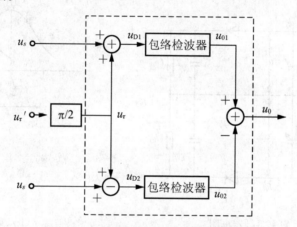

图 6-25　平衡式叠加型相位鉴频器框图

（3）脉冲计数式鉴频法

调频信号的信息载带在已调波的频率上。从某种意义上讲,信号频率就是信号电压或电流波形单位时间内过零点(或零交点)的次数。对于脉冲或数字信号,信号频率就是信号脉冲的个数。基于这种原理的鉴频器称为零交点鉴频器或脉冲计数式鉴频器。图 6-26 为脉冲计数式鉴频器原理及工作波形图。

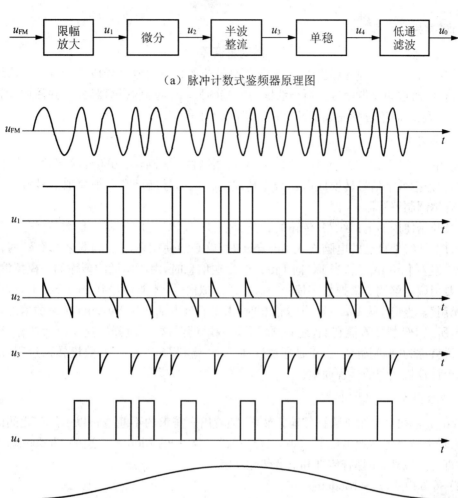

（a）脉冲计数式鉴频器原理图

（b）脉冲计数式鉴频器工作波形图

图 6-26　脉冲计数式鉴频器原理及工波形图

小　结

　　调制的目的是适应信道传输的要求从而将信号的频谱搬移到希望的频段上，同时可以提高信号传输时的抗干扰能力和传输效率。本章简要讨论模拟信号调制技术。模拟信号调制分为线性调制和非线性调制两大类。在本章中，重点介绍了线性调制技术，分为振幅调制、双边带调制、单边带调制和残留边带调制，对每种调制方式都从时域特性和频域特性两个方面进行介绍。非线性调制又称角度调制。非线性调制的已调信号的频谱结构和调制信号的有着很大不同。非线性调制主要包括调频和调相两种体制。

调制解调器

调制解调器,是一种计算机硬件,它能把计算机的数字信号翻译成可沿普通电话线传送的模拟信号,而这些模拟信号又可被线路另一端的另一个调制解调器接收,并译成计算机可懂的语言。这一简单过程完成了两台计算机间的通信。

1. 基本原理

调制解调器(Modem),其实是 Modulator(调制器)与 Demodulator(解调器)的简称,所谓调制,就是把数字信号转换成电话线上传输的模拟信号;解调,即把模拟信号转换成数字信号。合称调制解调器。

在最开始使用的电话线路,传输的是模拟信号,而 PC 之间传输的是数字信号。所以当你想通过电话线把自己的电脑连入 Internet 时,就必须使用调制解调器来"翻译"两种不同的信号。连入 Internet 后,当 PC 向 Internet 发送信息时,由于电话线传输的是模拟信号,所以必须要用调制解调器来把数字信号"翻译"成模拟信号,才能传送到 Internet 上,这个过程叫作"调制"。当 PC 从 Internet 获取信息时,由于通过电话线从 Internet 传来的信息都是模拟信号,所以 PC 想要看懂它们,还必须借助调制解调器这个"翻译",这个过程叫作"解调"。总的来说就称为"调制解调"。正是通过这样一个"调制"与"解调"的数模转换过程,从而实现了两台计算机之间的远程通信。

2. 传输模式

Modem 最初只是用于数据传输。然而,随着用户需求的不断增长以及厂商之间的激烈竞争,市场上越来越多地出现了一些"二合一"、"三合一"的 Modem。这些 Modem 除了可以进行数据传输以外,还具有传真和语音传输功能。

(1) 传真模式(Fax Modem)

通过 Modem 进行传真,除省下一台专用传真的费用外,好处还有很多:可以直接把计算机内的文件传真到对方的计算机或传真机,而无须先把文件打印出来;可以对接收到的传真方便地进行保存或编辑;可以克服普通传真机由于使用热敏纸而造成字迹逐渐消退的问题;由于 Modem 使用了纠错的技术,传真质量比普通传真机要好,尤其是对于图形的传真更是如此。Fax Modem 大多遵循 V.29 和 V.17 传真协议。其中 V.29 支持 9600bps 传真速率,而 V.17 则可支持 14400bps 的传真速率。

(2) 语音模式(Voice Modem)

语音模式主要提供了电话录音留言和全双工免提通话功能,真正使电话与电脑融为一体。这里,主要是一种新的语音传输模式—DSVD(Digital Simultaneous Voice and Data)。DSVD 通过采用 Digi Talk 的数字式语音与数据同传技术,使 Modem 可以在普通电话线上一边进行数据传输一边进行通话。

DSVD Modem 保留了 8KB 的带宽(也有的 Modem 保留 8.5KB 的带宽)用于语音传送,其余的带宽则用于数据传输。语音在传输前会先进行压缩,然后与需要传送的数据综合在一起,通过电话载波传送到对方用户。在接收端,Modem 先把语音与数据分离开来,再把语音信号进行解压和数/模转换,从而实现的数据/语音的同传。DSVD Modem 在远程教学、协同工作、网络游戏等方面有着广泛的应用前景。由于 DSVD Modem 的价格比普通的 Voice Modem 要贵,而且要实现数据/语音同传功能能时,需要对方也使用 DSVD Modem,从而在一定程度上阻碍了 DSVD Modem 的普及。

习 题

1. 设一个载波的表达式为 $c(t)=5\cos(1000\pi t)$,基带调制信号的表达式为 $m(t)=1+\cos(200\pi t)$,试求出振幅调制时已调信号的频谱。

2. 在上题中,已调信号的载波分量和各边带分量的振幅分别等于多少?

3. 设一个频率调制信号的载频等于 10kHz,基带调制信号是频率为 2kHz 的单一正弦波,调制频移等于 5kHz。试求其调制指数和已调信号带宽。

4. 设一个角度调制信号的表达式为 $s(t)=10\cos(2\times10^6\pi t+10\cos2000\pi t)$,试求已调信号的最大频移。

5. 调制的目的是什么?

6. 为什么角度调制信号在随参信道传输中,不会因信号振幅的改变而使信息受到损失?

第**7**章

数字通信技术

学习目标

(1) 了解模拟信号抽样的原理。

(2) 掌握数字基带信号概念及性质,并熟悉几种常用码型。

(3) 掌握二进制码的编码方法。

(4) 熟悉抽样信号编码原理。

知 识 结 构

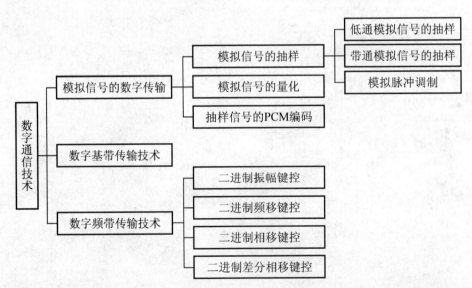

现代通信系统中,数字调制技术越来越广泛,现有的通信系统都在由模拟方式向数字方式过渡。数字通信技术采用数字技术进行加密和差错控制,便于集成,因此数字通信具有模拟通信不可比拟的优势。

案例一

利用电传打字机进行通信时传输的信号就是数字信号"0"、"1"的组合。而传送数据时,以原封不动的形式,把信号送入线路进行传输。这种传输不需要调制解调器,设备花费小,适合短距离的数据传输。在计算机的内部通信,也是将数字信号直接放入传输线路中传输,如图1所示。而局域网中一般都采用基带同轴电缆作传输介质。这种传输的方式其实就是基带传输。

图1　数字信号传输线路

案例二

伴随国标的建立和推广，我国地面数字电视相关产业也逐步完善。数字电视是一个从节目采集、节目制作、节目传输直到用户端都以数字方式处理信号的端到端的系统，如图2所示。目前，标准的广播式和"交互式"数字电视，采用先进用户管理技术能将节目内容的质量和数量做得尽善尽美，并为用户带来更多的节目选择和更好的节目质量效果，数字电视系统可以传送多种业务，如高清晰度电视、标准清晰度电视、互动电视、BSV液晶拼接及数据业务等。与模拟电视相比，数字电视具有图像质量高、节目容量大（是模拟电视传输通道节目容量的10倍以上）和伴音效果好的特点。

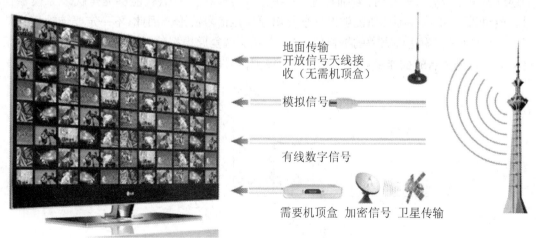

图2　数字电视组成图

在通信技术发展过程中,数字通信技术以其自身的优越性和便捷性,得到了快速的发展。在通信过程中,要考虑各种因素可能对通信造成的影响。由于数字通信技术的优越性和其应用的迅速发展,模拟调制目前在长距离传输中的应用日渐减少。在日常生活中,大部分的模拟信号是在数字系统中传输,实现方式则是在发送端将将模拟信号数字化。数字信号有基带传输和频带传输两种传输方式。基带数字信号在传输前需要经过码元变换等处理才能用于信号传输,达到使信号的特性和信道的特性相匹配的目的。频带传输是将基带信号的频谱搬移到适合传输的频带上,并提高信号的抗干扰能力。

7.1 模拟信号的数字传输

通信系统的信源可以分为模拟信号和数字信号两大类。若输入是模拟信号,则在数字通信系统的信源编码部分需对输入模拟信号进行"模/数"变换,将模拟输入信号变为数字信号。模/数变换基本包括 3 个步骤:抽样、量化和编码。这里,最基本和最常用的编码方法是脉冲编码调制 PCM (Pulse Code Modulation),它将量化后的输入信号变成二进制码元。编码方法直接和系统的传输效率有关,为了提高传输效率,常常将这种 PCM 信号做进一步的压缩编码。

7.1.1 模拟信号的抽样

1. 低通模拟信号的抽样

模拟信号通常是在时间上连续的信号。在一系列离散点上,对这种连续的信号抽取样值称为抽样,如图 7-1 所示。图中 $s(t)$ 是一个模拟信号,在等时间间隔 T 上,对它抽取样值。在理论上,抽样过程可以看作周期性单位冲激脉冲和此模拟信号相乘。在实际应用中,则是用很窄的周期性脉冲代替冲激脉冲与模拟信号相乘。理论上,抽样结果得到的是一系列周期性的冲激脉冲,其面积和模拟信号的取值成正比。冲激脉冲在图 7-1 中用一些箭头表示。抽样所得离散冲激脉冲显然和原始连续模拟信号形状不一样。可以证明,对一个带宽有限的连续模拟信号进行抽样时,若抽样速率足够大,则这些抽样值就能够完全代表原模拟信号。换句话说,由这些抽样值能够准确恢复出原模拟信号波形。因此,不一定要传输模拟信号本身,可以只传输这些离散的抽样值,接收端就能恢复原模拟信号。描述这一抽样速率条件的定理就是著名的抽样定理。抽样定理为模拟信号的数字化奠定了理论基础。

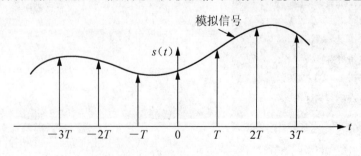

图 7-1　模拟信号的抽样

抽样定理指出：若一个连续模拟信号 $s(t)$ 的最高频率小于 f_H，则以间隔时间为 $T \leqslant 1/2f_H$ 的周期性冲激脉冲对其抽样，$s(t)$ 将被这些抽样值所完全确定。由于抽样时间间隔相等，所以此定理又称均匀抽样定理。

现在我们就来证明这个定理。设有一个最高频率小于 f_H 的信号 $s(t)$，如图 7-2(a) 所示。将这个信号和周期性单位冲激脉冲 $\delta_T(t)$ 相乘。$\delta_T(t)$ 如图 7-2(c) 所示，其重复周期为 T，重复频率为 $f_s = 1/T$。乘积就是抽样信号，它是一系列间隔为 T 秒的强度不等的冲激脉冲，如图 7-2(e) 所示。这些冲激脉冲的强度等于相应时刻上信号的抽样值。

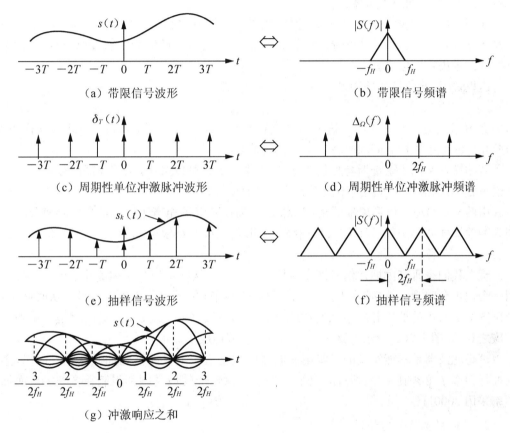

（a）带限信号波形　　　　　　　　　　（b）带限信号频谱

（c）周期性单位冲激脉冲波形　　　　　（d）周期性单位冲激脉冲频谱

（e）抽样信号波形　　　　　　　　　　（f）抽样信号频谱

（g）冲激响应之和

图 7-2　抽样过程

现用 $s_k(t) = \sum s(kT)$ 表示此抽样信号序列。故有

$$S_k(t) = s(t)\delta_T(t) \tag{7.1-1}$$

现在令 $s(t)$、$\delta_T(t)$ 和 $s_k(t)$ 的频谱分别用 $S(f)$、$\Delta_\Omega(f)$ 和 $S_k(f)$ 表示。按照傅里叶变换理论中的频率卷积定理，$s(t)\delta_T(t)$ 的傅里叶变换等于 $S(f)$ 和 $\Delta_\Omega(t)$ 的卷积。因此，$s_k(t)$ 傅里叶变换 $S_k(f)$ 可以写为

$$S_k(f) = S(f) \times \Delta_\Omega(f) \tag{7.1-2}$$

而 $\Delta_\Omega(f)$ 是周期性单位冲激脉冲的频谱，它可以求出为

$$\Delta_\Omega(f) = \frac{1}{T} \sum_{n=-\infty}^{\infty} \delta(f - nf_s) \tag{7.1-3}$$

式中：$f_s = 1/T$。此频谱如图 7-2(d) 所示。

将式 (7.1-3) 代入式 (7.1-2)，得到

$$S_k(f) = \frac{1}{T}\Big[S(f) \times \sum_{n=-\infty}^{\infty} \delta(f - nf_s)\Big] = \frac{1}{T}\sum_{n=-\infty}^{\infty} S(f - nf_s) \qquad (7.1\text{-}4)$$

上式表明，由于 $S(f - nf_s)$ 是信号频谱 $S(f)$ 在频率轴上平移了 nf_s 的结果，所以抽样信号的频谱 $S_k(f)$ 是无数频率间隔为 f_s 的原信号频谱 $S(f)$ 相叠加而成。因为已经假设信号 $s(t)$ 的最高频率小于 f_H，所以若式 (7.1-4) 中的频率间隔 $f_s \geqslant 2f_H$，则 $S_k(f)$ 中包含的每个原信号频谱 $S(f)$ 之间互不重叠。

在图 7-2 (f) 中画出了当 $f_s = 2f_H$ 时的频谱。这样就能够从 $S_k(f)$ 中分离出信号 $s(t)$ 的频谱 $S(f)$，并能够容易地从 $S(f)$ 得到 $s(t)$。也就是能从抽样信号中恢复原信号，或者说能由抽样信号决定原信号。

这里，恢复原信号的条件是

$$f_s \geqslant 2f_H \qquad (7.1\text{-}5)$$

即抽样频率 f_s 应不小于 $2f_H$。这一最低抽样频率 $2f_H$ 称为奈奎斯特 (Nyquist) 抽样速率。与此相应的最小抽样时间间隔称为奈奎斯特抽样间隔。

若抽样频率低于奈奎斯特抽样速率，则由图 7-2(f) 可以看出，相邻周期的频谱间将发生频谱重叠（又称混叠），并因此不能正确分离出原信号频谱 $S(f)$。

由图 7-2(f) 还可以形象地看出，在频域上，抽样的效果相当于把原信号的频谱分别平移到周期性抽样冲激函数 $\delta_T(t)$ 的每根谱线上，即以 $\delta_T(t)$ 的每根谱线为中心，把原信号频谱的正负两部分平移到其两侧。

现在我们来研究由抽样信号恢复原信号的方法。从图 7-2(f) 可以看出，当 $f_s \geqslant 2f_H$ 时，用一个截止频率为 f_H 的理想低通滤波器就能够从抽样信号中分离出原信号。从时域中看，当用图 7-2(e) 中的抽样脉冲序列通过此理想低通滤波器时，滤波器的输出就是一系列冲激响应之和，如图 7-2(g) 所示。这些冲激响应之和就构成了原信号。

理想滤波器是不能实现的。实用滤波器的截止边缘不可能做到如此陡峭。所以，实用的抽样频率 f_s 必须比 $2f_H$ 大许多。例如，典型电话信号的最高频率限制在 3400Hz，而抽样频率采用 8000Hz。

2. 带通模拟信号的抽样

上文讨论了低通模拟信号的抽样。低通信号的最高频率限制在小于 f_H。现在我们来考虑带通模拟信号的抽样。带通信号的频带限制在 f_L 和 f_H 之间，即其频谱低端截止频率明显大于 0。这时所需要的抽样频率不必大于 $2f_H$，但须大于 $2B$。若抽样频率低于 $2B$，各个边带的频谱就会发生混叠，因而不能恢复原信号。

在分析上面特例的基础上，现在来分析一般情况。设带通模拟信号 $s(t)$ 的频谱为 $S(f)$，其最高频率 f_H 不必为带宽的整数倍。令最高频率表示为：

$$f_H = nB + kB \quad (0 < k < 1) \qquad (7.1\text{-}6)$$

式中：n 为小于 f_H/B 的最大整数，所以必然有 $n \geqslant 1$。

图 7-3 给出一个 $n = 5$ 的例子。选取抽样频率 f_s 的原则仍然是使抽样信号的各边带频谱不发生混叠。此时，若仍选取抽样频率 f_s 略大于 $2B$，如图 7-3(b) 所示，则抽样信号的正负

两部分频谱将发生混叠,如图 7-3(c)所示。

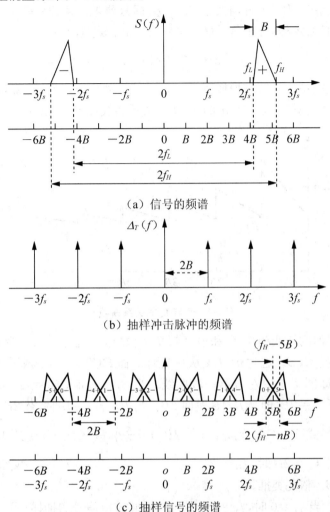

（a）信号的频谱

（b）抽样冲击脉冲的频谱

（c）抽样信号的频谱

图 7-3　带通信号的抽样($f_H \neq nB$ 时)

由图 7-3(b)可见,此时频谱混叠部分的宽度等于 $2(f_H - nB)$。现在给出的例子中原信号频谱的位置决定了 $n=5$,即原信号频谱高端位置限制在大于 $5B$ 带宽,并小于 $6B$。为了得到无混叠的频谱,与图 7-3(c)相比可以看出,要求现在的边带"5−"向右平移 $2(f_H - 5B)$ 即可。而"5−"是抽样冲激的频谱中频率等于 $5f_s$ 的谱线的边带。现在的谱线 $5f_s$ 的频率等于 $5 \times 2B$。所以,为了无混叠,需使此谱线的频率增大 $2(f_H - 5B)$,即需要使

$$5f_s = 5 \times 2B + 2(f_H - 5B) \tag{7.1-7}$$

由此推论到一般情况,若原信号的频谱位置不是 $n=5$,则可以将上式中的 5 用 n 代替,得到

$$nf_s = n \times 2B + 2(f_H - nB) \tag{7.1-8}$$

或

$$f_s = 2B + 2(f_H - nB)/n \tag{7.1-9}$$

上式就是无混叠所要求的抽样频率 f_s 和原信号宽带关系的公式。当原信号最高频率是带宽的整数倍时，$f_H - nB = 0$；此时要求 $f_s = 2B$，即只要求抽样频率等于带通信号带宽的 2 倍，而不是像低通信号那样，等于信号最高频率的 2 倍。式(7.1-8)可以改写为

$$f_s = 2B + \frac{2k}{n}B = 2B\left(1 + \frac{k}{n}\right) \tag{7.1-10}$$

上式就是带通模拟信号所需抽样频率 f_s 的公式。式中：B 为信号带宽；n 为小于 f_H/B 的最大整数，$0 < k < 1$。按照上式画出的 f_s 和 f_L 关系曲线如图 7-4 所示。

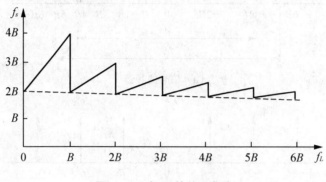

图 7-4　f_s 与 f_L 的关系曲线

由于原信号频谱的最低频率 f_L 和最高频率 f_H 之差永远等于信号带宽 B，所以当 $0 \leq f_L < B$ 时，有 $B \leq f_H < 2B$。这时 $n = 1, k$ 从 0 变到 1，而式(7.1-10)变成了 $f_s = 2B(1+k)$，故 f_s 从 $2B$ 变到 $4B$，即图 7-4 中左边第一段曲线。当 $f_L = B$ 时，$f_H = 2B$，这时 $n = 2, k = 0$，式(7.1-10)变成了 $f_s = 2B$，即 f_s 从 $4B$ 跳回 $2B$。当 $B \leq f_L < 2B$ 时，有 $2B \leq f_H < 3B$。这时 $n = 2, k$ 从 0 变到 1，式(7.1-10)变成了 $f_s = 2B\left(1 + \frac{k}{2}\right)$，故 f_s 从 $2B$ 变到 $3B$，即图 7-4 中左边第二段曲线。当 $f_L = 2B$ 时，$f_H = 3B$，这时 $n = 3, k = 0$，式(7.1-10)又变成了 $f_s = 2B$，即 f_s 从 $3B$ 又跳回 $2B$。依此类推。

由图 7-4 可知，当 $f_L = 0$ 时，$f_s = 2B$，即为对低通模拟信号的抽样；当 f_L 很大时，f_s 趋近于 $2B$。f_L 很大意味着这个信号是一个窄带信号。许多无线电信号，例如在无线电接收机的高频和中频系统中的信号，都是这种窄带信号。所以对于这种信号抽样，无论 f_H 是否为 B 的整数倍，在理论上都可以近似地将 f_s 取为 $2B$。此外，顺便指出，对于频带受限的广义平稳随机信号，上述抽样定理也同样适用。

必须指出，图 7-4 中的曲线表示要求的最小抽样频率 f_s，但是这并不意味着用任何大于该值的频率抽样都能保证频谱不混叠。

3. 模拟脉冲调制

在上面讨论抽样定理时，我们用冲激函数进行抽样，如图 7-2 所示。但是实际的抽样脉冲的宽度和高度都是有限的。这样抽样时抽样定理仍然正确。从另一个角度看，可以把周期性脉冲序列看作非正弦载波，而抽样过程可以看作用模拟信号(图 7-5(a))对它进行振幅调制。这种调制称为脉冲振幅调制 PAM（Pulse Amplitude Modulation），如图 7-5(b)所示。我们知道，一个周期性脉冲序列有 4 个变量：脉冲重复周期、脉冲振幅、脉冲宽度及脉冲

相位(位置)。其中脉冲重复周期即抽样周期,其值一般由抽样定理决定,故只有其他3个参量可以受调制。因此,可以将 PAM 信号的振幅变化按比例地变换成脉冲宽度的变化,得到脉冲宽度调制 PDM (Pulse Duration Modulation),如图 7-5(c)所示。或者,变换成脉冲相位(位置)的变化,得到脉冲位置调制 PPM(Pulse Position Modulation),如图 7-5(d)所示。这些种类的调制,虽然在时间上都是离散的,但是仍然是模拟调制,因为其代表信息的参量仍然是可以连续变化的。这些已调信号当然也属于模拟信号。为了将模拟信号变成数字信号,必须采用量化的办法。下面就将讨论抽样信号的量化。

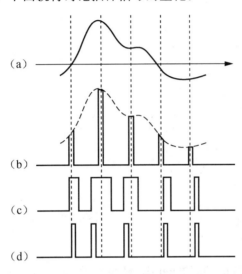

图 7-5　模拟脉冲调制

基带信号,(b)PAM 信号,(c)PDM 信号,(d)PPM 信号

7.1.2　抽样信号的量化

　　模拟信号数字化的过程包括3个主要步骤,即抽样、量化和编码。模拟信号抽样后变成在时间上离散的信号,但仍然是模拟信号。这个抽样信号必须经过量化后才成为数字信号。本小节讨论模拟信号的量化。

　　设模拟信号的抽样值为:$s(kT)$,其中 T 是抽样周期,k 是整数。此抽样值仍然是一个取值连续的变量,即它可以有无数个可能的连续取值。若我们仅用 N 位二进制数字码元来代表此抽样值的大小,则 N 位二进制码元只能代表 $M=2^N$ 个不同的抽样值。因此,必须将抽样值的范围划分成 M 区间,每个区间用一个电平表示。这样,共有 M 个离散电平,称为量化电平。用这 M 个量化电平表示连续抽样值的方法称为量化。在图 7-6 中给出了一个量化过程的例子。图中,$s(kT)$ 表示一个量化器输入模拟信号的抽样值,$s_q(kt)$ 表示此量化器输出信号的量化值,$q_1 \sim q_7$ 是量化后信号的 7 个可能输出电平,$m_1 \sim m_6$ 为量化区间的端点。这样,有

$$s_q(kt) = q_i, \quad m_{i-1} \leqslant s(kT) < m_i \tag{7.1-11}$$

　　按照上式作变换,就可以把模拟抽样信号 $s(kT)$ 变换成量化后的离散抽样信号,即量化信号。在图 7-6 中 M 个抽样值区间是等间隔划分的,称为均匀量化。M 个抽样值区间也可

以不均匀划分,称为非均匀量化。下面将分别讨论这两种量化方法。

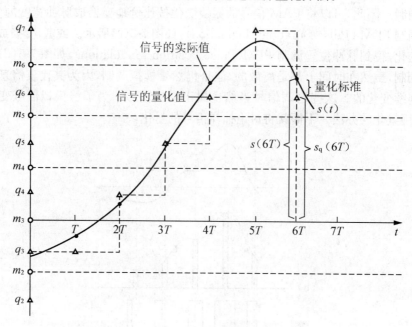

图 7-6　抽样信号的量化

1. 均匀量化

在均匀量化时,设模拟抽样信号的取值范围为 $a \sim b$,量化电平数为 M,则在均匀量化时的量化间隔为

$$\Delta v = (b-a)/M \tag{7.1-12}$$

且量化区间的端点

$$m_i = a + i\Delta v \tag{7.1-13}$$

若量化输出电平 q_i,取为量化间隔的中点,则

$$q_i = \frac{(m_i + m_{i-1})}{2} \quad (i=1,2,\cdots,M) \tag{7.1-14}$$

显然,量化输出电平和量化前信号的抽样值不同,即量化输出电平有误差。这个误差通常称为量化噪声,并用信号功率与量化噪声之比(简称信号量噪比)衡量此误差对信号影响的大小。对于给定的信号最大幅度,量化电平数越多,量化噪声越小,信号量噪比越高。信号量噪比是量化器的主要指标之一。下面将对均匀量化时的平均信号量噪比做定量分析。

在均匀量化时,量化噪声功率的平均值 N_q 可以用下式表示。

$$N_q = E\left[(s_k - s_q)^2\right] = \int_a^b (s_k - s_q)^2 f(s_k)\mathrm{d}s_k = \sum_{i=1}^M \int_{m_{i-1}}^{m_i} (s_k - s_q)^2 f(s_k)\mathrm{d}s_k$$

$$\tag{7.1-15}$$

式中:s_k 为信号的抽样值,即 $s(kT)$;s_q 为量化信号值,即 $s_q(kT)$;$f(s_k)$ 为信号抽样值 s_k 的概率密度;E 表示求统计平均值;M 为量化电平数;$m_i = a + i\Delta v$;$q_i = a + i\Delta v - \dfrac{\Delta v}{2}$

信号 s_k 的平均功率可以表示为

$$S = E(s_k^2) = \int_a^b s_k^2 f(s_k) \mathrm{d}s_k \tag{7.1-16}$$

若已知信号 s_k 的功率谱密度函数，则由上两式可以计算出此平均信号量噪比。

设一个均匀量化器的量化电平数为 M，其输入信号抽样值在区间 $[-a, a]$ 内具有均匀的概率密度。试求该量化器的平均信号量噪比。

由式 (7.1-14) 得到

$$N_q = \sum_{i=1}^{M} \int_{m_{i-1}}^{m_i} (s_k - q_i)^2 f(s_k) \mathrm{d}s_k = \sum_{i=1}^{M} \int_{m_{i-1}}^{m_i} (s_k - q_i)^2 \left(\frac{1}{2a}\right) \mathrm{d}s_k$$

$$= \sum_{i=1}^{M} \int_{-a+(i-1)\Delta v}^{-a+i\Delta v} \left(s_k + a - i\Delta v + \frac{\Delta v}{2}\right)^2 \left(\frac{1}{2a}\right) \mathrm{d}s_k$$

$$= \sum_{i=1}^{M} \left(\frac{1}{2a}\right)\left(\frac{\Delta v^2}{12}\right)$$

$$= \frac{M(\Delta v)^3}{24}$$

因为
$$M\Delta v = 2a,\text{所以有}$$

$$N_q = \frac{(\Delta v)^2}{12} \tag{7.1-17}$$

另外，由式 (7.1-16) 得到信号功率

$$S = \int_{-a}^{a} s_k^2 \left(\frac{1}{2a}\right) \mathrm{d}s_k = \frac{M^2}{12}(\Delta v)^2 \tag{7.1-18}$$

故平均信号量噪比为

$$S/N_q = M^2 \tag{7.1-19}$$

或写成
$$(S/N_q)_{\mathrm{dB}} = 20\log M \tag{7.1-20}$$

由上式可以看出，量化器的平均输出信号量噪比随量化电平数 M(dB) 的增大而增大。

在实际应用中，量化器设计好后，量化电平数 M 和量化间隔 Δv 都是确定的。所以，由式 (7.1-17) 可知，量化噪声 N_q 也是确定的。但是，信号的强度可能随时间变化，像语音信号就是这样。当信号小时，信号量噪比也就很小。所以，这种均匀量化器对于小输入信号很不利。为了克服这个缺点，以改善小信号时的信号量噪比，在实际应用中常采用下节将要讨论的非均匀量化。

2. 非均匀量化

在非均匀量化时，量化间隔是随信号抽样值的不同而变化的。信号抽样值小时，量化间隔 Δu 也小；信号抽样值大时，量化间隔 Δv 也大。实际中，非均匀量化的方法通常是先将信号的抽样值压缩，再进行均匀量化而实现的。

这里的压缩是用一个非线性电路将输入电压 x 变换成输出电压 y

$$y = f(x) \tag{7.1-21}$$

如图 7-7 所示，图中纵坐标 y 是均匀刻度的，横坐标，是非均匀刻度的。所以输入电压 x 越小，量化间隔也就越小。也就是说，小信号的量化误差也小，从而使信号量噪比有可能不致变坏。下面将就这个问题做定量分析。

在图 7-7 中,当量化区间划分得很多时,在每一量化区间内压缩特性曲线可以近似看作一段直线。

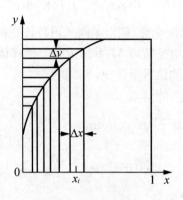

图 7-7 压缩特性

因此,该直线的斜率可以写为

$$\frac{\Delta y}{\Delta x}=\mathrm{d}y/\mathrm{d}x=y' \tag{7.1-22}$$

并且有

$$\Delta x=(\mathrm{d}x/\mathrm{d}y)\Delta y \tag{7.1-23}$$

设此压缩器的输入和输出电压范围都限制在 0～1 之间,且纵坐标 y 在 0～1 之间均匀划分成 N 个量化区间,则每个量化区间的间隔为

$$\Delta y=1/N \tag{7.1-24}$$

将其代入式(7.1-23),得到

$$\Delta x=(\mathrm{d}x/\mathrm{d}y)\Delta y=\frac{1}{N}(\mathrm{d}x/\mathrm{d}y) \tag{7.1-25}$$

故

$$\mathrm{d}x/\mathrm{d}y=N\Delta x \tag{7.1-26}$$

为了对不同的信号强度保持信号量噪比恒定,当输入电压 x 减小时,应当使量化间隔 Δx 按比例地减小,即要求 $\Delta x\propto x$。

因此式(7.1-26)可以写成 $\dfrac{\mathrm{d}x}{\mathrm{d}y}\propto x$

或

$$\frac{\mathrm{d}x}{\mathrm{d}y}=kx \tag{7.1-27}$$

式中:k 为比例常数。

式(7.1-27)是一个线性微分,其解为

$$\ln x=ky+c \tag{7.1-28}$$

为了求出常数 c,将边界条件(当 $x=1$ 时,$y=1$)代入上式,得到 $k+c=0$,即求得

$$c=-k$$

将 c 值代入式(7.1-28),得到

$$\ln x=ky-k \tag{7.1-29}$$

即

$$y=1+\frac{1}{k}\ln x \tag{7.1-30}$$

由上式看出,为了对不同的信号强度保持信号量噪比恒定,在理论上要求压缩特性为对数特性,即 $f(x)$ 是一个对数函数。至于这个对数函数的具体形式,按照实际情况的不同要求,还要做适当修正。

关于电话信号的对数压缩律,国际电信联盟(ITU)制订了两种建议,即 A 压缩律和 μ 压缩律,以及相应的近似算法—13 折线法和 15 折线法。我国和欧洲各国,以及国际互联时采用 A 压缩律及相应的 13 折线法,北美、日本和韩国等少数国家和地区采用 μ 压缩律及 15 折线法。

7.1.3 抽样信号的 PCM 编码

1. 脉冲编码调制(PCM)的基本原理

量化后的信号,已经是取值离散的数字信号。下一步的问题是如何将这个数字信号编码。最常用的编码是用二进制符号表示此离散数值,例如"0"和"1"。通常把从模拟信号抽样、量化直到变换成为二进制符号的基本过程,称为脉冲编码调制 PCM (Pulse Code Modulation),简称脉码调制。

在图 7-8 中给出一个例子。图 7-8 中,在时刻 $T,2T,3T,\cdots,6T$ 上,模拟信号的抽样值为 3.15,3.96,5.00,6.38,6.80 和 6.42;抽样值量化后变为 3,4,5,6,7 和 6;在变换成二进制符号后,分别是 011,100,101,110,111 和 110。

脉码调制是将模拟信号变换成二进制信号的基本和常用方法。它不仅用于通信领域,还广泛应用于计算机、遥感遥测、数字仪表、广播电视等许多领域。在这些领域中,有时将其称为"模拟/数字(A/D)变换"。在通信技术中,20 世纪 40 年代就已经实现了这种编码技术。由于当时是从信号调制的观点研究这种技术的,所以称为脉码调制。在后来的计算机等领域用于处理数据时,则将其称为 A/D 变换。实质上,脉码调制和 A/D 变换是一回事。

综上所述,PCM 系统的原理方框图可以画成如图 7-9 所示。图中抽样器用冲激函数(脉冲)对模拟信号抽样,得到在抽样时刻上的信号抽样值。这个抽样值仍是模拟量。在量化之前,通常用保持电路将其做短暂保存,以便电路有时间对其进行量化。在实际电路中,常把抽样和保持电路做在一起,称为抽样保持电路。图中的量化器把模拟抽样信号变成离散的数字量,然后在编码器中进行二进制编码。

这样,每个二进制码组就代表一个量化后的信号抽样值。这个二进制码组,可以用不同类型的电压波形表示,在下一节中将做讨论。图中解码器的原理和编码过程相反,这里不再赘述。

2. PCM 系统的量化噪声

为简单起见,我们这里仅讨论均匀量化时 PCM 系统的量化噪声。在 7.1.2 节中,已求出均匀量化器的输出信号量噪比为

$$S/N_q=M^2 \tag{7.1-31}$$

对于 PCM 系统,解码器中具有这个信号量噪比的信号还要通过低通滤波器,然后输出。由于这个比值是按均匀量化器中的抽样值计算出来的,它与波形无关。所以,在低通滤波后这个比值不变。当用 N 位二进制码进行编码时,上式可以写为

$$S/N_q = 2^{2N} \tag{7.1-32}$$

式(7.1-32)表示,PCM 系统的输出信号量噪比仅和编码位数 N 有关,且随 N 按指数规律增大。另一方面,对于一个频带限制在 f_H 的低通信号,按照抽样定理,要求抽样速率不低于每秒 $2f_H$ 次。对于 PCM 系统,这相当于要求传输速率至少为 $2NfH$(bps)。故要求至少系统带宽 $B = Nf_H$,即 $N = B/f_H$,将其代入式(7.1-32),得到

$$S/N_q = 2^{2(B/f_H)} \tag{7.1-33}$$

式(7.1-33)表明,PCM 系统的输出信号量噪比随系统的带宽 B 按指数规律增长。

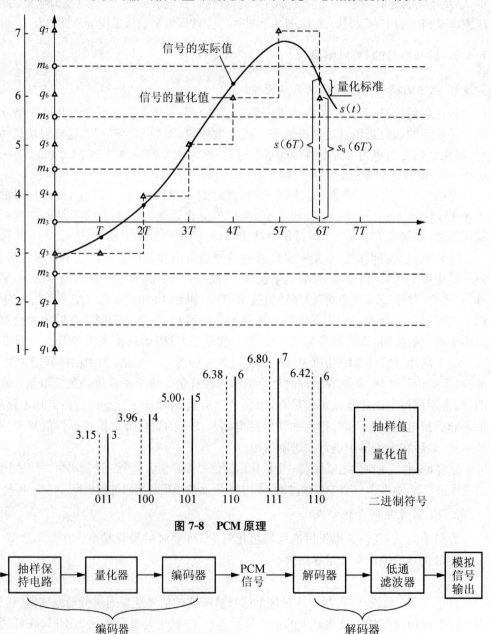

图 7-8 PCM 原理

图 7-9 PCM 系统的原理方框图

7.2　数字基带传输技术

未经调制的信号通称基带信号。在数字通信系统中,如何用二进制符号表示数字信号,有不同的方法。另外,无论数字信源信号,还是模拟输入信号经过编码形成的数字信号,一般说来都不一定适合信号传输。为此,常常需要对编码的信号在传输前采用不同的传输波形和码型上进行各种处理,将编码后的消息变成适合传输的线路码型。

7.2.1　数字基带信号的常用码型

为了在传输信道中获得优良的传输特性,一般要将码元信号变为适于信道传输的传输码(又叫线路码),即进行适当的码型变换。

传输码型的选择,主要考虑以下几点。

(1) 码型中低频、高频分量尽量少。

(2) 码型中应包含定时信息,以便定时提取。

(3) 码型变换设备要简单可靠。

(4) 码型具有一定检错能力,若传输码型有一定的规律性,则可根据这一规律性来检测传输质量,以便做到自动监测。

(5) 编码方案对发送消息类型不应有任何限制,适于所有的二进制信号。这种与信源的统计特性无关的特性称为对信源具有透明性。

(6) 低误码增殖。

(7) 高编码效率。

下面介绍几种常用的传输编码。数字基带信号码型如图 7-10 所示。

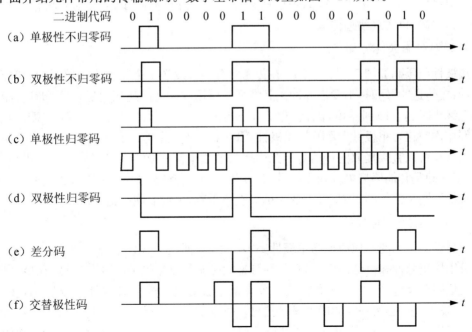

图 7-10　数字基带信号码型

1. 单极性不归零(NRZ)码

单极性不归零码如图 7-10(a)所示。此方式中"1"和"0"分别对应正电平和零电平,或负电平和零电平。在表示一个码元时,电压均无须回到零,故称不归零码,它有如下特点。

(1) 发送能量大,有利于提高接收端信噪比。

(2) 在信道上占用频带较窄。

(3) 有直流分量,将导致信号的失真与畸变;且由于直流分量的存在,无法使用一些交流耦合的线路和设备。

(4) 不能直接提取位同步信息。

(5) 接收单极性 NRZ 码的判决电平应取"1"码电平的一半。由于信道衰减或特性随各种因素变化时,接收波形的振幅和宽度容易变化,因而判决门限不能稳定在最佳电平上,抗噪性能变坏。由于单极性 NRZ 码的缺点,基带数字信号传输中很少采用这种码型,它只适合极短距离传输。

2. 双极性不归零(NRZ)码

双极性不归零码如图 7-10(b)所示。在此编码中,"1"和"0"分别对应正、负电平。除与单极性 NRZ 码(1)(2)(4)相同的特点外,它还有以下特点。

(1) 从统计平均的角度来看,"1"和"0"数目各占一半时无直流分量,当"1"和"0"出现概率不相等时,仍有直流成分。

(2) 接收端判决门限为 0,容易设置并且稳定,因此抗干扰能力强。

(3) 可以在电缆等无接地线上传输。

由于以上特点,过去有时把它作为线路码来用。近年来,随着 100 M(bps)高速网络技术的发展,双极性 NRZ 码的优点(特别是信号传输带宽窄)受到人们关注,并成为主流编码技术。但在使用时,为解决提取同步信息和含有直流分量的问题,先要对双极性 NRZ 码进行一次预编码,再实现物理传输。

3. 单极性归零(RZ)码

单极性归零码如图 7-10(c)所示,在传送"1"码时,发送 1 个宽度小于码元持续时间的归零脉冲;在传送"0"码时,不发送脉冲。其特征是所用脉冲宽度比码元宽度窄,即还没有到一个码元终止时刻就回到零值,因此,称为单极性归零码。脉冲宽度 τ 与码元宽度 T_b 之比 τ/T_b 叫作占空比。单极性 RZ 码与单极性 NRZ 码相比,除仍具有单极性码的一般缺点外,主要优点是可以直接提取同步信号。此优点虽不意味着单极性归零码能广泛应用到传输信道上,但它却是其他码型提取同步信号需采用的一个过渡码型。即它是适合信道传输的,不能直接提取同步信号的码型,可先变为单极性归零码,再提取同步信号。

4. 双极性归零(RZ)码

双极性归零码的构成原理与单极性归零码相同,如图 7-10(d)所示。"1"和"0"在传输线路上分别用正脉冲和负脉冲表示,且相邻脉冲间必有零电平区域存在。因此,在接收端根据接收波形归于零电平这一特征便知道 1 比特信息已接收完毕,可准备下一比特信息的接收。所以,在发送端不必按一定的周期发送信息。可以认为正负脉冲前沿起了启动信号的作用,后沿起了终止信号的作用,因此,可以经常保持正确的比特同步。即收发之间无须特别定时,且各符号独立地构成起止方式,此方式也叫自同步方式。此外,双极性归零码也具有双极性不归零码抗干扰能力强及码中不含直流成分的优点,得到了比较广泛的应用。

5. 差分码

差分码是利用前后码元电平的相对极性来传送信息的,是一种相对码。"0"差分码利用前后相邻码元电平极性改变表示"0",不变表示"1";而"1"差分码则是利用前后相邻码元极性改变表示"1",不变表示"0",如图 7-10(e)所示。这种方式的特点是,即使接收端收到的码元极性与发送端完全相反,也能正确地进行判决。上面所述的 NRZ 码、RZ 码及差分码都是最基本的二元码。

6. 交替极性(AMI)码

AMI 码是交替极性码。这种码名称较多,如双极方式码、平衡对称码、信号交替反转码等。此方式是单极性方式的变形,即把单极性方式中的"0"码仍与零电平对应,而"1"码对应极性交替的正、负电平,如图 7-10(f)所示。这种码型实际上是把二进制脉冲序列变为三电平的符号序列(故叫伪三元序列),具有如下优点。

(1) 在"1"、"0"码不等概率情况下,无直流成分,且零频附近低频分量小。因此,对具有变压器或其他交流耦合的传输信道来说,不易受隔直特性影响。

(2) 若接收端收到的码元极性与发送端完全相反,也能正确判决。

(3) 只要进行全波整流就可以变为单极性码。如果交替极性码是归零的,则变为单极性归零码后就可提取同步信息。北美系列的一、二、三次群接口码均使用经扰码后的 AMI 码。

7. 三阶高密度双极性(HDB₃)码

前述 AMI 码有一个很大的缺点,即连"0"码过多时提取定时信号困难。这是因为在连"0"时 AMI 输出均为零电平,这段时间内连"0"码无法提取同步信号,而前面非连"0"码时提取的位同步信号又不能保持足够的时间。为了克服这一弊病可采取几种不同的措施,为人们广泛接受的办法是采用高密度双极性码。HDB₃ 码就是一系列高密度双极性码(HDB₁,HDB₂,HDB₃ 等)中最重要的一种。其编码原理是:先把消息变成 AMI 码,然后检查 AMI 的连"0"情况,当无 3 个以上连"0"串时,AMI 码就是 HDB₃ 码。当出现 4 个或 4 个以上连"0"时,则将每 4 个连"0"小段的第 4 个"0"变换成"1"码。这个由"0"码变换来的"1"码称为破坏脉冲(符号),用符号 V 表示;而原来的二进制码元序列中所有的"1"码称为信码,用符号 B 表示;下面的(a)、(b)、(c)分别表示一个二进制码元序列、相应的 AMI 码以及信码 B 和破坏脉冲 V 的位置。

(a) 代码: 0 1 0 0 0 0 1 1 0 0 0 0 0 0 1 0 +1 0

(b) AMI 码: 0 +1 0 0 0 0 -1 +1 0 0 0 0 0 0 -1 0 +1 0

(c) B 和 V: 0 B 0 0 0 V B B 0 0 0 V 0 B 0 B 0

(d) B′:   0 B₊ 0 0 0 V₊ B₋ B₊ B₋ 0 0 V₋ 0 B₊ 0 B₋ 0

(e) HDB₃: 0 +1 0 0 0 +1 -1 +1 -1 0 0 -1 0 +1 0 -1 0

当信码序列中加入破坏脉冲以后,信码 B 和破坏脉冲 V 的正负必须满足如下两个条件。

(1) B 码和 V 码都应始终保持极性交替变化的规律,以确保编好的码中没有直流成分。

(2) V 码必须与前一个码(信码 B)同极性,以便和正常的 AMI 码区分开来。如果这个条件得不到满足,那么应该在 4 个连"0"码的第一个"0"码位置上加一个与 V 码同极性的补信码,用符号 B′表示。此时 B 码和 B′码合起来保持条件(1)中信码极性交替变换的规律。

根据以上两个条件,在上面举的例子中假设第一个信码 B 为正脉冲,用 B+ 表示,它前面一个破坏脉冲 V 为负脉冲,用 V_ 表示。这样可以得出 B 码、B′码和 V 码的位置以及它们的极性,如(d)所示,(e)则给出了编好的 HDB₃ 码。表中+1 表示正脉冲,−1 表示负脉冲。

是否添加补信码 B′还可根据如下规律来决定:当(c)中两个 V 码间的信码 B 的数目是偶数时,应该把后面的 V 码所表示的连"0"段中第一个"0"变为 B′,其极性与前相邻 B 码相反,V 码极性作相应变化。如果两 V 码间的 B 码数目是奇数,就不要再加补信码 B′了。

在接收端译码时,由两个相邻同极性码找到 V 码,即同极性码中后面那个码就是 V 码。由 V 码向前的第 3 个码如果不是"0"码,表明它是补信码 B′。把 V 码和 B′码去掉后留下的全是信码。把它全波整流后得到的是单极性码。

HDB₃ 编码的步骤可归纳为以下几点:①从信息码流中找出四连"0",使四连"0"的最后一个"0"变为"V"(破坏码);②使两个"V"之间保持奇数个信码 B,如果不满足,则使四连"0"的第一个"0"变为补信码 B′,若满足,则无须变换;③使 B 和 B′按"+1","−1"规律交替变化,同时 V 也要按"+1","−1"规律交替变化,且要求 V 与它前面相邻的 B 或者 B′同极性。解码的步骤为:①找 V,从 HDB₃ 码中找出两个相邻同极性的码元,后一个码元必然是破坏码 V;②找 B′,V 前面第 3 位码元如果为非零,则是补信码 B′;③将 V 和 B′还原为"0",将其他码元进行全波整流,即将所有"+1","−1"均变为"1",这个变换后的码流就是原信息码。

HDB₃ 的优点是无直流成分,低频成分少,即使有长连"0"码时也能提取位同步信号。缺点是编译码电路比较复杂。HDB₃ 是 CCITT 建议欧洲系列一、二、三次群的接口码型。

7.2.2 数字基带传输系统性能

1. 数字基带传输系统框图

数字基带传输系统的基本框图如图 7-11 所示,它通常由脉冲形成器、发送滤波器、信道、接收滤波器、抽样判决器与码元再生器组成。

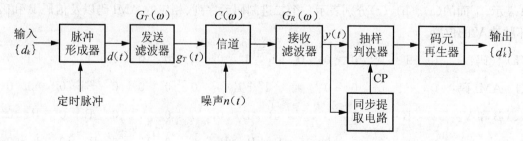

图 7-11 数字基带传输系统的基本框图

发送滤波器的传递函数为 $G_T(\omega)$，它的作用是将输入的矩形脉冲变换成适合信道传输的波形。这是因为矩形波含有丰富的高频成分，若直接送入信道传输，容易产生失真。基带传输系统的信道传递函数为 $C(\omega)$，通常采用电缆、架空明线等作为传输媒质。信道既传送信号，同时又因存在噪声和频率特性不理想而对数字信号造成损害，使波形产生畸变，严重时发生误码。接收滤波器的传递函数为 $G_R(\omega)$，它是接收端为了减小信道特性不理想和噪声对信号传输的影响而设置的。其主要作用是滤除带外噪声并对已接收的波形均衡，以便抽样判决器能够正确判决。总的传输函数 $H(\omega)$ 为

$$H(\omega) = G_T(\omega)C(\omega)G_R(\omega) \tag{7.2-1}$$

2. 无码间串扰的基带传输系统

　　要消除码间串扰，最好让前一个码元的波形在到达后一个码元抽样判决时已衰减到 0，如图 7-12(a) 所示。但这样的波形不易实现，比较合理的是采用如图 7-12(b) 所示的波形，虽然波形在到达 t_0+T_b 以前没有衰减到 0，但可以在 t_0+T_b，t_0+2T_b 等后面的码元取样判决时刻正好为 0，这也是消除码间串扰的物理意义。但考虑到实际应用时，定时判决时刻不一定非常准确，如果像图 7-12(b) 这样的 $h(t)$ 尾巴拖得太长，当定时不准确时，任一个码元都要对后面好几个码元产生串扰，或者说后面任一个码元都要受到前面几个码元的串扰。因此，除了要求 $h(kT_b+t_0)=0$ 以外，还要求 $h(t)$ 衰减快一些，即尾巴不要拖得太长。

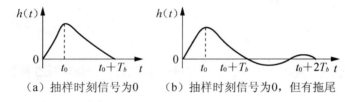

（a）抽样时刻信号为0　　　　（b）抽样时刻信号为0，但有拖尾

图 7-12　理想的传输波形

　　理想基带传输系统的传输特性具有理想低通特性，其传输函数

$$H(\omega) = \begin{cases} 1(\text{或其他常数}) & |\omega| \leqslant \dfrac{\omega_b}{2} \\ 0 & |\omega| > \dfrac{\omega_b}{2} \end{cases} \tag{7.2-2}$$

如图 7-13(a) 所示，其带宽 $B = \dfrac{\frac{\omega_b}{2}}{2\pi} = \dfrac{f_b}{2}$ (Hz)，对其进行傅里叶反变换得

$$h(t) = \frac{1}{2\pi} \int_{-\infty}^{\infty} H(\omega) e^{j\omega t} d\omega = \int_{-2\pi B}^{2\pi B} \frac{1}{2\pi} e^{j\omega t} d\omega = 2B Sa(2\pi Bt) \tag{7.2-3}$$

　　它是个抽样函数，如图 7-13(b) 所示。从图中可以看到，$h(t)$ 在 $t=0$ 时有最大值 $2B$，而在 $t=k/2B$（k 为非零整数）的诸瞬间均为零。因此，只要令 $T_b=1/2B$，也就是码元宽度为 $1/2B$，就可以满足取样点信号为零的要求，在 $k/2B$ 时刻（忽略 $H(\omega)$ 造成的时间延迟）接收端抽样值中无串扰值积累，从而消除码间串扰。

　　由此可见，即使信号经传输后整个波形发生变化，但只要其特定点的抽样值保持不变，那么用再次抽样的方法（这在抽样判决电路中完成），仍然可以准确无误地恢复原始码元信

息,这就是奈奎斯特第一准则(又称为第一无失真条件)的本质。在图 7-13 所示的理想基带传输系统中,各码元之间的间隔 $T_b=1/2B$ 称为奈奎斯特间隔,码元的传输速率 $R_b=1/T_b=2B$ 称为奈奎斯特速率。

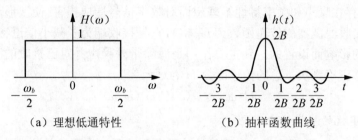

（a）理想低通特性　　　　　　（b）抽样函数曲线

图 7-13　理想基带传输系统的 $H(\omega)$ 和 $h(t)$

因为 $h(kT_b)=\dfrac{1}{2\pi}\displaystyle\int_{-\infty}^{+\infty}H(\omega)\mathrm{e}^{\mathrm{j}\omega kT_b}\mathrm{d}\omega$

把上式的积分区间用角频率间隔 $2\pi/T_b$ 分割,如图 7-14 所示,则可得理想基带传输系统的传输特性具有理想低通特性,其传输函数

$$H(\omega)=\begin{cases}1(\text{或其他常数}) & |\omega|\leqslant\dfrac{\omega_b}{2}\\[2mm]0 & |\omega|>\dfrac{\omega_b}{2}\end{cases}\qquad(7.2\text{-}4)$$

如图 7-13(a)所示,其带宽 $B=\dfrac{\dfrac{\omega_b}{2}}{2\pi}=\dfrac{f_b}{2}$ （Hz）,对其进行傅里叶反变换得

$$h(t)=\frac{1}{2\pi}\int_{-\infty}^{\infty}H(\omega)\mathrm{e}^{\mathrm{j}\omega t}\mathrm{d}\omega=\int_{-2\pi B}^{2\pi B}\frac{1}{2\pi}\mathrm{e}^{\mathrm{j}\omega t}\mathrm{d}\omega=2B\mathrm{Sa}(2\pi Bt)\qquad(7.2\text{-}5)$$

$$h(kT_b)=\frac{1}{2\pi}\sum_i\int_{\frac{(2i-1)}{T_b}\pi}^{\frac{(2i+1)}{T_b}\pi}H(\omega)\mathrm{e}^{\mathrm{j}\omega kT_b}\mathrm{d}\omega\qquad(7.2\text{-}6)$$

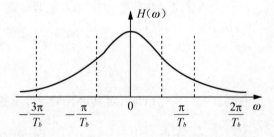

图 7-14　$H(\omega)$ 的分割

变换后

$$h(kT_b)=\frac{1}{2\pi}\int_{-\frac{\pi}{T_b}}^{\frac{\pi}{T_b}}\sum_i H\left(\omega+\frac{2\pi i}{T_b}\right)\mathrm{e}^{\mathrm{j}\omega kT_b}\mathrm{d}\omega$$

通过上式可以看出,式中 $\displaystyle\sum_i H\left(\omega+\dfrac{2\pi i}{T_b}\right)$ 实际上把 $H(\omega)$ 的分割各段平移到 $[-\pi/T_b,\pi/T_b]$ 区间对应叠加求和,因此,它仅存在于 $|\omega|\leqslant\pi/T_b$ 范围内。前面已讨论了式(7.2-6)的

理想低通传输特性满足无码间串扰的条件,令

$$H_{eq}(\omega) = \sum_i H\left(\omega + \frac{2\pi i}{T_b}\right) = \begin{cases} T_b & |\omega| \leqslant \dfrac{\pi}{T_b} \\ 0 & |\omega| > \dfrac{\pi}{T_b} \end{cases} \tag{7.2-7}$$

或

$$H_{eq}(f) = \sum_i H(f + if_b) = \begin{cases} \dfrac{1}{f_b} & |f| \leqslant \dfrac{f_b}{2} \\ 0 & |f| > \dfrac{f_b}{2} \end{cases} \tag{7.2-8}$$

此二式称为无码间串扰的等效特性。它表明,把一个基带传输系统的传输特性 $H(\omega)$ 分割为 $2\pi/T_b$ 宽度,各段在 $[-\pi/T_b, \pi/T_b]$ 区间内能叠加成一个矩形频率特性,那么它在以 f_b 速率传输基带信号时,就能做到无码间串扰。如果不考虑系统的频带,而从消除码间串扰来说,基带传输特性 $H(\omega)$ 的形式并不是唯一的。

7.3 数字频带传输技术

数字信号有两种传输方式,一种是基带传输方式,另一种是本节要介绍的频带传输或称为调制传输。频带调制通常需要一个正弦波作为载波,把基带数字信号调制到这个载波上,在这个载波的一个或者几个参量(振幅、频率、相位)上载带基带数字信号的信息,并且使已调信号的频谱位置适合在给定的带通通道中传输。基本的调制方式有 3 种,即振幅调制(ASK)、频率调制(FSK)和相位调制(PSK)。对于二进制基带数字信号,上述 3 种调制,分别是振幅键控、频移键控和相移键控,上节中给出了这 3 种信号波形的示例。其中,为了克服二进制相位键控信号的在长距离传输上的局限,将二进制相位键控体制改为二进制差分相位键控体制。下面对上述几种体制信号分别介绍。

7.3.1 二进制振幅键控(2ASK)

1. 2ASK 的基本原理

振幅键控(也称幅移键控),记作 ASK(Amplitude Shift Keying),或称为开关键控(通断键控),记作 OOK(On Off Keying)。二进制数字振幅键控通常记作 2ASK。

根据线性调制的原理,一个二进制的振幅键控信号可以表示成一个单极性矩形脉冲序列与一个正弦型载波的乘积,即

$$e(t) = \left[\sum_n a_n g(t - nT_b)\right]\cos\omega_c t \tag{7.3-1}$$

式中:$g(t)$ 为持续时间为 T_b 的矩形脉冲;ω_c 为载波频率;a_n 为二进制数字。

若令

$$s(t) = \sum_n a_n g(t - nT_s) \tag{7.3-2}$$

则式(7.3-1)变为

$$e(t) = s(t)\cos\omega_c t \tag{7.3-3}$$

实现振幅调制的一般原理框图如图 7-15 所示。

图 7-15 中,基带信号形成器把数字序列 $\{a_n\}$ 转换成所需的单极性基带矩形脉冲序列 $s(t)$,$s(t)$ 与载波相乘后把 $s(t)$ 的频谱搬移到 $\pm f_c$ 附近,实现了 2ASK。带通滤波器滤出所需的已调信号,防止带外辐射影响相邻系统。

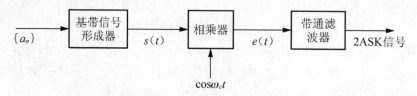

图 7-15　数字线性调制框图

2ASK 信号之所以称为 OOK 信号,是因为振幅键控的实现可以用开关电路来完成,开关电路以数字基带信号为控制脉冲选通载波信号,从而在开关电路输出端得到 2ASK 信号。2ASK 信号的产生模型框图及其波形如图 7-16 所示。

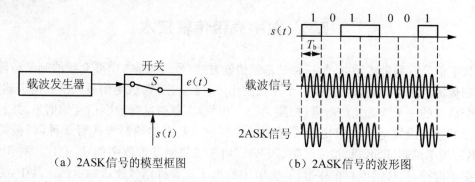

（a）2ASK信号的模型框图　　　（b）2ASK信号的波形图

图 7-16　2ASK 信号的产生模型框图及其波形图

2. 2ASK 信号的功率谱及带宽

若用 $G(f)$ 表示二进制序列中一个宽度为 T_b、高度为 1 的门函数 $g(t)$ 所对应的频谱函数,$P_s(f)$ 为 $s(t)$ 的功率谱密度,$P_0(f)$ 为已调信号 $e(t)$ 的功率谱密度,则有

$$P_0(f) = \frac{1}{4}[P_s(f+f_c) + P_s(f-f_c)] \tag{7.3-4}$$

对于单极性 NRZ 码,当"1"、"0"等概率出现时,2ASK 信号功率谱密度可以表示为

$$P_0(f) = \frac{1}{16}[\delta(f+f_c) + \delta(f-f_c)] + \frac{1}{16}T_b[Sa^2\pi T_b(f+f_c) + Sa^2\pi T_b(f-f_c)]$$

$$\tag{7.3-5}$$

由此画出 2ASK 信号的功率谱示意图如图 7-17 所示。

由图 7-17 可得如下几点:

(1) 因为 2ASK 信号的功率谱密度 $P_0(f)$ 是相应的单极性数字基带信号功率谱密度 $P_s(f)$ 形状不变地平移至 $\pm f_c$ 处形成的,所以 2ASK 信号的功率谱密度由连续谱和离散谱两部分组成。它的连续谱取决于数字基带信号基本脉冲的频谱 $G(f)$;它的离散谱取决于载波频率 f_c。

（2）基于同样的原因，我们可以知道，上面所述的 2ASK 信号实际上相当于模拟调制中的调幅（AM）信号。因此，2ASK 信号的带宽 B_{2ASK} 是单极性数字基带信号 B_g 的两倍。当数字基带信号的基本脉冲是矩形不归零脉冲时，$B_g=1/T_b$。于是 2ASK 信号的带宽

$$B_{2ASK}=2\,B_g=2f_b \tag{7.3-6}$$

因为系统的传码率 $R_B=1/T_b$（Baud），故 2ASK 系统的频带利用率

$$\eta=\frac{\dfrac{1}{T_b}}{\dfrac{2}{T_b}}=\frac{f_b}{2f_b}=\frac{1}{2}（\text{Baud/Hz}） \tag{7.3-7}$$

这意味着用 2ASK 信号的带宽等于基带调制信号带宽的两倍。

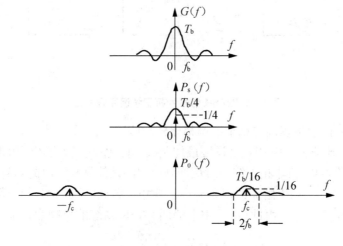

图 7-17　2ASK 信号的功率谱示意图

2ASK 是信息传输中使用得较早的一种调制方式，它的主要优缺点是：易于实现，但抗干扰能力不强，主要应用在低速数据传输中。

3. 2ASK 信号的解调

2ASK 信号的解调有两种方法：包络解调法和相干解调法。

包络解调法的原理框图如图 7-18 所示。带通滤波器恰好使 2ASK 信号完整地通过，包络检测后，输出其包络。低通滤波器的作用是滤除高频杂波，使基带包络信号通过。抽样判决器包括抽样、判决及码元形成，有时又称译码器。不计噪声影响时，带通滤波器输出为 2ASK 信号，即 $y(t)=s(t)\cos\omega_c t$，包络检波器输出为 $s(t)$，经抽样、判决后将码元再生，即可恢复出数字序列 $\{a_n\}$。

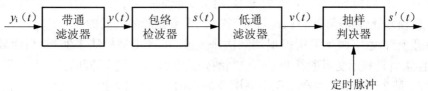

图 7-18　2ASK 信号的包络解调法原理框图

2ASK 信号的相干解调原理框图如图 7-19 所示。相干解调就是同步解调,同步解调时,接收机要产生一个与发送载波同频同相的本地载波信号,称为同步载波或相干载波,相乘器将此载波与收到的已调波相乘,输出

$$z(t) = y(t)\cos\omega_c t = \frac{1}{2}s(t) + \frac{1}{2}s(t)\cos 2\omega_c t \qquad (7.3\text{-}8)$$

式中:第一项为基带信号,第二项为以 $2\omega_c$ 为载波的成分,两者频谱相差很远。经低通滤波后,即可输出 $s(t)/2$ 信号。低通滤波器的截止频率与基带数字信号的最高频率相等。由于噪声影响及传输特性的不理想,低通滤波器的输出波形将会有失真,经抽样判决、整形后则可再生数字基带脉冲。

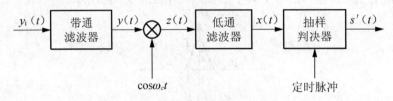

图 7-19 2ASK 信号的相干解调原理框图

将 2ASK 信号的包络解调与相干解调相比较,可以得出以下几点。

(1) 相干解调比非相干解调容易设置最佳判决门限电平。因为相干解调时最佳判决门限仅是信号幅度的函数,而非相干解调时最佳判决门限是信号和噪声的函数。

(2) 信噪比一定时,相干解调的误码率小于非相干解调的误码率;相干解调比非相干解调对信号的信噪比要求低。由此可见,相干解调 2ASK 系统的抗噪声性能优于非相干解调系统。

(3) 相干解调需要插入相干载波,而非相干解调不需要。可见,相干解调时设备复杂一些,而非相干解调时设备要简单一些。

一般而言,对于 2ASK 系统,大信噪比条件下使用包络检测,即非相干解调;而小信噪比条件下使用相干解调。

7.3.2 二进制频移键控(2FSK)

1. 2FSK 的基本原理

数字频率调制又称频移键控,记作 FSK(Frequency Shift Keying),二进制频移键控记作 2FSK。数字频移键控是用载波的频率来传送数字消息的,即用所传送的数字消息控制载波的频率。由于数字消息只有有限个取值,相应地,作为已调的 FSK 信号的频率也只能有有限个取值。那么,2FSK 信号便是符号"1"对应于载频 ω_1,符号"0"对应于载频 ω_2(与 ω_1 不同的另一载频)的已调波形,而且 ω_1 与 ω_2 之间的改变是瞬间完成的。

从原理上讲,数字调频可用模拟调频法来实现,也可用键控法来实现,后者较为方便。2FSK 键控法就是利用受矩形脉冲序列控制的开关电路,对两个不同的独立频率源进行选通的。图 7-20 是 2FSK 信号的产生原理框图及波形图。图 7-20 中 $s(t)$ 为代表信息的二进制矩形脉冲序列,$e_o(t)$ 即是 2FSK 信号。

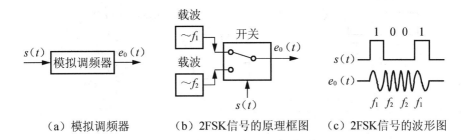

（a）模拟调频器　　　（b）2FSK信号的原理框图　　　（c）2FSK信号的波形图

图 7-20　2FSK 信号的产生原理框图及波形图

根据以上对 2FSK 信号产生原理的分析，已调信号的数学表达式可以表示为

$$e_0(t) = \Big[\sum_n a_n g(t-nT_s)\Big]\cos(\omega_1 t + \varphi_n) + \Big[\sum_n \overline{a_n} g(t-nT_s)\Big]\cos(\omega_2 t + \theta_n)$$

$$(7.3\text{-}9)$$

式中：$g(t)$ 为单个矩形脉冲；T_s 为脉宽。

$$a_n = \begin{cases} 0 & \text{概率为 } P \\ 1 & \text{概率为 } 1-P \end{cases} \qquad (7.3\text{-}10)$$

$\overline{a_n}$ 是 a_n 的反码，若 $a_n = 0$，则 $\overline{a_n} = 1$；若 $a_n = 1$，则 $\overline{a_n} = 0$，于是

$$\overline{a_n} = \begin{cases} 1 & \text{概率为 } P \\ 0 & \text{概率为 } P-1 \end{cases} \qquad (7.3\text{-}11)$$

式中：φ_n、θ_n 分别是第 n 个信号码元的初相位。

一般来说，键控法得到的 φ_n、θ_n 与序号 n 无关，反映在 $e_0(t)$ 上，仅表现出当 ω_1 与 ω_2 改变时其相位是不连续的；而用模拟调频法时，由于 ω_1 与 ω_2 改变时 $e_0(t)$ 的相位是连续的，故 φ_n、θ_n 不仅与第 n 个信号码元有关，而且 φ_n 与 θ_n 之间也应保持一定的关系。

如果在两个码元转换时，前后码元的相位不连续，则称这种类型的信号为相位不连续的 2FSK 信号。频率键控法又称频率转换法，它采用数字矩形脉冲控制电子开关，使电子开关在两个独立的振荡器之间转换，从而在输出端得到不同频率的已调信号。相位不连续的 2FSK 信号的产生原理框图及各点波形如图 7-21 所示。

由图 7-21 可知，数字信号为"1"时，正脉冲使门电路 1 接通，门电路 2 断开，输出频率为 f_1；数字信号为"0"时，门 1 电路断开，门 2 电路接通，输出频率为 f_2。如果产生 f_1 和 f_2 的两个振荡器是独立的，则输出的 2FSK 信号的相位是不连续的。这种方法的特点是转换速度快，波形好，频率稳定度高，电路不太复杂，故得到广泛应用。

2. 2FSK 信号的功率谱及带宽

2FSK 信号的功率谱也有两种情况，首先介绍相位不连续的 2FSK 功率谱及带宽。

（1）相位不连续的 2FSK 情况

由前面对相位不连续的 2FSK 信号产生原理的分析，可视其为两个 2ASK 信号的叠加，其中一个载波为 f_1，另一个载波为 f_2。其信号表达式为

$$\begin{aligned} e(t) &= e_1(t) + e_2(t) \\ &= s(t)\cos(\omega_1 + \varphi_1) + \overline{s(t)}\cos(\omega_2 + \varphi_2) \end{aligned} \qquad (7.3\text{-}12)$$

式中：$s(t) = \sum_n a_n g(t-nT_b)$；$\overline{s(t)}$ 为 $s(t)$ 的反码。

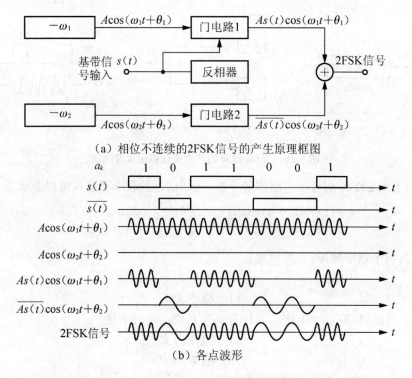

（a）相位不连续的2FSK信号的产生原理框图

（b）各点波形

图 7-21　相位不连续的 2FSK 信号的产生原理框图和各点波形

$$a_n = \begin{cases} 0 & \text{概率为 } P \\ 1 & \text{概率为 } 1-P \end{cases} \tag{7.3-13}$$

于是，相位不连续的 2FSK 功率谱可写为

$$P_0(f) = P_1(f) + P_2(f) \tag{7.3-14}$$

当 $P=1/2$ 时，考虑 $G(0)=T_b$，则信号的单边功率谱为

$$P_0(f) = \frac{T_b}{8}\{Sa^2[\pi(f-f_1)T_b] + Sa^2[\pi(f-f_2)T_b]\} + \frac{1}{8}[\delta(f-f_1) + \delta(f-f_2)] \tag{7.3-15}$$

相位不连续的 2FSK 信号的功率谱曲线如图 7-22 所示，由图可得如下几点。

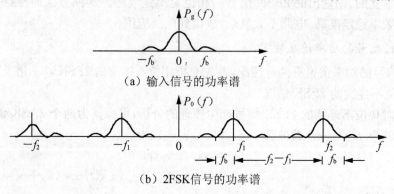

（a）输入信号的功率谱

（b）2FSK信号的功率谱

图 7-22　相位不连续的 2FSK 信号的功率谱曲线

① 不连续 2FSK 信号的功率谱与 2ASK 信号的功率谱相似,同样由离散谱和连续谱两部分组成。其中,连续谱与 2ASK 信号的相同,而离散谱是位于 $\pm f_1$、$\pm f_2$ 处的两对冲击波,这表明 2FSK 信号中含有载波 f_1、f_2 的分量。

② 若仅计算 2FSK 信号功率谱第一个零点之间的频率间隔,则该 2FSK 信号的频带宽度为

$$B_{2FSK} = |f_2 - f_1| + 2R_B = (2+h)R_B \qquad (7.3\text{-}16)$$

式中:$R_B = f_b$ 为基带信号的带宽,$h = |f_2 - f_1|/R_B$ 为偏移率(调制指数)。

为了便于接收端解调,要求 2FSK 信号的两个频率 f_1,f_2 间要有足够的间隔。采用带通滤波器来分路的解调方法,通常取 $|f_2 - f_1| = (3 \sim 5)R_B$。于是,2FSK 信号的带宽

$$B_{2FSK} \approx (5 \sim 7)R_B \qquad (7.3\text{-}17)$$

相应地,2FSK 系统的频带利用率为

$$\eta = \frac{f_b}{B_{2FSK}} = \frac{R_B}{B_{2FSK}} = \frac{1}{5 \sim 7} \quad (\text{Baud/Hz}) \qquad (7.3\text{-}18)$$

将上述结果与 2ASK 的式(7.3-3)、式(7.3-4)相比可知,当用普通带通滤波器作为分路滤波器时,2FSK 信号的带宽约为 2ASK 信号带宽的 3 倍,系统频带利用率只有 2ASK 的 1/3 左右。

(2) 相位连续的 2FSK 情况

直接调频法是一种非线性调制,由此获得的 2FSK 信号的功率谱不同于 2ASK 信号功率谱,也不同于相位不连续的 2FSK 信号的功率谱,它不可直接通过基带信号频谱在频率轴上搬移,也不能用这种搬移后频谱的线性叠加来描绘。因此,对相位连续的 2FSK 信号频谱的分析是十分复杂的。图 7-23 给出了几种不同调制指数下相位连续的 2FSK 信号功率谱密度曲线。

图 7-23 中 $f_c = (f_1 + f_2)/2$ 称为频偏,$h = |f_2 - f_1|/R_B$ 称为偏移率(或频移指数、调制指数),$R_B = f_b$ 是基带信号的带宽。

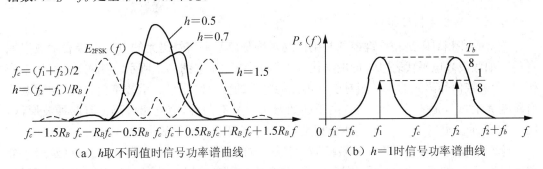

(a) h 取不同值时信号功率谱曲线　　　　(b) $h=1$ 时信号功率谱曲线

图 7-23　相位连续的 2FSK 信号的功率谱密度曲线

由图可以得出如下结论。

① 功率谱曲线对称于频偏关 f_c。

② 当偏移量(调制指数)h 较小时,如 $h < 0.7$,则信号能量集中在 $f_c \pm 0.5R_B$ 范围内;如 $h < 0.5$ 则在 f_c 处出现单峰值,在其两边平滑地滚降。在这种情况下,2FSK 信号的带宽小于或等于 2ASK 信号的带宽,约为 $2R_B$。

③ 随着 h 的增大,信号功率谱将扩展,并逐渐向 f_1、f_2 两个频率集中。当 $h > 0.7$ 后,将明显地呈现双峰;当 $h = 1$ 时,达到极限情况,这时双峰恰好分开,在 f_1 和 f_2 位置上出现了两个离散谱线,如图 7-23(b)所示。继续增大 h 值,两个连续功率谱 f_1、f_2 中间就会出现有限个小峰值,且在此间隔内频谱还出现了零点。但是,当 $h < 1.5$ 时,相位连续的 2FSK 信号带宽虽然比 2ASK 的宽,但还是比相位不连续的 2FSK 信号的带宽窄。

④ 当 h 值较大时(大约在 $h > 2$ 以后),将进入高指数调频。这时,信号功率谱扩展到很宽频带,且与相位不连续 2FSK 信号的频谱特性基本相同。当 $|f_2 - f_1| = mR_B$(m 为正整数)时,信号功率谱将出现离散频率分量。

将相干解调与包络(非相干)解调系统误码率进行比较,可以发现以下几点。

(1) 两种解调方法均可工作在最佳门限电平。

(2) 在输入信号信噪比 r 一定时,相干解调的误码率小于非相干解调的误码率;当系统的误码率一定时,相干解调比非相干解调对输入信号的信噪比要求低。所以相干解调 2FSK 系统的抗噪声性能优于非相干的包络检测。但当输入信号的信噪比 r 很大时,两者的差别不明显。

(3) 相干解调时,需要插入两个相干载波,因此电路较为复杂,而包络检测就无须相干载波,因而电路较为简单。一般而言,大信噪比时常用包络检测法,小信噪比时才用相干解调法,这与 2ASK 的情况相同。

7.3.3 二进制相移键控(2PSK)

数字相位调制又称相移键控,记作 PSK(Phase Shift Keying)。二进制相移键控记作 2PSK,多进制相移键控记作 MPSK。它们是利用载波振荡相位的变化来传送数字信息的。通常又把它们分为绝对相移(PSK)和相对相移(DPSK)两种。本节以及下一节将对二进制的绝对相移和相对相移的实现方法、频谱特性以及带宽问题进行介绍,并对两种相移的特点进行比较。

1. 绝对相移和相对相移

绝对码和相对码是相移键控的基础。绝对码是以基带信号码元的电平直接表示数字信息的。如假设高电平代表"1",低电平代表"0",如图 7-24 中的 $\{a_n\}$ 所示。相对码(就是差分码)是用基带信号码元的电平相对前一码元的电平的变化情况来表示数字信息的,相对电平有跳变表示"1",无跳变表示"0"。由于初始参考电平有两种,因此相对码也有两种波形,如图 7-24 所示。显然 $\{b_n\}_1$、$\{b_n\}_2$ 相位相反,当用二进制数码表示波形时,它们互为反码。

绝对码和相对码是可以互相转换的,实现的方法是使用模二加法器和延迟器(延迟一个码元宽度 T_b),如图 7-25 所示。图 7-25(a)是把绝对码变成相对码的方法,称为差分编码器,完成的转换是 $b_n = a_n \oplus b_{n+1}$ 表示 n 的前一个码。图 7-25(b)是把相对码变为绝对码的方法,称为差分译码器,完成的转换是 $a_n = b_n \oplus b_{n-1}$。

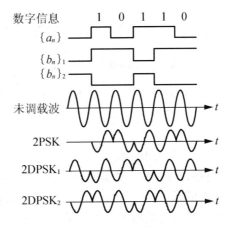

图7-24　二相调相波形

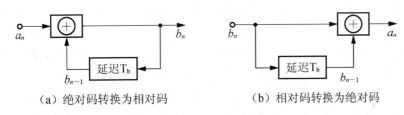

（a）绝对码转换为相对码　　　　（b）相对码转换为绝对码

图7-25　绝对码与相对码的相互转换

（1）绝对相移

绝对相移是利用载波的相位偏移（指某一码元所对应的已调波与参考载波的初相差）直接表示数据信号的相移方式。若规定：已调载波与未调载波同相表示数字信号"0"，反相表示数字信号"1"，如图7-24所示的2PSK波形，此时2PSK已调信号的表达式为

$$e(t) = s(t)\cos\omega_c t \tag{7.3-18}$$

式中：$s(t)$为双极性数字基带信号，表达式为

$$s(t) = \sum a_n g(t - nT_b) \tag{7.3-19}$$

式中：$g(t)$是高度为1，宽度为T_b的门函数。

概率为

$$a_n = \begin{cases} +1 & \text{概率为 } P \\ -1 & \text{概率为 } 1-P \end{cases} \tag{7.3-20}$$

为了作图方便，一般取码元宽度T_b为载波周期T_c的整数倍（这里令$T_b=T_c$），取未调载波的初相位为0。由图7-24可见，2PSK各码元波形的初相相位与载波初相相位的差值直接表示数字信息，即相位差为0表示数字"0"，相位差为π表示数字"1"。

值得注意的是，在相移键控中往往用矢（向）量偏移（指一码元初相与前一码元末相的差）表示相位信号，调相信号的矢量表示如图7-26所示。在2PSK中，若假定未调载波$\cos\omega_c t$为参考相位，则矢量$\vec{A}$表示所有已调信号中具有0相（与载波同相）的码元波形，它代表码元"0"；矢量$\vec{B}$表示所有已调信号具有π相（与载波反相）的码元波形，可用$\cos(\omega_c t + \pi)$来表示，它代表码元"1"。

图 7-26　二相调相信号的矢量表示

当码元宽度不等于载波周期的整数倍时,已调载波的初相(0 或 π)不直接表示数字信息("0"或"1"),必须与未调载波比较才能看出它所表示的数字信息。

(2) 相对相移

相对相移是利用载波的相对相位变化表示数字信号的相移方式。所谓相对相位,是指本码元初相与前一码元末相的相位差(即向量偏移)。有时为了讨论问题方便,也用相位偏移来描述。在这里,相位偏移指的是本码元的初相与前一码元(参考码元)的初相相位差。当载波频率是码元速率的整数倍时,向量偏移与相位偏移是等效的;否则是不等效的。

若规定:已调载波(2DPSK 波形)相对相位不变表示数字信号“0”,相对相位改变 π 表示数字信号“1”,如图 7-24 所示。由于初始参考相位有两种可能,故相对相移波形也有两种形式,如图 7-24 中的 $2DPSK_1$、$2DPSK_2$ 所示,显然,两者相位相反。然而,我们可以看出,无论是 $2DPSK_1$,还是 $2DPSK_2$,数字信号“1”总是与相邻码元相位突变相对应,数字信号“0”总是与相邻码元相位不变相对应。我们还可以看出,$2DPSK_1$、$2DPSK_2$ 对 $\{a_n\}$ 来说都是相对相移信号,然而它们又分别是 $\{b_n\}_1$、$\{b_n\}_2$ 的绝对相移信号。因此,我们说,相对相移本质上就是对由绝对码转换而来的差分码的数字信号序列的绝对相移。那么,2DPSK 信号的表达式与 2PSK 信号的表达式(7.3-18)、式(7.3-19)、式(7.3-20)所不同的应只是式中的 $s(t)$ 信号表示的差分码数字序列。

2DPSK 信号也可以用矢量表示,矢量图如图 7-26 所示。此时的参考相位不是初相为零的固定载波,而是前一个已调载波码元的末相。也就是说,2DPSK 信号的参考相位不是固定不变的,而是相对变化的,矢量 $\vec{A}$ 表示本码元初相与前一码元末相相位差为 0,代表码元“0”;矢量 $\vec{B}$ 表示本码元初相与前一码元末相相位差为 π,代表码元“1”。

2. 2PSK 信号的产生与解调

(1) 2PSK 信号的产生

用数字基带信号,$s(t)$ 控制门电路,选择不同相位的载波输出,其框图如图 7-27 所示。此时,$s(t)$ 通常是单极性的。$s(t)=0$ 时,门电路 1 通,门电路 2 闭,输出 $e(t)=\cos\omega_c t$;$s(t)=1$ 时,门电路 2 通,门电路 1 闭,输出 $e(t)=-\cos\omega_c t$。

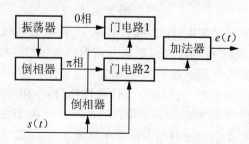

图 7-27　相位选择法产生 2PSK 信号的框图

（2）2PSK 信号的解调

2PSK 信号的解调不能采用分路滤波、包络检测的方法，只能采用相干解调的方法（又称为极性比较法）。通常，本地载波是用输入的 2PSK 信号经载波信号提取电路产生的。

不考虑噪声时，带通滤波器输出可表示为

$$y_1(t) = \cos(\omega_c t + \varphi_n) \tag{7.3-21}$$

式中：φ_n 为 2PSK 信号某一码元的初相。$\varphi_n = 0$ 时，代表数字"0"；$\varphi_n = n$ 时，代表数字"1"。

与同步载波 $\cos w_c t$ 相乘后，输出

$$z(t) = \cos(\omega_c t + \varphi_n)\cos\omega_c t = \frac{1}{2}\cos\varphi_n + \frac{1}{2}\cos(2\omega_c t + \varphi_n) \tag{7.3-22}$$

低通滤波器输出

$$x(t) = \frac{1}{2}\cos\varphi_n = \begin{cases} \dfrac{1}{2} & \varphi_n = 0 \\[2mm] -\dfrac{1}{2} & \varphi_n = \pi \end{cases} \tag{7.3-23}$$

根据发送端产生 2PSK 信号时 φ_n（0 或 π）代表数字信息（0 或 1）的规定，以及接收端 $\chi(t)$ 与 φ_n 关系的特性，抽样判决器的判决准则为

$$\begin{cases} x > 0 & \text{判为"0"} \\ x \leqslant 0 & \text{判为"1"} \end{cases} \tag{7.3-24}$$

式中：x 为抽样时刻的值。

我们知道，2PSK 信号是以一个有固定初相的未调载波为参考的。因此，解调时必须有与此同频同相的同步载波。如果同步不完善，存在相位偏差，就容易造成错误判决，称为相位模糊。

7.3.4 二进制差分相移键控（2DPSK）

1. 2DPSK 信号的产生

2DPSK 信号对绝对码 $\{a_n\}$ 来说是相对移相信号，对相对码 $\{b_n\}$ 来说则是绝对移相信号，因此，只需在 2PSK 调制器前加一个差分编码器，就可产生 2DPSK 信号。其原理框图如图 7-28(a) 所示。数字信号 $\{a_n\}$ 经差分编码器，把绝对码转换为相对码 $\{b_n\}$，再用直接调相法产生 2DPSK 信号。极性变换器是把单极性 $\{b_n\}$ 码变成双极性信号，且负电平对应 $\{b_n\}$ 的 1，正电平对应 $\{b_n\}$ 的 0，图 7-28(b) 的差分编码器输出的两路相对码（互为反相）分别控制不同的门电路以实现相位选择，产生 2DPSK 信号。这里差分码编码器由与门及双稳态触发器组成，输入码元宽度是振荡周期的整数倍。设双稳态触发器初始状态为 $Q = 0$，波形如图 7-28(c) 所示。与图 7-27 对照，这里输出的 $e(t)$ 为 $2DPSK_2$；若双稳态触发器初始状态为 $Q = 1$，则输出的 $e(t)$ 为 $2DPSK_1$。

2. 2DPSK 信号的解调

极性比较译码变换法是 2PSK 解调器加差分译码器，其框图如图 7-29 所示。2DPSK 解调器将输入的 2DPSK 信号还原成相对码 $\{b_n\}$，再由差分译码器把相对码转换成绝对码，输出 $\{a_n\}$。前面提到，2PSK 解调器存在"反向工作"问题，那么 2DPSK 解调器是否也会出现

"反向工作"问题呢？答案是不会。这是由于当 2PSK 解码器的相干载波倒相时,输出的 b_n 变为 $\overline{b_n}$(b_n 的反码)。然而差分译码器的功能是 $b_n \oplus b_{n-1} = a_n$,b_n 反向后,使等式 $\overline{b_n} \oplus \overline{b_{n-1}} = a_n$。成立,仍然能够恢复出 a_n。因此,即使相干载波倒相,2DPSK 解调器仍然能正常工作。读者可以试画波形图来说明。由于相对移相制无"反向工作"问题,故得到广泛的应用。

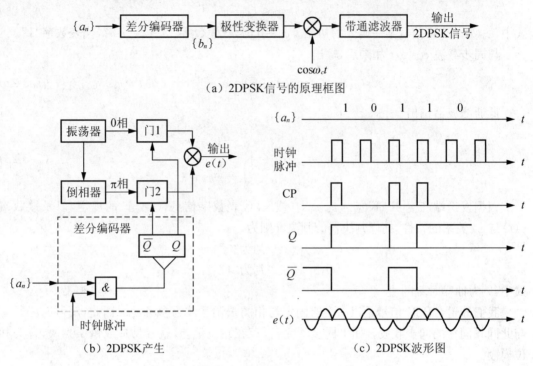

(a) 2DPSK信号的原理框图

(b) 2DPSK产生　　　　(c) 2DPSK波形图

图 7-28　2DPSK 信号的产生

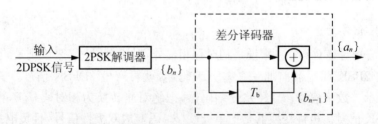

图 7-29　极性比较译码变换法解调 2DPSK 信号

由于极性比较译码变换法解调 2DPSK 信号是先对 2DPSK 信号用相干检测方法进行解调,得到相对码 b_n,然后将相对码通过码变换器转换为绝对码 a_n,显然,此时的系统误码率可从两部分来考虑。首先,码变换器输入端的误码率可用相干解调 2PSK 系统的误码率来表示,即用式(7.3-21)表示。最终的系统误码率也就是在此基础上再考虑差分译码误码率的结果。

差分译码器将相对码变为绝对码,即对前后码元做出比较来判决,如果前后码元都错了,判决反而不错。所以正确接收的概率等于前后码元都错的概率与前后码元都不错的概率之和,即

$$P_e P_e + (1-P_e)(1-P_e) = 1 - 2P_e + 2P_e^2 \tag{7.3-25}$$

设 2DPSK 系统的误码率为 P'_e，则 P'_e 等于 1 减去正确接收概率，即

$$P'_e = 1 - (1 - 2P_e + P_e^2) = 2(1-P_e)P_e \tag{7.3-26}$$

在信噪比很大时，P_e 很小，上式可近似写为

$$P'_e \approx 2P_e = \mathrm{erfc}(\sqrt{r}) \tag{7.3-27}$$

由此可见，差分译码器总是使系统误码率增加，约增加一倍。

3. 2PSK 与 2DPSK 系统的比较

(1) 检测这两种信号时判决器均可工作在最佳门限电平(零电平)。

(2) 2DPSK 系统的抗噪声性能不及 2PSK 系统。

在实际应用中，真正作为传输用的数字相位调制信号几乎都是 DPSK 信号。

本节最后对将二进制数字调制系统进行性能比较。与基带传输方式相似，数字频带传输系统的传输性能也可以用误码率来衡量。对于各种调制方式及不同的检测方法，数字调制系统误码率性能总结见表 7-1。

表 7-1 数字调制系统误码率公式

调制方式		误码率公式
2ASK	相干	$P_e = 1/2\,\mathrm{erfc}(\sqrt{r/4})$
	非相干	$P_e = \exp(-r/4)$
2PSK	相干	$P_e = 1/2\,\mathrm{erfc}(\sqrt{r})$
2DPSK	相位比较	$P_e = 1/2\exp(-r)$
	极性比较	$P_e = 1/2\,\mathrm{erfc}(\sqrt{r})$
2FSK	相干	$P_e = 1/2\,\mathrm{erfc}(\sqrt{r/2})$
	非相干	$P_e = 1/2\exp(-r/2)$

表 7-1 中的公式是在下列条件下得到的：

① 二进制数字信号，"1"和"0"独立且等概率出现。

② 信道加性噪声 $n(t)$ 是零均值高斯白噪声，单边功率谱密度为 n_0。

③ 通过接收滤波器 $H_R(\omega)$ 后的噪声为窄带高斯噪声，其均值为零，方差为 σ_n^2，则

$$\sigma_n^2 = \frac{1}{2\pi}\int_{-\infty}^{\infty} \frac{n_0}{2}\,|H_R(\omega)|^2\,\mathrm{d}\omega \tag{7.3-28}$$

④ 由接收滤波器引起的码间串扰很小，可以忽略不计。

⑤ 接收端产生的相干载波的相位误差为 0。

这样，解调器输入端的功率信噪比定义为

$$r = \frac{\left(\dfrac{A}{\sqrt{2}}\right)^2}{\sigma_n^2} = \frac{A^2}{2\sigma_n^2} \tag{7.3-29}$$

式中：A 为输入信号的振幅；$(A/\sqrt{2})^2$ 为输入信号功率；σ_n^2 为输入噪声功率，则 r 就是输出功率信噪比。

图 7-30 给出了各种二进制调制的误码率曲线。由公式和曲线可知，2PSK 相干解调的抗白噪声能力优于 2ASK 和 2FSK。在相同误码率条件下，2PSK 相干解调所要求的信噪比 r(dB) 比 2ASK 和 2FSK 要低 3 dB，这意味着发送信号能量可以降低一半。

总的来说，二进制数字传输系统的误码率与下列因素有关：信号形式（调制方式）、噪声的统计特性、解调及译码判决方式。无论采用何种方式、何种检测方法，其共同点是输入信噪比增大时，系统的误码率就降低；反之，误码率增大，由此可得出以下两点。

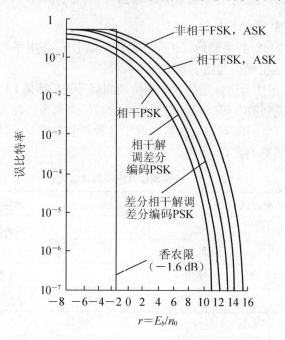

图 7-30　二进制调制的误码率曲线

（1）对于同一调制方式的不同检测方法，相干检测的抗噪声性能优于非相干检测。但是，随着信噪比 r 的增大，相干与非相干误码性能的差别越小，误码率曲线越靠拢。另外，相干检测系统的设备比非相干的要复杂。

（2）同一检测方法的不同调制方式的比较，有以下几点需要注意。

① 相干检测时，在相同误码率条件下，信噪比 r 的要求是：2PSK 比 2FSK 小 3dB，2FSK 比 2ASK 小 3dB。非相干检测时，在相同误码率条件下，信噪比 r 的要求是：2DPSK 比 2FSK 小 3dB，2FSK 比 2ASK 小 3dB。

② 2ASK 要严格工作在最佳判决门限电平较为困难，其抗振幅衰落的性能差。2FSK、2PSK 和 2DPSK 最佳判决门限电平为 0，容易设置，均有很强的抗振幅衰落性能。

③ 2FSK 的调制指数 h 通常大于 0.9，此时在相同传码率条件下，2FSK 的传输带宽比 2PSK、2DPSK、2ASK 宽，即 2FSK 的频带利用率最低。

小　结

本章首先研究模拟信号的数字传输问题，分析低通模拟信号和带通模拟信号两种信号的抽样问题,并对抽样信号进行量化以及对抽样信号的编码。其次研究了数字基带传输技术和数字频带传输技术。其中,数字基带传输技术部分,介绍了数字基带信号的常用码型与系统传输性能;数字频带传输技术部分,分析介绍了几种基本的数字调制系统。

阅读材料

通信系统中的同步技术

同步指两个或两个以上随时间变化的量在变化过程中保持一定的相对关系。在通信系统中,同步双方的时钟要调整到同一个频率,收发双方不停地发送和接收连续的同步比特流。通信系统能否有效地、可靠地工作,在很大程度上依赖于有无良好的同步系统。同步的种类很多,如果按照同步的功用来分,同步可以分为载波同步、位同步(码元同步)、群同步(帧同步)和网同步(通信网中用)等 4 种。

当采用同步解调或相干检测时,接收端需要提供一个与发射端调制载波同频同相的相干载波,而这个相干载波的获取就称为载波提取,或称为载波同步。

在数字通信中,除了有载波同步的问题外,还存在位同步的问题。因为信息是一串相继的信号码元的序列,解调时常需知道每个码元的起止时刻,以便判决。例如用取样判决器对信号进行取样判决时,一般均应对准每个码元最大值的位置。因此,需要在接收端产生一个"码元定时脉冲序列",这个定时脉冲序列的重复频率要与发送端的码元速率相同,相位(位置)要对准最佳取样判决位置(时刻)。这样的一个码元定时脉冲序列就被称为"码元同步脉冲"或"位同步脉冲",而把位同步脉冲的取得称为位同步提取。

数字通信中的信息数字流,总是用若干码元组成一个"字",又用若干"字"组成一"句"。因此,在接收这些数字流时,同样也必须知道这些"字"、"句"的起止时刻。而在接收端产生与"字"、"句"起止时刻相一致的定时脉冲序列,就被称为"字"同步和"句"同步,统称为群同步或帧同步。

有了上面 3 种同步。就可以保证点与点的数字通信。但对于数字网的通信来说就不够了,此时还要有网同步,使整个数字通信网内有一个统一的时间节拍标准,这就是网同步需要讨论的问题。

除了按照功用来区分同步外,还可以按照传输同步信息方式的不同,把同步分为外同步法(插入导频法)和自同步法(直接法)两种。外同步法是指发送端发送专门的同步信息,接收端把这个专门的同步信息检测出来作为同步信号的方法;自同步法是指发送端不发送专门的同步信息,而在接收端设法从收到的信号中提取同步信息的方法。

不论采用哪种同步的方式,对正常的信息传输来说,都是非常必要的,因为只有收发之间建立了同步才能开始传输信息。因此,在通信系统中,通常都是要求同步信息传输的可靠性高于信号传输的可靠性。

习　　题

1. 若语音信号的带宽在 $300\sim3400\mathrm{Hz}$ 之间,试按照奎斯特准则计算理论上信号不失真的最小抽样频率。

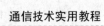

2. 在 A 律 PCM 语音通信系统中,试写出当归一化输入信号抽样值等于 0.3 时,输出的二进制码组。

3. 设有一个均匀量化器,它具有 256 个量化电平,试问其输出信号量噪比等于多少分贝?

4. 设有一个 4DPSK 信号,其信息传输速率为 2400bps,载波频率为 1800Hz,试问每个码元中包含多少个载波周期?

5. 在传输码型的选择上,主要考虑哪些方面?

6. 试比较多进制信号和二进制信号的优缺点。

第 **8** 章

卫星通信系统

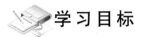 学习目标

（1）了解卫星通信的定义、特点及卫星通信系统的组成。

（2）熟悉卫星通信的工作频段。

（3）掌握卫星通信中的调制技术。

（4）熟悉移动卫星通信系统和 VSAT 卫星通信系统的组成及特点。

 本章知识结构

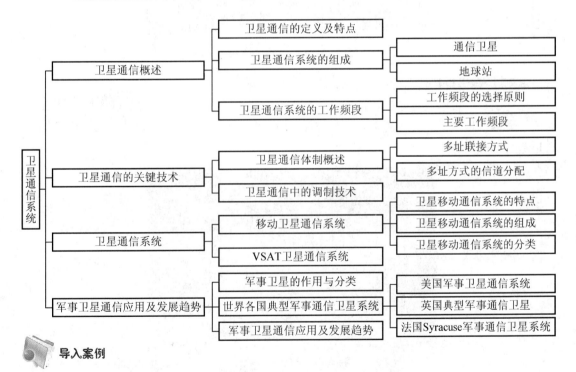

导入案例

卫星通信可以按照轨道的不同进行划分，也可以按照服务区域不同划分，还可以按照用途不同划分以及按照通信业务的不同进行划分。卫星通信为国家的军事、经济、商业等作出了巨大的贡献。

案例一：卫星电话（图1）

2008年5月12日汶川地区发生8.0级大地震，原本发挥主体作用的固定、移动电话，因为通信基础设施的损毁，已经彻底不能发挥作用。在与外部失去联系长达33个小时后，首次通过卫星电话向成都抗震救灾指挥中心汇报了当地灾情。"卫星电话"这种原本"沉寂"的通信方式开始在抗震救灾工作中发挥起重要作用。

针对森林防火、防汛、捕捞、海事、石油、野外探险等特殊领域和区域的特殊应用，卫星视频电话也发挥着重要的作用。

图1　卫星视频电话效果

案例二：越洋电视转播（图2）

球迷朋友们可以通过电视转播尽情享受足球所带来的视觉盛宴，这些都要归功于卫星通信。通信卫星将世界各地连接成一个整体，人们可以通过越洋电视的转播，足不出户地观看精彩纷呈的比赛。

图2　越洋电视转播

8.1 卫星通信概述

卫星通信的设想最早出现在 1945 年 Clarke 发表的著名论文《Extra—Terrestrial Re-lays》中。他设想在一个特定的轨道里,由 3 颗近似等间隔的人造卫星组成一个静止卫星星座的概念,以使这些卫星与地球同步地旋转,如图 8-1 所示。

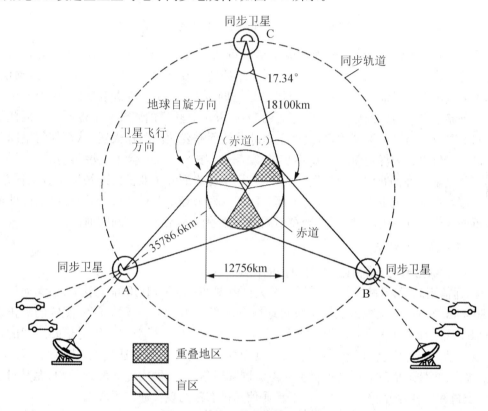

图 8-1 静止卫星配置的几何关系

8.1.1 卫星通信的定义及特点

1. 卫星通信的定义

卫星通信是指利用人造地球卫星作为中继站,转发或反射无线电信号,在两个或多个地球站之间进行的通信。这里地球站是指设在地球表面(包括地面、海洋和大气中)的无线电通信站。而用于实现通信目的的这种人造卫星叫通信卫星,其实质是设置在太空中的微波中继站。

在国际电信联盟(ITU)的世界无线电行政会议(WARC)通过的规定中,确定了有关卫星通信的术语和定义。通常,把以宇宙飞行体为对象的无线电通信统称为宇宙通信,宇宙是指设在地球大气层之外的宇宙飞行体(如人造通信卫星、宇宙飞船等)或其他天体(如月球或别的行星)上的通信站。宇宙通信有 3 种基本形式,如图 8-2 所示。

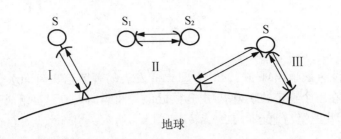

图 8-2　宇宙无线电通信的 3 种基本形式

图 8-2 中 I 所示的通信方式为地球站与宇宙站之间的通信，II 所示的通信方式为宇宙站之间的通信，III 所示的通信方式为通过宇宙站的转发或反射进行的地球站之间的通信，通常称为卫星通信。目前，大多数通信卫星是地球同步卫星（静止轨道卫星）。这种卫星的运行轨道是赤道平面内的圆形轨道，距地面约 36000km，其轨道的旋转与地球同步。因此从地面上向上看卫星是静止不动的，且这类卫星地球站不需要使用跟踪天线，从而使得空间和地面段设备的价格比非静止轨道卫星系统的低得多。图 8-1 给出静止卫星与地球相对位置。以 120°等间隔的在静止轨道上配置 3 颗卫星，则地球表面除了两极区未被卫星波束覆盖外，其他区域均在覆盖范围之内，而且其中部分区域为两个静止卫星波束的重叠地区，因此借助于在重叠区内地球站的中继，可实现在不同卫星覆盖区内地球站之间的通信。

2. 卫星通信的特点

（1）与其他通信方式相比，卫星通信的优点

① 通信距离远，且费用与通信距离无关。由图 8-1 可见，利用静止卫星，最大通信距离达 18000km 左右，一颗静止卫星可覆盖地球表面积的 42.4％，3 颗等间隔配置的静止卫星就可以实现除地球两极之外的全球通信，而且建站费用和运行费用不因通信站之间的距离远近及两站之间地面上的自然条件恶劣程度而变化。这在远距离通信上，比地面微波中继、电缆、光缆、短波通信等有明显的优势。除了国际通信外，在国内或区域通信中，尤其对边远城市、农村和交通、经济不发达地区，卫星通信是极有效的现代通信手段。

② 覆盖面积大，可进行多址通信。许多其他类型的通信手段，通常只能实现点对点通信。例如地面微波中继线路只有干线或分支线路上的中继站方能参与通信，不在这条线上的点就无法利用它进行通信。而卫星通信由于是大面积覆盖，在卫星天线波束覆盖的整个区域内的任何一点，都可设置地球站，这些地球站可共用一颗通信卫星来实现双边或多边通信。

③ 通信频带宽，传输容量大，适于多种业务传输。卫星通信使用微波频段，通信带宽和传输容量要比其他频段大很多。目前，卫星通信带宽可达 500～1000MHz，一颗卫星的容量可达数千路以至上万路电话，并可传输高分辨率的照片和其他信息。

④ 通信线路稳定可靠，通信质量高。卫星通信的电波主要是在大气层以外的宇宙空间传输，而宇宙空间是接近真空状态的，可看作是均匀介质，电波传输比较稳定。同时它不受地形、地物如丘陵、沙漠、丛林、沼泽地等自然条件的影响，且不易受自然或人为干扰以及通信距离变化的影响，通信稳定可靠，传输质量高。

⑤ 通信链路灵活。地面微波通信要考虑地势情况，要避开高空遮挡，在高空中、海洋上

都不能实现通信,而卫星通信解决了这个问题,具有较大的灵活性。

⑥ 机动性好。卫星通信不仅能作为大型地球站之间的远距离通信干线,而且可以为车载、船载、地面小型机动终端以及个人终端提供通信,能够根据需要迅速建立同各个方向的通信联络,能在短时间内将通信网延伸至新的区域,或者使设施遭到破坏的地域迅速恢复通信。

由于卫星具有上述这些突出优点,从而获得了迅速的发展,成为强有力的现代化通信手段之一。

(2) 但卫星通信存在的不足

① 保密性差。通信卫星公开暴露在空间轨道上,通信信号传输的过程中容易被敌人截获、干扰、甚至通信卫星会被摧毁。

② 通信时延长,存在回声干扰。静止通信卫星与地面站间的距离平均为40000km,无线电波在地球站—卫星—地球站传播的单向时延为0.27s。

③ 存在星蚀现象。当卫星、地球和太阳共处一条直线上,卫星在地球的阴影区时,地球挡住太阳光对卫星照射,造成卫星的日食,俗称星蚀,会带来一些不利影响。

④ 存在日凌中断现象。当太阳、卫星和地球共处一条直线上时,地球站天线对准卫星的同时也对准太阳,强大的太阳噪声进入地球站将造成通信中断——日凌中断,对通信造成影响。

⑤ 10GHz以上频带受雨雪的影响。

⑥ 卫星通信整个系统的技术比较复杂,要求高,通信卫星的使用寿命较短。

⑦ 两极地区为通信盲区,高纬度通信效果较差。

8.1.2　卫星通信系统的组成

卫星通信系统是由卫星、地球站、测控和管理系统组成,如图8-3所示。通信卫星起中继作用,把一个地球站送来的信号经变频和放大再传送给另一端的地球站。地球站实际是卫星系统与地面通信系统的接口,地面用户将通过地球站接入卫星系统。为了保证系统的正常运行,卫星通信系统还必须有测控系统和监测管理系统配合。测控系统对通信卫星的轨道位置进行测量和控制,以保持预定的轨道。监测管理系统对所有通过卫星有效载荷(转发器)的通信业务进行监测管理,以保持整个系统的安全、稳定运行。

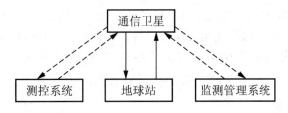

图8-3　卫星通信系统的基本组成

1. 通信卫星

通信卫星是一个设在空中的微波中继站,卫星中的通信系统称为卫星转发器,其主要功能是进行卫星信号的接收、处理和发射,具体过程为:收到地面发来的信号(上行信号)后,进行低噪声放大、混频,混频后的信号再进行功率放大,然后发射回地面(下行信号)。卫星通信中,上行信号和下行信号频率是不同的,这是为了避免在卫星通信天线中产生同频率信号干扰。

对转发器的基本要求是:以最小的附加噪声和失真,以足够的工作频带和输出功率为各地球站有效而可靠地转发无线电信号。一个通信卫星往往有多个转发器,每个转发器被分配在某一工作频段中,并根据所使用的天线覆盖区域,租用或分配给处在覆盖区域的卫星通信用户。

2. 地球站

卫星通信地球站的基本作用是向卫星发射信号,并接收由其他地球站经卫星转发来的信号。通常,卫星通信信号的传输距离远,传播损耗大。因此要求地球站发射机有大的发射功率,而接收机必须采用低噪声放大器。

典型的地球站由天线馈电系统、发射分系统、接收分系统、终端分系统及辅助系统等组成。

(1) 天线馈电系统

天线馈电系统包括天线、馈线和跟踪设备 3 个部分,完成发送信号、接收信号和跟踪卫星的任务,是决定地面站容量与通信质量的关键组成之一。

天线是一种定向辐射和接收电磁波的装置。根据地球站的功能,天线口径可大到 32m,也可小到 1m 或更小。对天线要求有:高的定向增益、低的噪声温度、频带宽、旋转性好、高的机械精度,目前大多数地球站使用的是卡塞格伦天线。馈电设备(馈线)主要由馈源喇叭、双工器、线/圆极化变换器等波导器件和传输波导组成,主要作用是馈送信号和分离信号。天线跟踪设备通常由信标接收机、伺服控制设备和驱动设备(驱动电机和减速器等)组成。

(2) 发射分系统

发射分系统的主要作用是将终端分系统送来的基带信号调制为中频信号,再进行上变频变换成射频信号,再经过功率放大到一定值后输送给天线分系统发往卫星。其要求是:发射功率大,频带宽度 500MHz 以上,增益稳定以及功率放大器的线性度高。业务量大的大型地球站常采用速调管功率放大器,输出功率可达 3000W,中型地球站常采用行波管功率放大器,功率等级为 100~400W。

(3) 接收分系统

接收分系统的主要作用是将天线分系统收到的由卫星转发下来的微弱信号进行低噪声放大、分离、下变频和解调,然后送至终端分系统。对它的要求是低噪声、宽频带、选择性好。为满足上述要求,地球站除采用高增益天线以外,接收机的前级一般都要采用低噪声放大器。

(4) 终端分系统

对发送支路来讲,终端分系统的基本任务是:将用户设备(电话、电话交换机、计算机、传真机等)通过传输线接口输入的信号加以处理,使之变成适合卫星信道传输的信号形式。对接收支路来讲,则进行与发送支路相反的处理,将接收设备送来的信号恢复成用户的信号。

(5) 辅助系统

辅助系统包括控制分系统和电源分系统。控制分系统通过监控台监测各种设备是否发生故障、主要设备的工作参数是否正常等,便于及时处理,并有效地对设备进行维护管理。电源分系统对所有通信设备及辅助设备供电。

8.1.3 卫星通信的工作频段

1. 工作频段的选择原则

卫星通信工作频段的选择是个十分重要的问题。它将影响到系统的传输容量、地球站及转发器的发射功率,天线尺寸及设备的复杂程度等。选择工作频段时,主要考虑如下因素:①工作频段的电磁波应能穿透电离层;②电波传输损耗及其他损耗应尽可能小;③天线系统接收的外界噪声要小;④设备重量要轻,耗电要省;⑤可用频带要宽,以满足通信容量的需要;⑥与其他通信系统(如微波中继通信系统、雷达系统等)之间的相互干扰应尽量小;⑦能充分利用现有技术设备,并便于与现有通信设备配合使用等。

鉴于对上述各因素的综合考虑,应将卫星通信的工作频段选在具有较宽频带的微波频段(300MHz~300GHz)。

微波频段可以根据波长分为特高频(UHF,频率为0.3~3GHz)、超高频(SHF,频率为3~30GHz)和极高频(EHF,频率为30~300GHz),进一步细分的具体情况列于表8-1中。

表 8-1　微波频段

微波频段	频率范围/GHz	微波频段	频率范围/GHz	微波频段	频率范围/GHz
L	1~2	K	18~26	E	60~90
S	2~4	Ka	26~40	W	75~110
C	4~8	Q	33~50	D	110~170
X	8~12	U	40~60	G	140~220
Ku	12~18	V	50~75	Y	220~325

2. 主要工作频段

大多数卫星通信使用的频段主要有:①UHF波段,400/200MHz;②L波段,1.6/1.5GHz;③C波段,6.0/4.0GHz;④X波段,8.0/7.0GHz;⑤Ku波段,14.0/11.0GHz;⑥Ka波段,30/20GHz。

目前,正在运行的卫星移动通信系统主要使用UHF频段和L波段,即在0.1~3GHz的范围,其原因主要为:首先,此频段天线的波束较宽,不会由于用户稍微移动就使目标偏离出波束范围而造成通信中断;其次,传播损耗较小;再次,多普勒频移和信号绕射能力都优于频率高的波段。

但从信道可用带宽或系统容量来考虑,则频率的选择越高越好。从1GHz到10GHz这一最佳频段已不能满足卫星通信的发展对通信容量的需求。由于C频段开发、应用早,大多数卫星通信系统仍工作在C频段,目前已显得十分拥挤,它与地面微波中继通信系统的相互干扰的矛盾也十分突出。随着微波器件水平的不断发展和提高,Ku频段的卫星通信已于20世纪80年代初进入实用化阶段。目前,已进入Ka频段。与C频段相比,Ku频段的优点有如下几点:

（1）由于不同于地面中继线路所用频段，因此不存在与地面网干扰问题。地球站天线可设在城市中心建筑物顶上，将收到的信息直接传输到用户，因而比较简单，费用较低。卫星的发射功率也可不受限制。

（2）若地球站及卫星的天线尺寸一定，Ku 波束宽度比 C 波束的一半还窄。这意味着用 Ku 波段的静止卫星，在赤道上可以比用 C 波段的多放一倍，从而缓和了赤道轨道卫星频段的拥挤问题。另一方面卫星也便于多波束工作。

（3）相同尺寸的卫星天线增益，接收时是 C 波段的 5.33 倍，发射时是 9.15 倍，总的改善为 16.9dB。这一改善可用于弥补增加的传输损耗以及坏天气时增加的吸收损耗和噪声，或把地球站天线做小些和使用低成本卫星。

（4）使用 C 波段时，下行线卫星的辐射功率受到限制，而对 Ku 波段无此类限制。

然而，使用 Ku 频段也有缺点，这就是在暴雨、浓云、密雾的坏天气情况下，接收系统的 [C/T] 值下降很大（接收到的信号功率下降而噪声急剧增加）。在 30°仰角时，恶劣天气所增加的噪声和吸收损耗，大体上与增加的天线增益的影响相抵消。因此，使用 Ku 频段卫星通信网中的地球站，必须避免低仰角。

Ka 频段也已开始使用，上行线频率为 27.5～31GHz，下行线频率为 17.7～21.2GHz。用该频段时的可用带宽可增大到 3.5GHz，为 C 波段时的 500MHz 的 7 倍，因此有很大的吸引力。Ka 频段的雨衰问题解决之后，Ka 的应用范围不断发展。

8.2　卫星通信的关键技术

8.2.1　卫星通信体制概述

所谓卫星通信体制，是指卫星通信系统采用的信号传输、交换方式，也就是根据信道条件及通信要求，在系统中采用何种信号形式（时间波形与频谱结构）以及怎样进行传输（包括各种处理和变换），用什么方式进行交换等。通常按照所采用的基带信号类型、多路复用方式、调制方式、多址连接方式，以及信道分配与交换制度的不同划分为不同的卫星通信系统体制。除了一般的无线通信都要涉及的基本信号形式、调制方式等问题外，卫星通信有其特殊的问题。多址连接是卫星通信的一个基本特点，是卫星通信体制的重要内容。

1. 多址连接方式

由于卫星通信具有广播和大面积覆盖的特点，因此适于多个站之间同时通过共同的卫星通信，即多址通信——常称为"多址连接"。多址连接是卫星通信的一个基本特点，它是卫星通信体制的重要内容。

（1）多址连接的基本概念

卫星通信的基本特点是能进行多址通信（或者说多址连接）。系统中的各地球站均向卫星发送信号，卫星将这些信号混合并作必要的处理（如放大、变频）与交换（如不同波束之间的交换），然后向地球的某些区域分别转发。那么，用什么样的信号传输方式，才能使接收站从这些信号中识别出发给本站的信号并知道发自哪个站呢？这是多址通信首先要解决的问题。应该指出的是，如果一个站只发送一个射频载波（或一个射频分帧），多址的概念是清楚的。但是,很可能一个站发送几个射频载波,而我们关心的是如何区分出不同的射频载波或分帧。多址方式的出现,大大提高了卫星通信线路的利用率和通信连接的灵活性。

先解释另一个基本概念:多路复用。多路复用也是研究和解决信道复用问题,即多个信号混合传输后如何加以区分的技术问题,理论基础是信号的正交分割原理。在通信过程中通过多路复用技术将多个信号的复合(或混合)、复合信号在信道上的传输以及到接收端进行信号的分离(或分割)。多路复用是利用一条信道同时传输多路信号的一种技术,多路复用可分为频分复用、时分复用、码分复用和波分复用。

(2)实现多址连接的依据

实现多址连接的技术基础是信号分割,就是在发端进行恰当的信号设计,使系统中各地球站所发射的信号间有差别;而各地球站接收端则具有信号识别的能力,能从混合的信号中选择出所需的信号。考虑到实际存在的噪声和其他因素的影响,最有效的分割和识别方法是设法利用某些信号所具有的正交性,来实现多址连接。图 8-4 为频率、时间和空间所组成的三度坐标来表征的多址立方体。

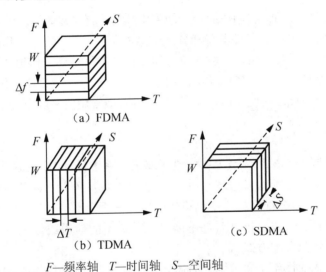

F—频率轴　T—时间轴　S—空间轴

图 8-4 多址立方体的分割

多址连接方式和实现的技术是多种多样的,目前常用的多址方式有 FDMA、TDMA、CDMA 和 SDMA 以及它们的组合形式。此外,还有利用正交极化分割多址连接方式,即所谓频率再用技术等。

① 频分多址(FDMA)。频分多址是根据地面站分配的射频频率不同,按照频率的高低顺序排列在卫星的频带里,使各地球站的地址频率在卫星转发器频带内不发生重叠,而且还要留有保护频带。即按照频率不同来区别地球站的站址。

② 时分多址(TDMA)。时分多址方式是将通过卫星转发器的信号在时间上分割成“帧”来进行多址划分的,在一个帧内又划分若干时隙(分帧),再将这些时隙分配给地球站,并且只允许各地球站在所规定的时隙内发射信号。时分多址较好地解决了频分多址方式存在的交调干扰,因此被认为是频分多址的替代方式。

③ 码分多址（CDMA）。所谓码分多址，就是用码型来区别地球站站址。CDMA 方式属拓宽频带、低信噪比的工作方式。利用了扩展频谱的方法，用自相关性非常强而互相关性比较低的周期性码序列作为地址码，对被用户信息调制过的已调波进行再次调制，使其频谱大为展宽（称为扩频调制）。经卫星信道传输后，在接收端以本地产生的已知地址码为参考，根据相关性的差异对收到的信号进行鉴别，从中将与本地地址码完全一致的宽带信号还原为窄带而选出，其他与本地地址码无关的信号则仍保持或扩展为宽带信号而滤去（称为扩频解调或相关监测）。目前，CDMA 方式的实现方法有直接序列 CDMA 和跳频 CDMA 两种方式。

④ 空分多址（SDMA）。SDMA 是根据各地球站所处的空间区域的不同而加以区分的，在卫星上装有多副窄波束天线，其分别指向不同区域的地球站，利用波束在空间指向的差异（各区域的地球站所发出的信号在空间互不重叠）来区分不同地球站，各地球站在同一时间内采用相同的频率通信不会引起相互干扰，使同一频率能够再用，从而容纳更多的用户。

2. 多址方式的信道分配

信道分配制度是卫星通信体制的一个重要组成部分，它与基带复用方式、调制方式、多址连接方式互相结合，共同决定转发器和各地球站的信道配置、信道工作效率、线路组成及整个系统的通信容量，以及对用户的服务质量和设备复杂程度等。信道分配技术中，"信道"一词的含义，在 FDMA 中，是指各地球站占用的转发器频段；在 TDMA 中，是指各站占用的时隙；在 CDMA 中，是指各站使用的正交码组。目前，最常用的分配制度有预分配方式和按需分配方式两种。

（1）预分配方式

① 固定预分配方式（PAMA 或 PA）。在卫星通信系统设计时，把信道按频率、按时隙或按其他无线电信号参量分配给各地球站，每个站分到的数量可以不相等，以该站与其他站的通信业务量多少来决定，分配后使用中信道的归属一直固定不变，即各地球站只能使用自己的信道，不论业务量大小，线路忙、闲，都不能占用其他站的信道或借出自己的信道，这种信道分配方式就是固定预分配方式。

这种预分配方式的优点是通信线路的建立和控制非常简便，缺点是信道的利用率低，所以这种分配方式只适用于通信业务量大的系统。

② 按时预分配（TPA）方式。按时预分配方式是先要对系统内各地球站间的业务量随"时差"或随其他因素在一天内的变动规律进行调查和统计，然后根据网中各站业务量的重大变化规律，可预先约定作几次站间信道重分。这种方式的信道利用率显然要比固定预分配分式要高，但从每个时刻来看，这种方式也是履行固定预分配的，所以它也适用于大容量线路，并且在国际通信网中较多采用。

（2）按需分配（DAMA）方式

为了克服预分配方式的缺点，提出了按需分配方式，也叫作按申请分配方式。按需分配方式的特点是所有的信道为系统中所有的地球站公用，信道的分配要根据当时的各站通信业务量而临时安排，信道的分配灵活。

这种信道分配方式的优点是信道的利用率大大提高，但缺点是通信的控制变得复杂了。通常都要在卫星转发器上单独规定一个信道作为专用的公用通信信道，以便各地球站进行申请、分配信道时使用。常用的按需分配方式有如下几种。

① 全可变方式。发射信道与接收信道都可以随时地进行申请和分配。信道使用结束后，立即归还，以供其他各地球站申请使用。全可变分配方式可采用3种不同的控制方式：集中控制、分配控制和混合控制方式。

• 集中控制。方式是指系统的信道分配、状态监测、计费、通话等，都要通过主站。从通信网的结构看，这种控制方式是星状的，如图8-5所示。其中，实线是指话间信道，虚线是指公用控制信道。CSC是广播式的公用传信通道，系统中各站都监视接收这个频率的信号。集中控制方式的按申请全可变分配系统的一个典型例子是美国的海事卫星通信系统。

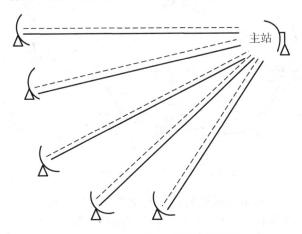

图8-5　集中控制方式的网络结构

• 分散控制。是指系统的信道分配、状态监测、计费、通话等均以点对点为基础，即各站之间可以直接联系、通话而不需要经过主站。从通信网的结构看，这种方式是网状的，如图8-6所示。SPADE系统是分散控制方式的按申请全可变分配系统的一个典型例子。

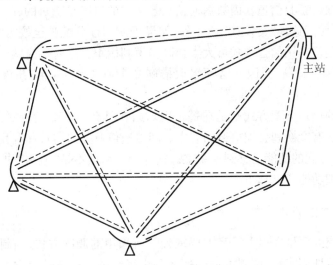

图8-6　分散控制方式网络结构

• 混合控制方式。是指系统的信道分配、状态监测、计费由主站负责，而通话线路却不经过主站,主叫站与被叫站直接通话。从通信网的结构看,CSC 是星状结构而话音信道是网状结构,如图 8-7 所示。混合控制方式的按申请全可变分配系统的一个典型例子是阿尔及利亚的国内卫星通信系统。

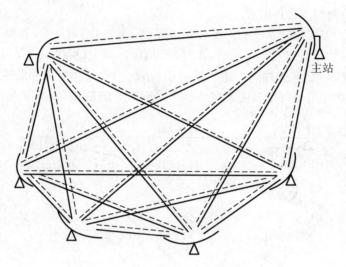

图 8-7 混合控制方式的网络结构

② 可群全可变方式。这种方式是把系统内业务联系比较密切的地球站分成若干群,卫星转发器的信道也相应分成若干群,各群内的信道可采用全可变方式,但不能转让给别的群。群与群之间的连接有几种方法,其中之一是各群中设有一个主站,群内设有群的小区控制器 CSC 供群内各站与主站连接,另外还设有群间的 CSC,供各群主站相互连接使用,通过主站的连接把信道分给两个不同群的地球站,以建立这两个站之间的通信连接。

③ 随机分配方式(RA)。随机分配是面向用户而选取信道的方法,通信网中的每个用户可以随机地选取(占用)信道。因数据通信一般发送的时间是随机的、间断的,通常传送数据的时间很短促,对于这种"突发式"的业务,如果仍使用预分配甚至按需分配,则信道利用率就很低。采用随机占用信道方式可大大提高信道利用率。这时每逢两个以上用户同时争用信道时,势必发生"碰撞"。因此必须采取措施减少或避免"碰撞"并重发已遭"碰撞"的数据。

以上所讨论的信道分配方式都是在每个地球站各具有一台交换机的条件下进行的,而卫星透明转发器没有交换和分配信道的能力。随着通信业务的增长和利用卫星转发器的技术发展,某些信道分配的功能已移到卫星上。这样的卫星就不是"透明"的了,而是具有交换和信号加工的处理功能了。

8.2.2 卫星通信中的调制技术

一个通信系统的质量在很大程度上要依赖于所采用的调制方式,调制的目的是为了使信号特性与信道特性相匹配,调制方式的选择是由系统的信道特性决定的。在卫星通信系统中,模拟信号的调制方式通常是频率调制(FM),数字信号的调制方式通常为相移键控(PSK)调制和频移键控(FSK)调制。

图 8-8 是卫星通信系统传输数字信号的方框图。由图 8-8 可看出,卫星通信信道是个较典型的带限和非线性的恒参信道。图 8-8 中收、发两端的中频滤波器,使得信道的通频带具有带限的特性,发射设备的高功率放大器和卫星转发器中的行波管放大器都是非线性部件,其输入输出特性非线性的,而且具有幅/相转换(AM/PM)效应,即当输入信号幅度变化时,能够转换为输出信号的相位变化。信道的自由空间部分基本上是恒参的,没有起伏衰落现象,但如果卫星是移动的,则信道还具有多普勒偏移特性以及反射路径带来的多径特性等。

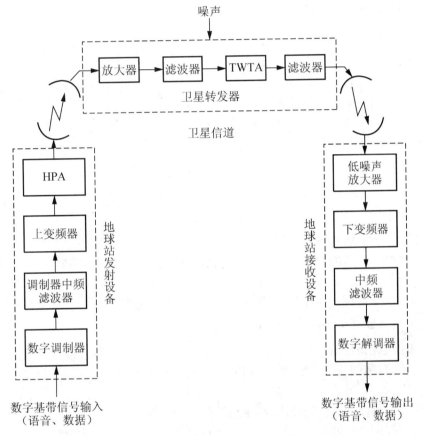

图 8-8　数字卫星通信系统的简化方框图(单向传输的情况)

　　因此,在卫星通信系统中,对数字调制方式有以下要求:①由于卫星通信信道的非线性及 AM/PM 效应,要求调制后的波形尽量具有恒定包络的特点,很少采用幅度变化的数字调制技术;②选择尽可能少地占用射频频带,而又能高效利用有限频带资源且抗衰落和抗干扰性能强的调制技术;③采用的调制信号的旁瓣应尽可能地小,以减少相邻通道之间的干扰。

　　考虑到以上因素,在卫星通信系统中所使用的调制方式一般为 PSK、FSK 和以此为基础的其他调制方式,如二相相移键控(BPSK)、四相相移键控(QPSK,Quadrature Phase Shift Key)、偏差四相相移键控(OQPSK,Offset Quadrature Shift Key)、最小频移键控(MSK,Minimum Shift Key)和高斯滤波的最小频移键控(GMSK,Gaussian Filtered MSK)等。

　　调制器产生调相波形有两大类方法:一类是用数字信号控制单一振荡源的相位产生调

相波形,称直接控制调相法;另一类是根据数字信号的组合(指多相调相),从多个不同的相位的振荡源中选取所需的符号相位以产生调相波形,称选择相位法。解调器对调相波的解调都是依据相干检测原理建立起来的,按最佳接收或其变形来实现的。下面扼要介绍BPSK、QPSK、OQPSK、MSK的全(或大部分)数字化问题。

1. 二进制相移键控(2PSK 或 BPSK)

二进制相移键控中,载波的相位随调制信号1或0改变,通常用相位0°和180°来分别表示1或0。BPSK 信号的典型的波形如图 8-9 所示。

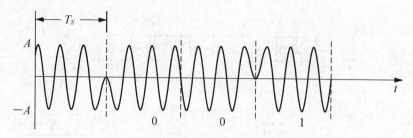

图 8-9　BPSK 信号的典型波形

BPSK 信号是双极性非归零码的双边带调制,其调制信号没有直流分量,因而是抑制载波的双边带调制。

由于本地参考载波有 0、π 模糊度,因而解调得到的数字可能极性完全相反,即解调出的数字基带信号将与发送的数字基带信号正好相反,解调器输出数字基带信号全部出错,这种现象通常称为"倒 π"现象。由于在 BPSK 信号的载波恢复过程中存在着 180°的相位模糊,这使得信号的相干解调存在随机的"倒 π"现象,从而使得 BPSK 方式在实际中很少采用。

2. 四相相移键控(QPSK)

四相相移键控是目前微波或卫星数字通信中最常用的一种载波传输方式,它具有较高的频谱利用率,较强的抗干扰性,同时在电路上也比较简单,成为某些通信系统的一种主要调制方式。

QPSK 是一种多进制调制技术,利用载波的 4 种不同相位来表示数字信息。由于每一种载波相位代表两个比特信息,因此每个四进制码元可以用两个二进制码元的组合来表示。两个二进制码元中的前一个比特用 a 表示,后一个比特用 b 表示,则双比特 ab 与载波相位的关系见表 8-2。

表 8-2　双比特与载波相位关系表

双比特码元		载波相位	
a	b	A 方式	B 方式
0	0	0°	225°
1	0	90°	315°
1	1	180°	45°
0	1	270°	135°

QPSK 信号可以采用正交调制的方式产生，它可以看成由两个载波正交的 BPSK 调制器构成。串/并变换器将输入的二进制序列分为速率减半的两个并行的双极性序列 a 和 b，然后分别对 $\cos\omega_c t$ 和 $\sin\omega_c t$ 进行调制，相加后即可得到 QPSK 信号。

因此对 QPSK 信号的调解可以采用与 BPSK 信号类似的解调方法，同相支路和正交支路分别采用相干解调方式解调，经抽样判决和并/串变换器，将上/下支路得到的并行数据恢复成串行数据。同样，由于 QPSK 信号相干解调也会产生相位模糊问题，并且是 $0°$、$90°$、$180°$ 和 $270°$ 共 4 个相位模糊，因此在实际中更实用的是 4DPSK 方式（四相相对移相调制）。

3. 交错相移键控(OQPSK)

前面讨论 QPSK 信号，假定每个符号的包络是矩形的，即信号的包络是恒定的。此时已调信号的频谱是无限宽。由于实际信道总是带限的，发送的 QPSK 信号要经过带通滤波，带限后的 QPSK 信号已不再保持恒定包络。相邻符号间发生 $180°$ 相移时，会发生包络为零的现象，这种现象在非线性带限信道中是特别不希望发生的。因为包络的起伏经非线性放大后会使信号频谱展宽，其旁瓣将干扰邻近频道的信号，发送时的带限滤波器将失去作用。

如果在正交调制时，将正交通路基带信号延时一个信息间隔 (T_b)，则可减少包络起伏。这种将正交（或同相）支路延时一段时间的调制方法称为交错相移键控或偏移四相键控，记作 QPSK，也称差四相相移键控。

OQPSK 也是把输入数据流分成同相与正交两个数据流。但是，OQPSK 的同相与正交数据流，在时间上相互错开了一个码元间隔 T_b（即半个符号周期 $T_s = 2T_b$），而不像 QPSK 那样，I、Q 两个数据流在时间上一致的（即码元的沿是对齐的），如图 8-10 所示。

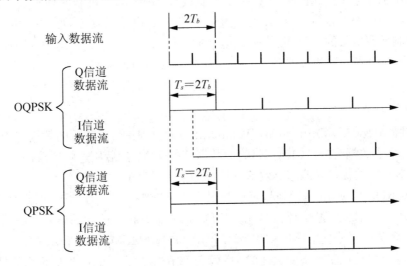

图 8-10 OQPSK、QPSK 数据流的时间关系

由图 8-10 可以看出，OQPSK 信号中，I(同相)、Q(正交)两个数据流，每次只能有其中一个可能发生极性转换。所以每当一个新的输入比特进入调制器的 I 或 Q 信道时，输出的 OQPSK 信号只有 $0°$、$\pm 90°$ 这 3 种相位跳变值，而根本不可能出现 $180°$ 相位跳变，其频谱特性要优于 QPSK。另外，OQPSK 中的两个同相、正交信道如同两个独立的二相 PSK 信道一样，可以分别进行差分编码。

4. 最小频移键控(MSK)

MSK 称为最小频移键控,有时也叫快速移频键控,所谓"最小"是指这种调制方式能以最小的调制指数(0.5)获得正交信号,而"快速"是指在给定同样的频带内,MSK 能比 BPSK 的数据传输速率更高,且在带外的频谱分量要比 BPSK 衰减得快。

MSK 的突出优点是信号功率谱在主瓣以外衰减得较快。然而,在一些通信场合,例如,移动通信中,对信号带外辐射功率的限制十分严格,比如要求信号的相邻信道的辐射干扰功率与信道本身的功率相比必须衰减 70~80dB 以上。MSK 信号仍然不能满足这样苛刻的要求,为此,除了去探索更加优越的调制方式外,也不断在 MSK 的基础上作些改进。这些改进主要有两方面:一是对输入数据波形进行预处理;二是改变两个正交支路的加权函数。其中引人注目的是一种称之为"高斯最小频移键控(GMSK)"的调制方式,这种方法是在 MSK 调制之前,用高斯型低通滤波器对数据进行处理。如果恰当地选择此滤波器的带宽,能使信号的带外辐射功率小到满足上述严格要求的程度。GMSK 调制方式能满足移动通信环境下对邻道干扰的严格要求,它以其良好的性能而被泛欧数字蜂窝移动通信系统(GSM)所采用。

5. 正交幅度调制

正交幅度调制(QAM)又称为正交双边带调制,它将 2 路独立的基带信号分别对 2 个相互正交的同频载波进行抑制载波的双边带调制,所得到的 2 路已调信号再进行矢量相加,这个过程就是正交幅度调制。可见,QAM 是一种既调幅又调相的调制方式,它的包络不恒定,适合应用在有较强直射波的卫星信道和其他有较强直射波的信道中。

QAM 信号调制原理如图 8-11 所示。图 8-11 中,输入的二进制序列经过串/并变换器输出速率减半的两路并行序列,再分别经过 2 电平到 L 电平的变换,形成 L 电平的基带信号。为了抑制已调信号的带外辐射,该 L 电平的基带信号还要经过预调制低通滤波器,形成 $X(t)$ 和 $Y(t)$,再分别对同相载波和正交载波相乘。最后将两路信号相加即可以得到 QAM 信号。

6. 多载波调制

多载波调制(MCM,Multi-carrier Modulation)的原理是将被传输的数据流划分为 M 个子数据流,每个子数据流的传输速率将为原数据流的 1/M,然后用这些子数据流去并行调制 M 个载波。MCM 的优点是能够有效地抵抗移动信道的时间弥散性。

根据 MCM 的实现方式的不同,可以将其分为不同的种类,如多音实现 MCM(Multi-tone Realization MCM)、正交频分复用(OFDM,Orthogonal Frequency Division Multiplexing)MCM、多载波码分复用(MC-CDMA)MCM 和编码 MCM(Coded MCM)。

正交频分复用是近年来备受关注的一种多载波调制方式。由于调制后的信号的各个子载波是相互正交的,因此称为正交复用,OFDM 以减少和消除码间串扰(ISI)的影响来克服信道的频率选择性衰落。目前已经提出的 OFDM 方法有以下几种:滤波法、交错 QAM 法和 DFT 法等。

OFDM 不是包络恒定的调制方式,其峰值功率比平均功率要大得多。二者的比值取决于信道的星座图和脉冲成型滤波器的滚降系数 β。由于 OFDM 使用了多个载波,因此,当通过非线性放大器时,会降低它的抗误码性能。

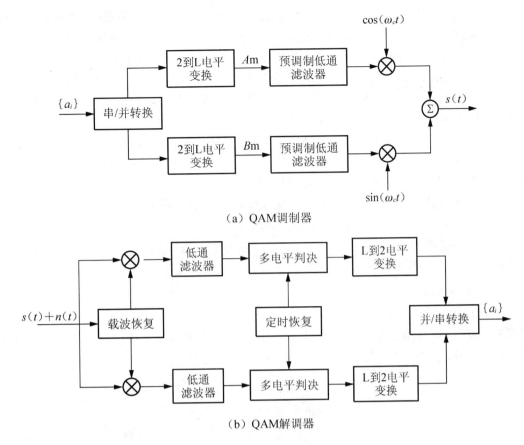

（a）QAM调制器

（b）QAM解调器

图 8-11　QAM 调制解调原理图

OFDM 的优点之一是能将宽带的、具有频率选择性衰落的信道转换为几个窄带的、具有频率非选择性衰落的子信道,子载波的数目取决于信道带宽、吞吐量和码元宽度,每个 OFDM 子信道的调制方式可以根据带宽和功率的需求进行选择。

8.3　卫星通信系统

卫星通信的发展过程可以划分为三代:第一代卫星通信提供固定业务,称为固定卫星通信系统;移动卫星通信又称为第二代卫星通信系统,它能够提供移动业务;第三代卫星通信将向个人通信发展,即卫星个人通信。

8.3.1　移动卫星通信系统

1. 卫星移动通信系统的特点

利用地球静止轨道卫星和中、低轨道卫星作为中继站,实现区域乃至全球范围的移动通信称为移动卫星通信。移动卫星通信系统的主要特点是不受地理环境和时间的限制,在卫星覆盖区域内没有通信盲区。移动卫星通信可实现移动用户间,移动用户与固定用户间的语音、数据、寻呼和定位等业务，具有为移动用户，包括手持机、车载、船载、机载和个人终端提供通信业务等特征。利用卫星移动通信业务可以建立范围广大的服务区，成为覆盖地域、空域、海域的超越国境的全球系统，这是其他任何类型的系统都难以达到的。卫星移动终端的小型化，系统的全球网络化，使移动卫星通信具有下列新的特点：①为了实现全球覆盖，需要采用多星系统，对于 GSO 轨道，利用 3 颗卫星可构成覆盖除地球南、北极区的卫星移动通信系统，若利用一颗 GSO 轨卫星仅可能构成区域覆盖的卫星移动通信系统，若利用中、低轨道卫星星座则可构成全球覆盖卫星移动通信系统。②由于移动终端的 EIRP（等效全向辐射功率）有限，对空间段的卫星转发器及星上天线需专门设计，并采用多点波束技术和大功率技术以满足系统的要求。③卫星天线波束应能适应地面覆盖区域的变化并保持指向，用户移动终端的天线波束应能随用户的移动而保持对卫星的指向，或者是全方向性天线波束；④由于移动体的运动，当产生"阴影"效应时会造成通信的阻断，因此，卫星移动通信系统应使用户移动终端能够多星共视。⑤卫星移动通信系统中，用户链路工作频段受到一定的限制，一般在 200MHz～10GHz。

2. 卫星移动通信系统的组成

移动卫星通信系统覆盖范围大，它除了为地面蜂窝网提供补充通信业务外，主要为地面蜂窝网未覆盖的广大地区提供移动通信业务，同时从建立全球信息基础设施的发展趋势来看，卫星移动通信系统将成为其重要的手段，如图 8-12 所示，它一般包括以下 3 部分。

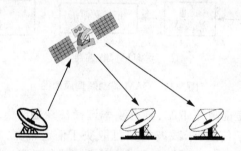

图 8-12 卫星通信系统简图

（1）空间段。指卫星星座，转发地面、空中、海上固定站和移动站的信息（也称为中继站）。

（2）地面段。指包括卫星测控中心、网络操作中心、主站和卫星移动终端在内的地面设备。主站亦称关口站，它担负公众电话网和移动卫星通信网之间的转接，为远端移动站和固定站用户提供话音和数据传输通道。

（3）移动用户通信终端。包括手持机、车（船、机）载便携式终端、可搬移式终端和固定终端等。

3. 卫星移动通信系统的分类

移动通信系统可以根据其应用来进行分类，也可以按照其所采用的卫星轨道来分类。

（1）按应用分类

可以分为海事移动卫星系统（MMSS）、航空移动卫星系统（AMSS）、陆地移动卫星系统（LMSS）。

① 海事移动卫星系统。国际海事卫星组织于 1979 年 7 月 16 日正式成立，总部设在英

国伦敦。主要用于海上指挥控制、全球指挥控制系统、全球广播系统和保密电话等通信业务。

② 航空移动卫星系统。AMSS 的主要用途是在飞机与地面之间为机组人员和乘客提供话音和数据通信。

③ 陆地移动卫星系统。LMSS 的主要用途是针对陆地上的移动用户而言。向目前地面蜂窝移动通信所不能覆盖的地区提供服务,特别是对幅员辽阔、山区和沙漠占很大比重的国家,以其通信面积广等独特的优势得到国际上高度重视。美国、加拿大、澳大利亚等国均在相继开发和研究,利用卫星通信对移动通信难以覆盖的地区进行通信,并取得了很好的效果。

(2) 按卫星轨道分类

按卫星距地面的高度又可以分为静止轨道卫星移动通信系统、中轨道卫星移动通信系统、低轨道卫星移动通信系统。

① 静止轨道(GEO)卫星移动通信系统。卫星处于地球赤道上空约 36000km 附近的地球同步轨道上,在地面上向上看去,卫星是固定的。由于它的高度高,只要 3 颗卫星就可以覆盖全球。但是,长的距离会引起很大的信号衰减和传播时延(从一个地球站到另一个地球站的往返时延达 0.5s 左右)。

② 低轨道(LEO)卫星移动通信系统。为了避免静止轨道卫星引起的大的信号衰减和时延,高度在 700～1500km 左右的低轨道卫星,已经投入使用。这时,为了覆盖整个地球表面,需要大量的卫星(几十颗以上),系统比较复杂。另外,LEO 卫星比 GEO 卫星重量轻、结构简单,它的轨道周期大约为 2h,因此是非静止轨道卫星。由于这个原因,一颗卫星在要求实时连接时,可能需要转换到那颗卫星的另一个天线波束上或另一颗卫星上。

③ 中轨道(MEO)卫星移动通信系统。为了避免静止轨道卫星的信号衰减和时延,又不使系统太复杂,高度在 10000km 左右的中轨道卫星,也已投入使用。这时用少量卫星(约 10 颗左右),就能实现全球覆盖。

8.3.2 VSAT 卫星通信系统

VSAT 是 Very Small Aperture Terminal 的简称,即甚小口径终端,实际是指一类具有甚小口径天线的,非常廉价的智能化的,很容易在用户办公地点安装的小型或微型地球站。例如,Ku 波段 VSAT 天线口径一般在 1.8m 以下;C 波段 VSAT 天线口径一般是在 3m 以下。VSAT 卫星通信网通常是由大量 VSAT 小站与一个中枢卫星通信主站(Hub)协同工作的,它们共同构成的一个广域稀路由(站多,各站业务量小)的卫星通信网,用以支持广大范围内的双向,或者广播,或者采集的综合信息业务。

1. VSAT 卫星通信网的特点

(1) 用户卫星通信地球站的小型化

它可以很方便地架设在办公地点(如办公楼的楼顶或办公室的窗外等)。

(2) 通信网设备的智能化

整个 VSAT 网络,将通信技术与计算机技术有效地结合在一起,并在网络管理、网络结构、信道接入、信号处理、业务流量,都实现了智能化。一般中枢站有主计算机、VSAT 有嵌入式计算机,参与网络的监控管理和运行。

（3）卫星通信网的灵活组网能力

它能根据业务类型和特点,形成不同的拓扑结构、卫星信道接入以及分配方式,来处理双向交互、单向采集、单向广播的综合信息业务网。VSAT 的业务可以是话音业务,数据业务、也可以是数据、话音、图像、视频信号的综合业务。

2. VSAT 卫星通信网的组成

VSAT 通信网由 VSAT 小站、主站(或网控站)和卫星转发器组成的。大多数 VSAT 卫星通信系统采用星型网络结构,如图 8-13 所示。

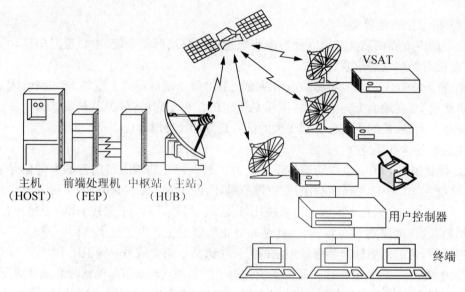

图 8-13　典型的 VSAT 卫星通信网组成示意图

① 主站。主站又称枢纽站或中心站,它是 VSAT 网的控制中心。其天线直径在 Ku 波段时(3.5～8)m,C 波段时用(7～13)m。并配有高功率放大器、低噪声放大器、上/下变频器、调制解调器及数据接口等设备。主站通常与主计算机放在一起或通过其他线路与主计算机连接。

② 小站。小站由小孔径天线、室外单元及室内单元组成。小孔径天线有正馈和偏馈两种形式。正馈天线尺寸较大,但一般小于 2.4m,而偏馈天线尺寸小、性能好。

③ 星。VSAT 网的空间部分是 C 频段或 Ku 频段的静止卫星上的转发器。目前大多数 VSAT 网采用 Ku 频段,它不存在与地面微波线路相互干扰,以及天线尺寸相同时,天线增益比 C 频段高(6～10)dB。

在如图 8-13 所示的 VSAT 网中,小站和主站通过卫星转发器连成星型网络结构。所有的小站可直接与主站互通。小站直接进行通信时,以双跳方式完成,即必须由小站首先将信号发送给主站,然后由主站转发给需要通信的小站。也有些 VSAT 卫星通信网并不配置主站,网络呈网状结构,网内任意两个 VSAT 地球站可以直接相互通信。

VSAT 卫星通信网可以采用星状、网状,以及混合的网络拓扑结构,不同的拓扑结构将影响系统中相应的 VSAT 站站型、卫星信道利用率、传输时延、设备成本和运行成本。

（1）星状结构的 VSAT 卫星通信网及其多址方式

星状网结构的 VSAT 卫星通信网设置有主站，各 VSAT 站经卫星只能与主站相互通信，它们之间不能直接通信，而必须经过主站的转接才能实现。主站采用大型天线和大功率发送设备，众多 VSAT 站可采用极小型天线和极小功率发送。主站是星形网的中心，它可对网络实施控制与管理。这种网络结构与许多行业及部门的业务相适应，它是一种高度集中的网络结构。

由主站发给 VSAT 的信号称为出主站（Outbound）信号，或外向信号，由 VSAT 发给主站的信号称为入主站（Inbound）信号，或内向信号。出主站信号中复接了主站发送给各个 VSAT 站的信号，可以采用的复用方式有 TDM、FDM、CDM。其中以 TDM 方式应用最广，对卫星信息利用率也最高，入主站信号中接入了各个 VSAT 站发送给主站的信号，可以采用的多址方式有 TDMA、FDMA、CDMA。它们分别按时隙、频率、伪随机码来划分接入信道，接入信道的分配方式可以是预分配或随机竞争或按需分配。

（2）网状结构的 VSAT 卫星通信网及其多址方式

在网状网结构的 VSAT 卫星通信网中，各 VSAT 站可经过卫星直接相互通信，它是无中心、分布式的网络结构，网中各 VSAT 站均具有双向传输功能。它的信道多址方式可以是 FDMA、TDMA、CDMA 中的任意一种，它按照频率、时隙、地址码把卫星转发器的资源分成信道。系统把信道按照预分配、随机竞争，或者按需分配的方式分配给用户使用。

如果系统是固定预分配方式工作，或者是随机竞争方式工作，它不需要设置网络控制主站，系统始终是无中心工作的。如果系统是按需分配方式工作，它需要设置网络控制主站。在分配资源时，系统以网络控制站为中心，VSAT 站在相互通信之前向网络控制站申请卫星通信信道的资源，在完成通信业务之后，归还所使用的卫星信道资源。申请和归还卫星通信资源的过程是以网络控制站为中心的星状结构的通信。在正常业务时，按照网状结构工作。

（3）混合结构的 VSAT 卫星通信网及其多址方式

混合结构是星形网与网状网络的混合，使星形网与网状网的 VSAT 地球站设备共同使用地球站的射频（RF）和天线设备，两种设备的中频段（IF）发送信号合路馈送到射频；射频接收信号到中频分路馈送到两路设备的中频段（IF）。两套系统基本上毫不相干，甚至仍然采用两套网络管理系统。因此这种混合网络物理上看起来是一个网络，但在逻辑上依旧是两个完全独立的网络，只是节省了部分射频和天线设备的投资。

这种混合结构的 VSAT 卫星通信网，主要是满足一些用户对数据和话音通信的双重需求。许多卫星通信网络系统公司都进行了尝试，并推出了自己的混合网络产品。混合网络大都是在其中一种网络无法满足特殊业务形式和业务种类的情况下才采用的。

小　　结

近年来，卫星发展迅速，已成为强有力的现代化通信手段之一。本章从卫星通信的定义及特点入手，介绍了卫星通信系统的组成与工作频段，重点对通信中的调制技术进行了深入讲解，全面分析了当前移动卫星通信系统和 VSAT 卫星通信系统的特点与组成。

阅读材料

天气预报的功臣——气象卫星

众所周知,通过天气预报人们不再需要通过观察星辰和计算节气来预测未来几天的天气,只需订购一条"天气预报早知道"的短信提醒就可以了解近3天的天气情况,方便我们的生活工作,这些都要归功于气象卫星。

我国的风云二号静止气象卫星可以提供每半个小时一次的高频次观测资料,是动态监测各类突发灾害性天气发展的有力工具,是天气分析特别是短时和临近天气预报的重要依据。除了报道一个地区或城市未来一段时期内的阴晴雨雪、最高最低气温、风向和风力及特殊的灾害性天气。气象台还能准确预报寒潮、台风、暴雨等自然灾害出现的位置和强度,这些为工农业的生产和群众的出行生活提供了安全保障。随着生产力的发展和科学技术的进步,人类活动范围空前扩大,对大自然的影响也越来越大,因而天气预报就成为现代社会不可缺少的重要信息。

北京时间 2013 年 9 月 23 日,中国在太原卫星发射中心用"长征四号丙"运载火箭,将第 3 颗"风云三号"气象卫星成功发射升空,该星将与目前在轨运行的两颗"风云三号"气象卫星组网运行,实现全球大气和地理地球物理要素的全天候多光谱和三维观测,并将我国全球观测数据的时间分辨率从 12h 缩短至 6h,进一步提高我国气象观测能力和中期天气预报能力。

习　　题

1. 卫星通信使用哪些工作频段?原因是什么?
2. 卫星通信系统主要由哪几个部分组成?什么是卫星转发器?它的主要功能是什么?
3. 卫星通信中采用了哪些多址技术?
4. 简述 VSAT 卫星通信网的基本概念和网络拓扑结构。

第**9**章

光纤通信系统

学习目标

（1）了解光纤通信发展史。
（2）熟悉光纤的结构和基本特性。
（3）掌握光纤传输设备的工作原理与应用。
（4）了解光纤通信新技术。

本章知识结构

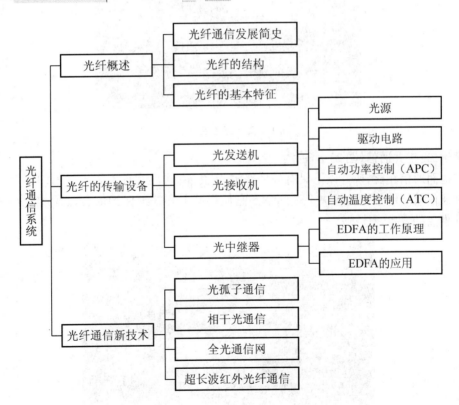

导入案例

与传统的电通信相比,光纤通信是以光波作为载波,以光纤为传输介质的通信。由于光纤通信具有损耗低、传输频带宽、容量大、体积小、重量轻、抗电磁干扰、不易串音等优点,自其出现以来就备受业内人士的青睐,发展非常迅速。按光在光纤中的传输模式,光纤可分为单模光纤和多模光纤。多模光纤的纤芯较粗,可传多种模式的光,但其模间色散较大,限制了传输数字信号的频率,而且随着距离的增加,其限制效果更加明显。单模光纤的纤芯很细,只能传一种模式的光,因此,其模间色散很小,适用于远程传输,带宽较高,稳定性较好。

案例一:城市交通监控指挥(图1)

应用道路电视监控和交通信号实时控制,公安管理部门能够掌握重点区域,及时了解、调度事件,对维护好城市的治安和交通,为城市的经济发展护航保驾起到了重要作用。这些都要归功于光纤通信技术。

图1　城市交通监控指挥

案例二:矿井通信(图2)

与地面通信相比,矿井以下具有环境恶劣、矿尘重、湿度大等不利于通信的因素,这个时候光纤通信就能够很好地解决上述问题。它使得井下和井上保持信息通畅,能够减少矿井灾难性事故的发生。

图2　矿井通信

案例三:智能小区

我国智能小区的建设及改造工作正不断推进。位于某开发区的优山美地小区是首批"四网"合一住宅试点小区,目前正在加速小区内的智能电网建设。据介绍,一般小区居民家中的电网、电信网、广播电视网、互联网需要分别安设独立的传输线路,而该小区只需接入一根电力光纤,安装一个转换器后就能实现用电、上网、看电视、通电话等功能;水表、电表、煤气表也都可以实现智能控制和远程信息采集,收费员不必上门抄表。

9.1 光纤概述

所谓光纤通信,就是利用光纤来传输携带信息的光波以达到通信之目的。要使光波成为携带信息的载体,必须对之进行调制,在接收端再把信息从光波中检测出来。目前大都采用强度调制与直接检波方式(IM-DD)。又因为目前的光源器件与光接收器件的非线性比较严重,所以对光器件的线性度要求比较低的数字光纤通信在光纤通信中占据主要位置。典型的数字光纤通信系统方框图如图 9-1 所示。

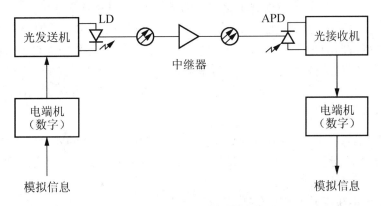

图 9-1 数字光纤通信系统方框图

从图 9-1 中可以看出,数字光纤通信系统基本上由光发送机、光纤与光接收机组成。发送端的电端机把信息(如话音)进行模/数转换,用转换后的数字信号去调制发送机中的光源器件 LD,则 LD 就会发出携带信息的光波。即当数字信号为"1"时,光源器件发送一个"传号"光脉冲;当数字信号为"0"时,光源器件发送一个"空号"(不发光)。光波经低衰耗光纤传输后到达接收端。在接收端,光接收机把数字信号从光波中检测出来送给电端机,电端机再进行数/模转换,恢复成原来的信息。就这样完成了一次通信的全过程。

9.1.1 光纤通信发展简史

伴随社会的进步与发展,以及人们日益增长的物质与文化需求,通信向大容量,长距离的方向发展已经是必然的趋势。由于光波具有极高的频率[大约 3×10^8 Hz(兆赫),或 300THz(T,太,10^{12})],也就是说具有极高的带宽从而可以载带巨大的通信信息,所以以光波作为载体来进行通信一直是人们几百年来追求的目标所在。

1. 光纤通信的里程碑

在 20 世纪 60 年代中期以前,人们虽然苦心研究过光圈波导、气体透镜波导、空心金属波导管等,想用它们作为传送光波的媒体以实现通信,但终因它们或者衰耗过大或者造价昂贵而无法实用化。也就是说历经几百年,人们始终没有找到传输光波的理想传送媒体。

1966 年 7 月,英籍、华裔学者高锟博士(K. C. Kao)在 PIEE 杂志上发表了一篇十分著名的文章《用于光频的光纤表面波导》,该文从理论上分析证明了用光纤作为传输媒体以实现光通信的可能性,并设计了通信用光纤的波导结(即阶跃光纤)。更重要的是科学地预言了制造通信用的超低耗光纤的可能性,即加强原材料提纯,加入适当的掺杂剂,可以把光纤的衰耗系数降低到 20dB/km 以下。而当时世界上只能制造用于工业、医学方面的光纤,其衰耗在 1000dB/km 以上。对于制造衰耗在 20dB/km 以下的光纤,被认为是可望而不可及的。以后的事实发展雄辩地证明了高锟博士文章的理论性和科学大胆预言的正确性,所以该文被誉为光纤通信的里程碑。

2. 导火索

1970 年美国康宁玻璃公司根据高锟文章的设想,用改进型化学相沉积法(MCVD 法)制造出当时世界上第一根超低耗光纤,成为使光纤通信爆炸性竞相发展的导火索。虽然当时康宁玻璃公司制造出的光纤只有几米长,衰耗约 20dB/km,而且几个小时之后便损坏了。但它毕竟证明了用当时的科学技术与工艺方法制造通信用的超低耗光纤是完全有可能的,也就是说找到了实现低衰耗传输光波的理想传输媒体,是光通信研究的重大实质性突破。

3. 爆炸性发展

自 1970 年以后,世界各发达国家对光纤通信的研究倾注了大量的人力与物力,其来势之猛、规模之大、速度之快远远超出了人们的意料,从而使光纤通信技术之进展突飞猛进、日新月异。

(1) 从光纤的衰耗来看

1970 年:20dB/km。

1972 年:4dB/km。

1974 年:1.1dB/km。

1976 年:0.5dB/km。

1979 年:0.2dB/km。

1990 年:0.14dB/km。

它已经接近石英光纤的理论衰耗极限值 0.1dB/km。

(2) 从光器件来看

1970 年,美国贝尔实验室研制出世界上第一只在室温下连续波工作的砷化镓铝半导体激光器,为光纤通信找到了合适的光源器件。后来逐渐发展到性能更好、寿命达几万小时的异质结条形激光器和现在的分布反馈式单纵模激光器(DFB)以及多量子阱激光器(MQW)。光接收器件也从简单的硅 PIN 光二极管发展到量子效率达 90% 的 Ⅲ～Ⅴ 族雪崩光二极管 APD。

(3) 从光纤通信系统来看

正是光纤制造技术和光电器件制造技术的飞速发展,以及大规模、超大规模集成电路技术和微处理机技术的发展,带动了光纤通信系统从小容量到大容量、从短距离到长距离、从低水平到高水平、从旧体制(PDH)到新体制(SDH)的迅猛发展。

1976 年,美国在亚特兰大开通了世界上第一个实用化光纤通信系统。码率为 45Mbps,中继距离为 10 km。

1980 年,多模光纤通信系统商用化(140Mbps),并着手单模光纤通信系统的现场试验工作。

1990 年,单模光纤通信系统进入商用化阶段(565Mbps),并着手进行零色散移位光纤和波分复用及相干通信的现场试验,而且陆续制定数字同步体系(SDH)的技术标准。

1993 年,SDH 产品开始商用化(622Mbps 以下)。

1995 年,2.5Gbps 的 SDH 产品进入商用化阶段。

1996 年,10Gbps 的 SDH 产品进入商用化阶段。

1997 年,采用波分复用技术(WDM)的 20Gbps 和 40Gbps 的 SDH 产品试验取得重大突破。

此外,在光孤子通信、超长波长通信和相干光通信方面也正在取得巨大进展。用带宽极宽的光波作为传送信息的载体以实现通信,这百年来人们梦寐以求的幻想在今天已成为活生生的现实。然而就目前的光纤通信而言,其实际应用仅是其潜在能力的 2% 左右,尚有巨大的潜力等待人们去开发利用。因此,光纤通信技术并未停滞不前,而是向更高水平、更高阶段方向发展。下述几个方面是近年来光纤通信研究的热门课题。

① 超高速、大容量、超长中继距离系统。超大容量和长距离中继距离是有矛盾的。因为容量增大,其中继距离将减小,故通常用通信码速率与中继距离的乘积来衡量其水平。目前研究实验的目标是使通信码速率更高(容量更大)和使中继距离更长,两者乘积更大,相干通信是有利于提高码速率和延长中继距离的。

② 光孤子传输。在增大传输中继距离方面,光纤的传光损耗和光接收机灵敏度不是唯一的障碍,另外光纤的色散使脉冲展宽也是一个重要的限制因素。光纤孤子脉冲传输的原理是利用光纤在大功率注入时的非线性作用与光纤中的色散作用达到平衡,使光脉冲在传输中无展宽。具体来说就是在大功率光源注入光纤的非线性作用下,产生一种"自相位调制",使脉冲波前沿速度变慢,而后沿速度变快,从而使脉冲不发生展宽。类似于流水中的一个不变形的旋涡孤子,故称孤子传输。

③ 高密度频分复用系统。波分复用可增加通信容量,利用相干通信系统可实现高密度频分复用,而且接收端可挑选任意信道的光载波,以便于在市内用户网上应用。

④ 超长波长、超低损耗光纤。要延长通信的中继距离,前面已经指出光纤衰减特性是主要障碍之一。目前,石英材料制成的光纤在 1550nm 波长处的衰减常数已接近理论最低值。如果再将波长加大,由于要受到红外线吸收的影响,衰减常数又会增大。因此,科技工作者多年来在寻找超长波长(2000nm 以上)窗口的超低损耗光纤。这种光纤可用于红外线光谱区,其材料有两大类:非石英的玻璃材料和结晶材料。

9.1.2 光纤的结构

通信用光纤主要是由纤芯和包层构成,包层外是涂覆层,整根光纤呈圆柱形。光纤的典

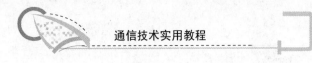
型结构如图 9-2 所示。

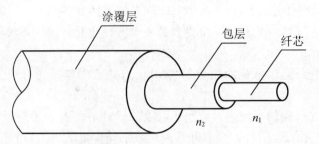

图 9-2　光纤的典型结构

纤芯的粗细、纤芯材料和包层材料的折射率,对光纤的特性起着决定性的影响。图 9-3 示出常用光纤的 3 种基本类型。

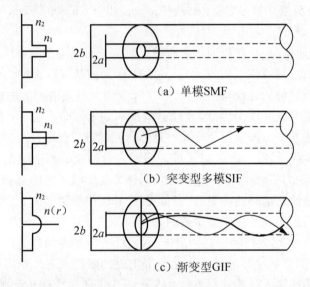

（a）单模SMF

（b）突变型多模SIF

（c）渐变型GIF

图 9-3　常用光纤 3 种基本类型

按照光在光纤中传输模式的不同,分为单模光纤和多模光纤。单模光纤的纤芯直径极细,一般不到 $10\mu m$,如图 9-3(a)所示。多模光纤的纤芯直径较粗,通常在 $50\mu m$ 左右。但从光纤的外观上来看,两种光纤区别不大。

多模光纤的纤芯和包层横截面上,折射率剖面有两种典型的分布。对于多模光纤而言,一种是纤芯和包层折射率沿光纤径向分布都是均匀的,而在纤芯和包层的交界面上,折射率呈阶梯形突变,这种光纤称为突变型光纤,如图 9-3(b)所示。另一种是纤芯的折射率不是均匀常数,而是随纤芯径向坐标增加而逐渐减小,一直渐变到等于包层折射率值,因而将这种光纤称为渐变型光纤,如图 9-3(c)所示。这两种光纤剖面的共同特点是:纤芯的折射率 n_1 大于包层折射率 n_2,这也是光信号在光纤中传输的必要条件。对于突变型光纤而言,它可以使光波在纤芯和包层的交界面形成全反射,引导光波沿纤芯向前传播;对于渐变型光纤而言,它可以使光波在纤芯中产生连续折射,形成穿过光纤轴线的类似于正弦波的光射线,引导光波沿纤芯向前传播,两种光射线轨迹如图 9-3(b)、图 9-3(c)所示。

9.1.3 光纤的基本特性

1. 衰减系数

光纤的损耗主要包括吸收损耗、散射损耗、弯曲损耗 3 种,在弯曲半径较大的情况下,弯曲损耗对光纤衰减系数的影响不大,决定光纤衰减系数的损耗主要是吸收损耗和散射损耗。

吸收损耗包括 3 部分:①玻璃组分中的原子缺陷导致的吸收;②玻璃材料中的杂质原子导致的非本征吸收;③光纤材料中的主要成分的原子导致的本征吸收。其中杂质吸收在吸收损耗中占据着主导地位,是由光纤中过渡金属离子和氢氧根离子 OH^- 吸收光而产生的光功率损耗。本征吸收是指制造光纤的基本材料(如纯净的 SiO_2)所引入的吸收效应,它是决定光纤在某个特定的频谱区域具有传输窗口的主要物理因素。即使光纤材料完美无缺,不含任何杂质、没有任何密度的变化及不均匀性,这种吸收效应也仍然存在。因此对于任何一种特定材料的光纤,本征吸收是最基本的,但它的影响也是比较小的。

散射损耗通常是由于光纤材料密度的微观变化,以及所含 SiO_2、GeO_2 和 P_2O_5 等成分的浓度不均匀,使得光纤中出现一些折射率分布不均匀的局部区域,从而引起光的散射,将一部分光功率散射到光纤外部引起损耗;或者在制造光纤的过程中,在纤芯和包层交界面上出现某些缺陷、残留一些气泡和气痕等。这些结构上有缺陷的几何尺寸远大于光波,引起与波长无关的散射损耗,并且将整个光纤损耗谱曲线上移,但这种散射损耗相对前一种散射损耗而言要小得多。

综合以上几个方面的损耗,单模光纤的衰减系数一般分别为 $0.3 \sim 0.4\,dB/km$(1310nm 区域)和 $0.17 \sim 0.25\,dB/km$(1550nm 区域)。ITU-T G.652 建议规定光纤在 1310nm 和 1550nm 的衰减系数应分别小于 $0.5\,dB/km$ 和 $0.4\,dB/km$。

2. 色散系数

光纤的色散指光纤中携带信号能量的各种模式成分或信号自身的不同频率成分因群速度不同,在传播过程中互相散开,从而引起信号失真的物理现象。一般光纤存在如下 3 种色散。

(1) 模式色散。光纤中携带同一个频率信号能量的各种模式成分,在传输过程中由于不同模式的时间延迟不同而引起的色散。

(2) 材料色散。由于光纤纤芯材料的折射率随频率变化,使得光纤中不同频率的信号分量具有不同的传播速度而引起的色散。

(3) 波导色散。光纤中具有同一个模式但携带不同频率的信号,因为不同的传播群速度而引起的色散。

几种典型光纤的色散特性如图 9-4 所示。

3. 模场直径

单模光纤的纤芯直径为 $8 \sim 10\,\mu m$,与工作波长 $1.3 \sim 1.6\,\mu m$ 处于同一量级,由于衍射效应,不易测出纤芯直径的精确值。此外,由于基模 LP01 场强的分布不只局限于纤芯之内,因而单模光纤纤芯直径的概念在物理上已没有什么意义,所以改用模场直径的概念。模场直径是产生空间光强分布的基模场分布的有效直径,也就是通常说的基模光斑的直径。

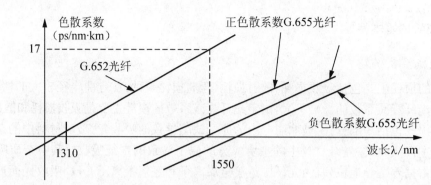

图 9-4　几种典型光纤的色散特性

G.652 光纤在 1310nm 波长区的模场直径标称值在 $8.6\sim9.5\mu m$ 范围,偏差小于 10%。G.655 光纤在 1550nm 波长区的模场直径标称值在 $8\sim11\mu m$ 范围,偏差小于 10%。上述两种单模光纤的包层直径均为 $125\mu m$。

4. 截止波长

第一高阶模或次最低阶模(LP_{11})的截止波长,对于单模光纤是一个非常重要的传输参数,它决定了单模传输或多模传输的条件。单模传输在波长比理论截止波长要长的条件下发生,理论截止波长由式(9.1-1)给出:

$$\lambda = \frac{2\pi a}{v}(n_1^2 - n_2^2)^{\frac{1}{2}} \tag{9.1-1}$$

对于阶跃折射率光纤,$v=2.405$。在这个波长处,只有 LP_{01} 模(也就是 HE_{11} 模)能在光纤中传播。

5. 零色散波长

当光纤的材料色散和波导色散在某个波长互相抵消时,光纤总的色度色散为零,该波长即为零色散波长。一般来讲,光纤的零色散波长位于 1310nm 波长区内,但人们可以通过巧妙的波导结构设计使光纤的零色散波长移到我们所希望的波长区内,从而制造出色散移位光纤。

6. 零色散斜率

在零色散波长附近,光纤的色度色散系数随波长而变化的曲线斜率称之为零色散斜率。其值越小,说明光纤的色散系数随波长的变化越缓慢,因此越容易一次性地对其区域内的所有光波长进行色散补偿,这一点对于 WDM 系统尤其重要,因为 WDM 系统是工作在某个波长区而不是某个单波长。

9.2　光纤传输设备

9.2.1　光发送机

光发送机是光纤通信系统的重要组成部分之一(另外组成部分是光接收机与光纤光缆),典型的光发送机的结构框图如图 9-5 所示。光发送机包括光源、驱动电路和一些辅助电路,其作用就是把数字化的通信信息(如 PCM 话路信号)转换成光信号发送到光纤当中进行传输。为此需要用数字电信号对光波进行调制。调制方法有多种如频移键控(FSK)、相移键控(PSK)等,但鉴于技术水平所限,现在大都采用最简单的强度调制(IM)方式,即数字电信号为"1"的瞬间,光发送机发送一个"传号"光脉冲;数字电信号为"0"的瞬间,光发送机不发光即"空号"(实际上发极微弱的光)。

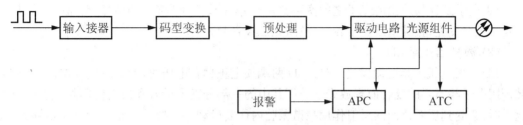

图 9-5 典型光发送机结构方框图

1. 光源

光源是光纤通信系统中的关键器件,它产生光纤通信系统所需要的光载波,同时也具有作为调制器的功能,其特性的好坏直接影响光纤通信系统的性能,用作光纤通信的光源必须满足一定的条件。

① 发射光波长适中。光源器件发射光波的波长,必须落在光纤呈现低衰耗的 $0.85\mu m$、$1.31\mu m$ 和 $1.55\mu m$ 附近。

② 温度特性好。光源器件的输出特性如发光波长与发射光功率大小等,一般来讲随温度变化而变化,尤其是在较高温度下其性能容易劣化。在光纤通信的初期与中期,经常需要对半导体激光器加制冷器和自动温控电路,而目前一些性能优良的激光器可以不需要任何温度保护措施。

③ 发射光功率足够大。光源器件一定要能在室温下连续工作,而且其入纤光功率足够大,最少也应有数百微瓦,当然达到 1mW 以上更好。在这里我们强调的是入纤光功率而不指单纯的发光功率。因为只有进入光纤后的光功率才有实际意义,由于光纤的几何尺寸极小(单模光纤的芯径不足 $10\mu m$),所以要求光源器件要具有与光纤较高的耦合效率。

④ 发光谱宽窄。光源器件发射出来的光的谱线宽度应该越窄越好。因为若其谱线过宽,会增大光纤的色散,减小光纤的传输容量与传输距离(色散受限制时)。例如对于长距离、大容量的光纤通信系统,其光源的谱线宽度应该小于 2nm。

目前,光源器件主要有两种:半导体发光二极管(LED)和半导体激光器(LD)。在选择一种与光波导匹配的光源时,光纤的各种不同特性,如它的几何尺寸、波长衰减、群时延失真以及它的模式特征都必须予以考虑。从半导体激光器中发出的方向性较好的相干光能耦合进单模光纤或多模光纤。通常,多模光纤采用 LED 作为光源,因为正常情况下,从 LED 发出的光只有注入多模光纤中时,这些非相干光才能以足够的有用功率与光纤相耦合。

(1) LED 的发光机理

半导体材料与其他材料(如金属与绝缘体)不同,它具有能带结构而不是能级结构。半导体材料的能带分为导带、价带与禁带,电子从高能级范围的导带跃迁到低能级范围的价带,会释放光子而发光。

LED 是由 GaAsAl 类的 P 型材料和 N 型材料制成,在两种材料的交界处形成了 PN 结。若在其两端加上正偏置电压,则 N 区中的电子与 P 区中的空穴会流向 PN 结区域并复合。复合时电子从高能级范围的导带跃迁到低能级范围的价带,并释放出能量约等于禁带宽变 E_g(导带与价带之差)的光子,即发出荧光。因为导带与价带本身的能级具有一定范围,所以电子跃迁释放出的光子之频率不是一个单一数值而是有一定的范围,故 LED 是属于自发辐射发光,且其谱线宽度较宽(较激光二极管而言)。

(2) 激光二极管 LD

LD 的发光机理是受激发光,当在 LD 两端加上正偏置电压时,像 LED 一样在 PN 结区域内因电子与空穴的复合而释放光子。而其中的一部分光子沿着和反射镜面相垂直的方向运动时,会受到反射镜面的反射作用在谐振腔内往复运动。只要外加正偏置电流足够大,光子的往复运动会激射出更多的与之频率相同的光子,即发生振荡现象,从而发出激光,这就是受激发光。

LED 与 LD 的一个主要差别在于,LED 输出非相干光,而 LD 输出相干光。对于相干光源,光的能量在光学谐振腔中产生。从谐振腔中释放的能量具有时间和空间相干性,这说明输出光有很好的单色性和方向性。而对于非相干的 LED 光源,不需要光学谐振腔来进行波长选择。LED 的输出光具有很宽的频谱。另外,非相干光能量按余弦函数分布向半球区域发射,因而光束有很大的发射角。

2. 驱动电路

驱动电路实际上是光源器件的调制电路,其作用是把数字电信号转换成光脉冲信号。最简单的驱动电路是共射极驱动电路,如图 9-6 所示。

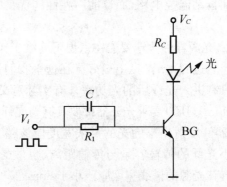

图 9-6　共射极驱动电路

显然,当数字电信号 $U_i = 0$ 时,BG 截止,光源器件无电流流过故不发光(空号)。而当 $U_i = 1$ 时,晶体管 BG 饱和导通,光源器件中有电流流过并达到其要求的工作电流,于是发光(传号)。就这样把电信号变成了光脉冲信号,完成了强度调制过程。

3. 自动功率控制(APC)

为了使光发送机能输出稳定的光功率信号,必须采用相应的负反馈措施来控制光源器件的发光功率。

目前通用的自动功率控制方法是背向光控制法(当然也有其他方法)。我们知道,LD 的谐振腔有两个反射镜面,它们是半透明的。它们的作用一方面构成谐振腔保证光子在其中往复运动以激射出新的光子;另一方面有相当一部分光子从反射镜透射出去即发光。前镜面透射出去的光谓之主光,通过与光纤的耦合发送光纤当中变成有用的传输。而后反射镜面辐射出去的光谓之副光,又叫背向光,利用它可以来监控光源器件发光功率的大小,如图 9-7 所示。

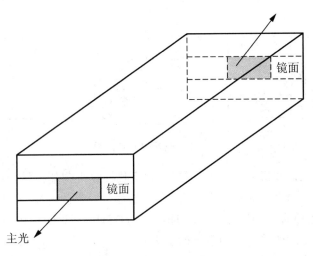

图 9-7 LD 的主光与副光

利用与 LD 封装在一起的光检测器 PD 就可以把副光转换成电信号并提供给 APC 电路,而 APC 电路把该电信号进行放大处理后,去控制 LD 的偏置电路即控制 LD 的偏置电流 I_B,从而达到控制 LD 发光功率的目的。

4. 自动温度控制(ATC)

我们知道,所有的半导体器件对温度的变化都是比较敏感的,对 LD 而言尤其如此。LD 的阈值电流 I_{th} 随着温度的上升而变大,若保持原来的偏置电流 IB 不变,LD 发光功率会降低。因此为 LD 提供一个温度比较恒定的环境是十分必要的。

利用与 LD 封装在一起的热敏电阻 R_t 可以有效地监视 LD 的工作环境温度。当温度发生变化时,R_t 的阻值也随之变化,把该变化信号输出给 ATC 电路,而 ATC 电路进行放大处理后再控制 LD 组件中的制冷装置。从而达到使 LD 工作环境温度恒定的目的。

制冷的方法很多,如强迫制冷、恒温槽制冷和温差制冷等。其中温差制冷最先进。即用特殊的半导体材料制成温差热电偶,当其中通过电流时,一端变冷而另一端变热。

9.2.2 光接收机

光接收机的作用是将通过光纤传来的光信号恢复成原来的电信号,光接收机的基本组成如图 9-8 所示。在光纤通信中,通常采用半导体 PIN 光敏二极管或半导体雪崩光敏二极管(APD)作为光检测器,它能将光纤传来的已调光信号转变成相应的电信号。

光电检测器输出的光电流是很微弱的,必须采用多级放大器将其放大到一定程度才能满足后续电路的要求。前置放大器作用就是把光检测器产生的微弱光电流进行预放大。主放大器的作用是把信号进一步放大,其增益一般在 50dB 以上。主放大器的输出脉冲幅度一般在 1~3V(峰-峰值),以满足判决再生电路的要求。再由均衡器把主放大器输出的脉冲进行均衡,以形成码间干扰最小、能量集中即最有利于进行判决的升余弦波形。判决再生电路对均衡器输出的脉冲流逐个进行判决,并再生成波形整齐的脉冲码流。自动增益控制(AGC)的主要作用是控制前置放大器与主放大器的增益,并使光接收机有一个规定的动态范围。

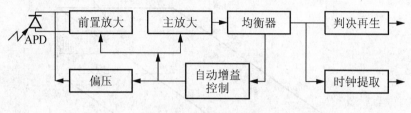

图 9-8 光接收机方框图

接收灵敏度是光接收机的一个重要参数,它反映接收机调整到最佳状态时,接收微弱光信号的能力。通常把数字光接收机的灵敏度定义为在一定误码率下的最小平均接收光功率,它与系统的信噪比有关,而信噪比又与接收机内部噪声(热噪声和点噪声)、光发射机噪声以及光信号在光纤的传输过程中引入的噪声有关。

9.2.3 光中继器

目前,实用的光纤数字通信系统都是用二进制 PCM 信号对光源进行直接强度调制的。光发送机输出的经过强度调制的光脉冲信号通过光纤传输到接收端。由于受发送光功率、接收机灵敏度、光纤线路损耗、甚至色散等因素的影响及限制,光端机之间的最大传输距离是有限的。

例如,在 $1.31\mu m$ 工作区 34Mbps 光端机的最大传输距离一般在 50~70km,140Mbps 光端机的最大传输距离一般在 40~60km。如果要超过这个最大传输距离,通常考虑增加光中继器,以放大和处理经衰减和变形了的光脉冲。目前的光中继器常采用光电再生中继器,即光—电—光中继器,光电检测器先将光纤送来的非常微弱的并失真了的光信号转换成电信号,再通过放大、整形、再定时、脉冲整形以及电光转换还原成与原来的信号一样的电脉冲信号。然后用这一电脉冲信号驱动激光器发光,又将电信号变换成光信号,向下一段光纤发送出光脉冲信号。过程复杂烦琐,很不利于光纤的高速传输。

人们经过努力研制了全光放大器,可以对光纤的两个长波长传输窗口的光波信号功率进行放大。光放大器的两种主要类型是半导体光放大器(SOA)和有源光纤或掺杂光纤放大器(DFA)。所有的放大器都是通过受激辐射过程来实现入射光功率放大的,产生受激辐射所需的粒子数反转机制与半导体激光器中使用的完全相同。尽管光放大器在结构上与激光器很相似,但它没有反馈机制,因此光放大器可以放大输入信号,但不能产生相干的光输出。

其中,设备吸收了外部泵浦光源提供的能量,在激活介质中泵浦为电子提供能量,使其达到较高的能级,产生粒子数反转。输入信号光子会通过受激辐射过程触发这些已经激活的电子,使其跃迁到较低的能级,从而产生一个放大的信号。

1. EDFA 的工作原理

为了实现光功率放大的目的,将一些光无源器件、泵浦源和掺铒光纤以特定的光学结构组合在一起,就构成了 EDFA(Erbium Doped Fiber Amplifier)光放大器。图 9-9 是一种典型的 EDFA 光放大器内部典型光学结构图。

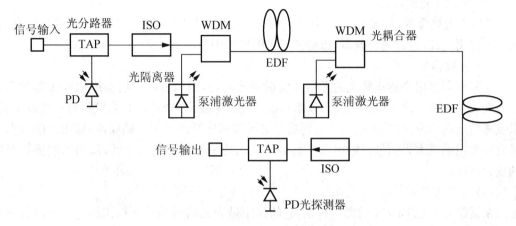

图 9-9   EDFA 光放大器内部典型光学结构图

如图 9-9 所示,输入信号光和泵浦激光器发出的泵浦光经过 WDM 器件合波后进入掺铒光纤 EDF,其中两只泵浦激光器构成两级泵浦,EDF 在泵浦光的激励下可以产生放大作用,从而也就实现了放大光信号的功能。

(1) 掺铒光纤

掺铒光纤 EDF 是光纤放大器的核心,它是一种内部掺有一定浓度铒离子 Er^{3+}(即失去了 3 个外部电子的铒原子)的光纤,为了阐明其放大原理,需要从铒离子的能级图讲起。铒离子的外层电子具有 3 能级结构,如图 9-10 所示,其中 E_1 是基态能级,E_2 是亚稳态能级,E_3 是激发态能级。在描述离子的外部电子跃迁到较高能态时,一般要提到一个称为"把离子激励到更高能级"的过程。

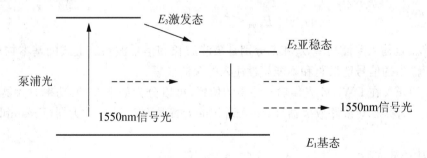

图 9-10   铒离子能级图

当用高能量的泵浦激光器来激励掺铒光纤时,可以使铒离子从基态能级大量激发到高能级 E_3 上。然而,高能级是不稳定的,因而铒离子很快会经历无辐射跃迁(即不释放光子)落入亚稳态能级 E_2。"亚稳态"说明从这个状态跃迁到基态的寿命远远长于到达这个能级的寿命。在该能级上,粒子的存活寿命较长,受到泵浦光激励的粒子,以无辐射跃迁的形式不断地向该能级汇集,从而实现粒子数反转分布。当具有 1550nm 波长的光信号通过这段掺铒光纤时,亚稳态的粒子以受激辐射的形式跃迁到基态,并产生出和入射信号光中的光子一模一样的光子,从而大大增加了信号光的光子数量,即实现了信号光在掺铒光纤传输过程中被不断放大的功能。

(2) WDM 光耦合器

WDM 光耦合器,顾名思义,就是具有耦合的功能,其作用是将信号光和泵浦光耦合,一起送入掺铒光纤,也称光合波器,通常使用光纤熔锥型合波器。

(3) 光隔离器

光隔离器是用来防止放大的光信号发射回元器件,因为这种反射会增加放大器的噪声并降低放大效率。输入光隔离器可以阻挡掺铒光纤中反向 ASE 对系统发射器件造成干扰,以及避免反向 ASE 在输入端发生反射后又进入掺铒光纤产生更大的噪声;输出光隔离器则可避免输出的放大光信号在输出端反射后又进入掺铒光纤消耗粒子数,从而影响掺铒光纤的放大特性。

(4) 泵浦激光器

泵浦激光器是 EDFA 的能量源泉,它的作用是为光信号的放大提供能量。通常是一种半导体激光器,输出波长为 980nm 或 1480nm。泵浦光经过掺铒光纤时,将铒离子从低能级泵浦到高能级,从而形成粒子数反转,而当信号光经过时,能量就会转移到信号光中,从而实现光放大的作用。

此外,光分路器用于将主信道上的光信号分出一小部分光信号送入光探测器,以实现对主信道中光功率的监测功能。光探测器 PD 是一种光强度检测器,它的作用是将接收的光通过光/电转换变成电流,从而对 EDFA 模块的输入、输出光功率进行监测。

2. EDFA 的应用

像任何放大器一样,随着 EDFA 输出信号幅度的增加,放大器增益最终会趋向饱和。当粒子数反转状态被大信号明显降低时,EDFA 的增益开始下降,EDFA 的输入、输出功率可以使用能量守恒原理表示为

$$P_{s,out} \leqslant P_{s,in} + \frac{\lambda_p}{\lambda_s} P_{P,in} \tag{9.2-1}$$

上式中:$P_{p,in}$ 是输入泵浦功率,λ_p 和 λ_s 分别是泵浦波长和信号波长。上式的基本物理意义是从 EDFA 输出的信号能量总和不能超过注入的泵浦能量。

根据 EDFA 在 DWDM 光传输网络中的位置,可以分为如下 3 种:功率放大器(Booster Amplifier),简称 BA;线路放大器(Line Amplifier),简称 LA;前置放大器(Preamplifier),简称 PA。

(1) 功率放大器

对于功率放大器,一般我们将它直接放在终端复用设备或电中继设备的发射光源之后,如图 9-11 所示。功率放大器的主要作用是提高发送光功率,通过提高注入光纤的光功率(一般在 10dBm 以上),从而延长传输距离,此时对放大器的噪声特性要求不高,主要要求功率线性放大的特性。功率放大器通常工作在增益或输入功率饱和区,以便提高泵浦源功率转化为光信号功率的效率。

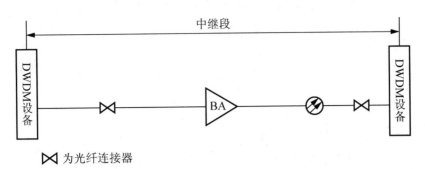

为光纤连接器

图 9-11　功率放大器在 DWDM 系统中的位置

例　考虑一个用作功率放大器的 EDFA,其增益为 10dB,假设从半导体激光器发送机得到的放大器输入为 0dBm,泵浦波长为 980nm,为了在 1540nm 波长处得到 10dBm 的输出,泵浦功率至少为多少?

解: 由式(9.2-1)可以看出

$$P_{\mathrm{p,in}} \geqslant \frac{\lambda_p}{\lambda_s}(P_{\mathrm{s,out}} - P_{\mathrm{s,in}}) = \frac{1540}{980}(10\mathrm{mW} - 1\mathrm{mW}) = 14\mathrm{mW}$$

(2) 线路放大器

在长距离传输系统中,需要利用光放大器周期性地恢复因光纤损耗而减弱的光功率。线路放大器被放置于整个中继段的中间,如图 9-12 所示,是将 EDFA 直接插入到光纤传输链路中对信号进行直接放大的应用形式。

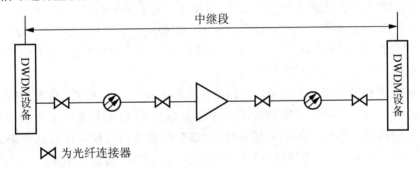

为光纤连接器

图 9-12　线路放大器在 DWDM 系统中的位置

(3) 前置放大器(PA)

光放大器用作前置放大器,用来提高由于热噪声限制的直接检测接收机的灵敏度。前置放大器被放置在中继段的末尾、光接收设备之前,如图 9-13 所示。该放大器的主要作用是对经线路衰减后的小信号进行放大,从而提高光接收机的接收灵敏度,此时的主要问题是噪声问题。使用前置放大器,极大地改善了直接检测式接收机的灵敏度,例如 2.5Gbps 速率的 EDFA 接收机灵敏度可以达到 −43.3dBm,比没有使用 EDFA 的直接检测式接收机改进了约 10dB。

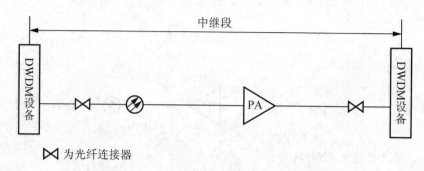

图 9-13　前置放大器在 DWDM 系统中的位置

9.3　光纤通信新技术

9.3.1　光孤子通信

什么是孤子或者说为什么称之为孤子？孤子是由英文 soliton 翻译而来,孤子这个名词首先是在流体力学中提出来的。1834 年,英国科学家 Scott Russell 观察到这样一个现象:在一条狭窄的河道中,迅速拉动一条船前行,用外力使船突然停下时,在船头形成了的一个孤立的水波迅速离开船头,以每小时 14～15km 的速度前进,而波的形状不变,前进了 2～3km 才消失。他把这个波称为"孤立波"(soliton wave)。从此之后,科学家们对这种现象进行了一个多世纪的研究,先后发现了声孤子、电孤子和光孤子等物理现象。

从数学上看,它是某些非线性偏微分方程的一类稳定的、能量有限的不弥散解。即是说孤立波在传播过程中和互相碰撞后,仍能保持各自的形状和速度不变,好像粒子一样,因此人们将其命名为"孤粒子"或简称"孤子"。

在光学中,光孤子是指在光纤中传输的激光脉冲在满足一定条件之后形成的包络,它有一个非常重要特点:在传播过程中形状、振幅和速度保持不变;而且光孤子的脉冲宽度很窄,大约为 10 万亿分之一秒(10^{-12}s,ps,即皮秒)。这意味着采用光孤子做信息传输载体,可以获得极高的信息传输速率。即使脉冲间隔很小,它们也基本不会发生交叠。

图 9-14 给出了光纤中传输的基本孤子波形,显然,利用光孤子可实现远距离、超大容量的光纤通信。孤子通信还具有抗干扰能力强、能抑制偏振模色散等优点。

长距离光孤子传输系统,一般由光孤子源、孤子能量补偿放大器和光孤子脉冲信号检测、接收单元等功能单元组成。

图 9-15(a)示出了光孤子通信系统构成框图。光孤子源产生一系列脉冲宽度很窄的光脉冲,即光孤子流,作为信息的载体进入光调制器,使信息对光孤子流进行调制。调制的光孤子流经掺铒光纤放大器和光隔离器后,进入光纤线路进行传输。为了克服光纤损耗引起的光孤子减弱,在光纤线路上周期地插入 EDFA,向光孤子注入能量,以补偿因光纤而引起的能量损耗,确保光孤子稳定传输。在接收端,通过光检测器和解调装置,恢复光孤子所承载的信息。

目前,光孤子源是光孤子通信系统的关键。要求光孤子源提供的脉冲宽度为 ps 数量级,并有规定的形状和峰值。光孤子源有很多种类,主要有掺铒光纤孤子激光器、锁模半导体激光器等。

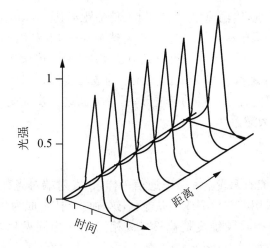

图 9-14　基本孤子的传输波形

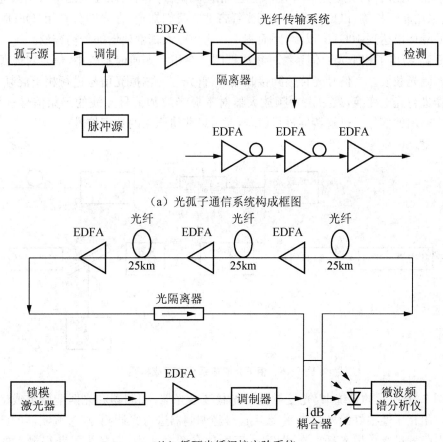

图 9-15　光孤子通信系统构成与循环光纤间接实验系统图

近年来,人们在光孤子通信方面做了大量的工作,使其向实用化方向迈进了一大步。例如,对循环光纤间接实验系统,如图 9-15(b)所示,传输速率为 2.4Gbps,传输距离达到12000km。改进实验系统,传输速率为 10Gbps,传输距离达 10^6 km。KDD 实验室成功地研制了电吸收外调制器光孤子源,最高重复频率可达 20GHz,并利用 DSF/DCF 光纤组合成功地进行了 8×20Gbps 及 40Gbps 的长距离光孤子实验(最远传输达 8600km);NTT 公司也进行了 8×20Gbps 传输距离 10000km 的光孤子的成功实验。它们一方面显示了近年来人们在光孤子通信系统研究方面取得的新进展;另一方面进一步证明了光孤子通信系统用于高速、长距离通信的巨大潜力。

9.3.2 相干光通信

相干光通信,像传统的无线电和微波通信一样,在发射端对光载波进行幅度、频率或相位调制;在接收端,则采用零差检测或外差检测,这种检测技术成为相干检测。和 IMD 方式相比,相干检测可以把接收灵敏度提高 20dB,相当于在相同发射功率下,若光纤损耗为0.2dB/km,则传输距离增加 100km。

实现相干光通信,关键是要有频率稳定、相位和偏振方向可以控制的窄线谱激光器。同时,还要采用相干检测,以更充分地利用光纤带宽。我们知道,在光频分复用(OFDM)中,信道频率间隔可以达到 10GHz 以下,因而相干光通信可大幅度地增加传输容量。

图 9-16 给出了相干光通信系统的组成框图。在相干光通信系统中,信号对光源以适当的方式调制光载波。当信号光传输到接收端时,首先与一本振光信号进行相干混频,然后由光检测器进行光电变换,最后由中频放大器对本振光波和信号光波的差频信号进行放大。中频放大输出的信号通过解调器进行解调,就可以获得原来的数字信号。

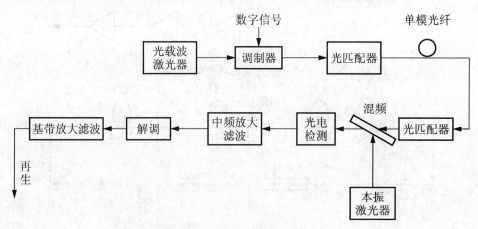

图 9-16　相干光通信系统的组成框图

在图 9-16 所示的系统中,光发射机由光载波激光器、调制器和光匹配器组成。光载波激光器发出相干性很好的光载波,由数字信号经调制器进行光调制,经过调制器的已调光波通过光匹配器进入单模光纤。在这里,光匹配器有两个作用:一是为了获得最大的发射效率,使已调光波的空间分布和单模光纤基模之间有最佳的匹配;二是保证已调光波的偏振状态和单模光纤的本征偏振状态相匹配。

在接收端,光波首先进入光匹配器,其作用与光发射机的光匹配器相同,保证接收信号光波的空间分布和偏振方向与本振激光器输出的本振光波相匹配,以便得到高混频效率。

9.3.3　全光通信网

通信网传输容量的增加,促进了光纤通信技术的发展,光纤近 30THz 的巨大潜在带宽容量,使光纤通信成为支撑通信业务量增长最重要的技术。光的复用技术如波分复用(WDM)、时分复用(TDM)、空分复用(SDM)越来越受到人们的重视。但在以这些技术为基础的现有通信网中,网络的各个节点要完成光—电—光的转换,其中的电子器件在适应高速、大容量的需求上,存在着诸如带宽限制、时钟偏移、严重串话、高功耗等缺点,由此产生了通信网中的“电子瓶颈”现象。为了解决这一问题,人们提出了全光网(AON)的概念。

所谓全光网,就是网中直到端用户节点之间的信号通道仍然保持着光的形式,即端到端的完全的光路,中间没有电转换的介入。数据从源节点到目的节点的传输过程都在光域内进行,而其在各网络节点的交换则使用高可靠、大容量和高度灵活的光交叉连接设备(OXC)。在全光网络中,由于没有光电转换的障碍,所以允许存在各种不同的协议和编码形式,信息传输具有透明性,且无须面对电子器件处理信息速率难以提高的困难。全光通信网是通信网发展的目标。这一目标的实现分两个阶段完成。

(1)全光传送网在点到点光纤传输系统中,整条线路中间不需要作任何光—电和电—光的转换。这样的长距离传输完全靠光波沿光纤传播,称为发端与收端间点到点全光传输。那么整个光纤通信网任一用户地点应该可以设法做到与任一其他用户地点实现全光传输,这样就组成全光传送网。

(2)完整的全光网在完成上述用户间全程光传送网后,有不少的信号处理、储存、交换,以及多路复用/分接、进网/出网等功能都要由电子技术转变成光子技术完成,整个通信网将由光实现传输以外的许多重要功能,完成端到端的光传输、交换和处理等,这就形成了全光网发展的第二阶段,将是更完整的全光网。

9.3.4　超长波红外光纤通信

通信距离和码速乘积是衡量光纤通信系统性能指标的重要参量,而通信距离的长短除了与光纤色散及采用的色散补偿技术有关外,光纤损耗特性也是关键性的因素,显然,光纤的损耗越低,在码速率一定的条件下,其无中继距离就越远。事实上,对 SiO_2 光纤而言,经过人们多年的努力,其材料提纯及制纤工艺已很完善,光纤的损耗特性在波长 $1.55\mu m$ 上已经接近了其最低损耗的理论极限。因而欲寻求更低损耗的光纤,只能开展对新的光纤材料的研究。

人们经过多年的研究发现,一些材料在波长 $2\mu m$ 以上的窗口上存在超低耗谱区,由于处于超长波红外区,所以又称为超长波红外光纤。人们把利用这种光纤实现光纤通信称为超长波红外光纤通信。这种红外光纤的材料有两大类,即非石英的玻璃材料和结晶材料,如氟化物玻璃和卤化物结晶材料。在理论上,这两种材料的光纤传输损耗分别可达到 10^{-3} dB/km、和 10^{-4}dB/km 量级。从研制情况看,目前以氟化物玻璃进展较好,在 $2.3\mu m$ 波长上的损耗已达 0.02dB/km。当然它要达到预定要求,除须解决红外光纤的材料提纯,提高制纤工艺,继续降低光纤的损耗外,尚需解决光纤的低色散、机械特性和温度特性等问题。如果经过人们的努力,这种超长波红外光纤真正实现 10^{-3} dB/km 左右的超低损耗特性,那么光纤通信的中继距离可达到 $1000\sim50000$km,这对于海底光缆通信和全球范围内无中继光纤通信的实现,是至关重要的。

小　结

光纤通信在通信领域中占据极其重要的位置。本章给出了光纤通信的定义,介绍了光纤通信的发展史,详细描述了光纤的结构及基本特性,本章重点对光纤传输设备的组成、工作原理及应用进行了研究讲解。最后介绍了目前光纤通信中的新技术。

 阅读材料

智能小区——未来家居生活的首选

周末,当你睡意正酣的时候,也许会被"收水费"的声音惊醒,如果你居住的是智能小区,就不出现这种情况。智能小区居民可使用智能电表将低谷时间段的电能储存起来,高峰时段再上传至电网,赚取差价;还可在家中安装光伏、风力等其他发电设备,将自家用不完的电能上传并卖给电力公司;并在小区内设置自助缴费终端,居民不出社区就能方便缴费。

智能小区非常注重小区内安保系统,除了安装了出入口、门禁、考勤、一卡通消费系统,还使用了闭路电视监控系统。系统通过中心进行监控和录像,使管理人员能充分了解现场的动态。控制室内值班人员通过电视墙一目了然,全面了解发生的情况。保安中心通过硬盘录像机能实时记录,以备查证。在家居安防中,主要有防盗报警系统、煤气泄漏报警系统、消防报警系统以及紧急求助系统等。

目前,全国首个规模超千户的智能小区——重庆渝北区加新沁园和富抱泉小区,已于2010年正式竣工。它给我们带来了前所未有的体验。在办公室里,户主可以远程控制家里的电器开关,方便快捷。小区还可以把风能、太阳能、沼气等转化为电能,供住户使用。小区还在普通低压 220V 和 380V 入户电缆中加入光纤,把电缆打造成一条信息共享的"高速路"。在这条"高速路"上,既可输送电能,也可搭载互联网和电信、广播电视信号,最大程度地整合了各类资源。

习　题

1. 请简要描述光纤的结构。
2. 说明光接收机的作用与基本组成。

第10章

短波通信系统

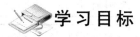学习目标

(1) 了解短波传播的方式、传播特性、天线性能。
(2) 熟悉几种常用的短波天线。
(3) 掌握短波自适应通信技术。
(4) 掌握短波扩跳频通信技术。
(5) 了解短波通信网技术。

本章知识结构

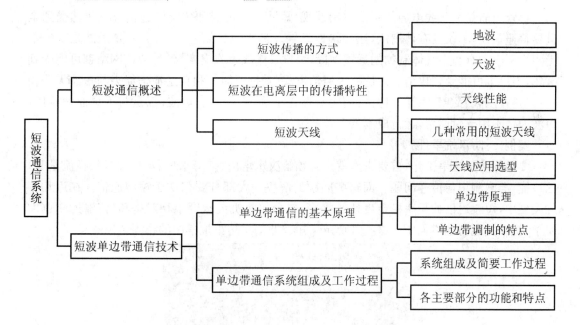

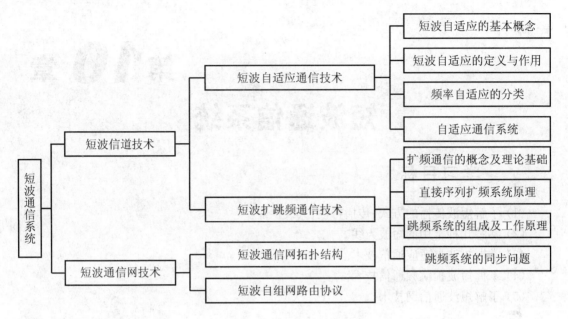

短波通信系统
├─ 短波信道技术
│   ├─ 短波自适应通信技术
│   │   ├─ 短波自适应的基本概念
│   │   ├─ 短波自适应的定义与作用
│   │   ├─ 频率自适应的分类
│   │   └─ 自适应通信系统
│   └─ 短波扩跳频通信技术
│   ├─ 扩频通信的概念及理论基础
│   ├─ 直接序列扩频系统原理
│   ├─ 跳频系统的组成及工作原理
│   └─ 跳频系统的同步问题
└─ 短波通信网技术
    ├─ 短波通信网拓扑结构
    └─ 短波自组网路由协议

导入案例

尽管当前新型无线电通信系统不断涌现,短波这一古老和传统的通信方式仍然受到全世界普遍重视,不仅没有被淘汰,还在快速发展。其原因有如下三方面:一是短波是唯一不受网络枢纽和有源中继体制约的远程手段,一旦发生战争或灾害,各种通信网络都可能受到破坏,卫星也可能受到攻击。无论哪种通信方式,其抗毁能力和自主通信能力与短波无法相比;二是在山区、戈壁、海洋等地区,超短波覆盖不到,主要依靠短波;三是与卫星通信相比,短波通信不用支付话费,运行成本低。

案例一:防汛抗旱(图1)

要做好防汛抗旱工作,首要工作就是必须解决水情信息(降水量、水位、洪峰、径流量等)的快捷、准确测报与传递问题。而这些问题的解决一大部分要归功于短波通信。在近几年的发展中,短波通信的频率稳定度逐步提高,电台接收机灵敏度也相对提高,传输速率也加快了,抗干扰能力也增强了。这些都奠定了短波通信在防汛抗旱中的稳固地位。

图1 防汛抗旱

案例二：海上通信（图 2）

在海上无线电通信中，短波通信发挥着极其重要的作用。海上航行的船舶通过短波电台保持与外界的联系。海事通信卫星的出现和兴起曾使人们对短波通信的存在产生了质疑，但是随着卫星通信局限性的暴露和短波通信的固有特点使人们认识到短波通信的必要性。随着海上短波通信技术的发展，海上航行越来越离不开短波通信了。

图 2　海上通信

10.1　短波通信概述

短波通信是指利用波长为 $10\sim100m$（频率为 $3\sim30MHz$）的电磁波进行的无线电通信。短波通信在通信发展史上占有重要地位，是应用较早的通信手段之一，在 20 世纪，短波通信得到了长足的发展和应用。在卫星通信出现以前，短波在国际通信、防汛救灾、海难求援等方面发挥了独特的重要作用。短波通信主要是利用电离层的反射达到远距离信息传输的，但是电离层本身是时变的色散信道。随着季节、昼夜和空间粒子的变化，对通信影响较大，是一个不稳定的传输介质，所以短波通信一度受到冷淡。

但是对于机构远距离通信和指挥通信而言，短波通信其设备简单，通信方式灵活，抗毁性强，以电离层为传输媒质，而电离层基本具有不可摧毁性，传输距离可达数千千米而不需要转发。此外，在海上通信和机载通信中短波通信也占有重要地位。商船、渔轮和科考船队通常都配备短波电台与外界建立通信联系，而且海上通信对数据传输的速度要求越来越高，有力地推动了海上短波通信技术的发展。

10.1.1　短波传播的方式

短波主要靠电离层反射（天波）来传播，也可以和中、长波一样靠地波进行短距离传播。每一种传播形式都有其频率范围和传播距离。

1. 地波

当天线架设较低时，且其最大辐射方向沿地面时，主要是地波传播。其特点是信号传输比较稳定，基本上不受气象条件的影响，但随着电波频率的增高，传输损耗迅速增大。短波的低端频率适用于地波传播，频率范围大约是 $1.5\sim5MHz$，为了适应地波传播，通常采用各种形式的辐射垂直极化波的垂直天线。由图 10-1 可清楚地看出，由于地波的衰减随着频率的升高而增大,所以即使使用 1000W 的发射机,陆上传播距离也仅为 100km 左右,所以这种传播形式不宜做无线电广播或远距离通信,而地波沿海面传播的距离远远超过沿陆地的传播距离,因此多用于海上通信、海岸电台和船舶电台之间的通信以及近距离的陆地无线电话通信。此外,传播距离还和传播路径上媒介的电参数密切相关。

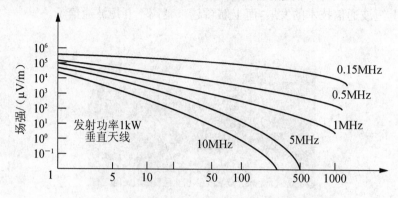

图 10-1　地波传播时不同频率的场强和距离曲线

2. 天波

一般情况下,对于短波通信线路,天波传播较地波传播更有意义。这不仅仅是因为天波可以进行远距离传播,可以超越丘陵地带,还因为可以在地波传播无效的距离内建立无线电通信线路。电离层是由围绕地球的处于不同高度的 4 个导电层组成的,这 4 个导电层分别称为 D 层、E 层、F1 层和 F2 层,如图 10-2 所示,这些导电层对短波传播具有重要影响。

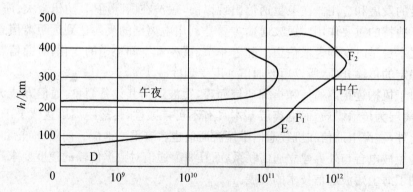

图 10-2　电离层各层高度和电子密度关系曲线

（1）D 层

D 层是最低层,出现在地球上空 60～90km 高度处,最大电子密度在 70km 处。D 层出现在太阳升起时,消失在太阳落下后,所以在夜间不再对短波通信产生影响。D 层的电子密度不足以反射短波,所以短波以天波传播时将穿过 D 层,但同时电波将遭受严重的衰减,频率越低,衰减越大。D 层中的衰减量远大于 E 层、F 层,所以也称为吸收层。在白天,D 层决定了短波传播的距离以及为了获得良好的传输所必需的发射机功率和天线增益。

（2）E 层

E 层出现在地球上空 90～150km 高度处,最大电子密度发生在 110km 处,白天基本不变。在通信线路设计和计算时,通常以110km作为E层高度。和D层一样,E层出现在太阳升起时,在中午电离达最大值,之后逐渐减小。太阳降落后,E层实际上对短波传播不起作用。在电离开始后,E层可以反射高于1.5MHz频率的电波。

（3）Es层

Es称为偶发E层,是偶尔发生在地球上空120km高度处的电离层。Es层虽然是偶尔存在,但因其具有很高的电子密度,甚至能将高于短波波段的频率反射回来,故目前在短波通信中有望选用其为反射层。当然Es层的采用应十分谨慎,否则有可能使通信中断。

（4）F层

对于短波传播,F层是最重要的。在一般情况下,远距离短波通信都选用F层作为反射层,这是由于和其他导电层相比,它具有最高的高度,因而允许传播最远的距离,所以习惯上称F层为反射层。

图10-2表示出了非扰动条件下,电离层各层的高度和电子密度的典型值。从图10-2中可以清楚看出,在白天电离层含有D、E、F1和F2层,也就是说,白天F层有两层,F1层位于地球上空170～220km高度处,F2层位于地球上空225～450km高度处,它们的高度在不同季节和在一天内的不同时刻是不同的。对F2来讲,其高度在冬季的白天最低,在夏天的白天最高。F2层和其他层不同,在日落以后没有完全消失,仍保持剩余的电离,其原因可能是在夜间F2层的低电子密度复合的速度减慢,而且粒子辐射仍然存在。虽然夜间F2层的电子密度较白天降低了一个数量级,但仍足以反射短波某一频段的电波,当然,夜间能反射的频率远低于白天。由此可以看出,若要保持昼夜短波通信,其工作频率必须昼夜更换,而且一般情况下夜间工作频率远低于白天工作频率,这是因为高的频率能穿过低电子频率的电离层,只有高电子密度的导电层反射。在实际工作中,若昼夜不改变工作频率,其结果是电波穿透电离层,造成通信中断。

10.1.2　短波在电离层中的传播特性

1. 最高可用频率（MUF）

MUF是指在实际通信中,给定通信距离下的最高可能频率,是能被电离层反射回地面的电波的最高频率。若选用的工作频率超过它,则电波穿出电离层,不再返回地面。所以确定通信线路的MUF是线路设计要确定的重要参数之一,而且是计算其他参数的基础。

当通信线路选用MUF作为工作频率时,由于只有一条传播路径,所以一般情况下,有可能获得最佳接收。考虑电离层的结构变化和保证获得长期稳定的接收,在确定线路的工作频率时,不是取预报的MUF值,而是取低于MUF的频率OWF,OWF称为最佳工作频率,一般情况下

$$OWF = 0.85MUF \tag{10.1-1}$$

选用OWF之后,能保证通信线路有90%的可通率。

2. 传输模式

短波天波传播模式通常是指短波传播的路径。由于短波天线波束较宽,射线发散性较大,同时电离层是分层的,电波传播时可能有多次反射,因此在一条通信电路中一般都存在

着多条传播路径,即不同的传播模式。例如,通信距离为 2000～4000km 时,可以利用 F 层反射,称为 1F 模式,也可以利用 E 层两次反射,即 2E 模式,如图 10-3 所示。传播模式与通信距离、工作频率、电离层状态等因素有关,存在多种传播模式是造成短波信道多径的原因之一。

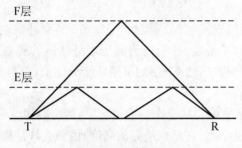

图 10-3　传输模式

在短波的电离层反射传播过程中,电波通过不同的路径或不同的传播模式到达接收端,这种现象称为多径传播。多径传播是短波电离层反射信道的最主要的特征。它有以下几种形式,如图 10-4 所示:图(a)为不同传播模式形成的多径;图(b)为电波从电离层的一次反射和多次反射形成的多径;图(c)为地球磁场引起的寻常波和非寻常波;图(d)为电离层不均匀性引起的漫射现象。多径传播主要带来两个问题:一是多径时延;二是衰落。

（a）　　　　　（b）　　　　　（c）　　　　　（d）

图 10-4　短波多径传播示意图

3. 多径延时

电波可以通过若干条路径或者不同的传播模式到达接收端。由于这些路径具有不同的长度,所以到达接收端的各条射线经历的时间不同。图 10-5 示出了短波通信线路多径延时

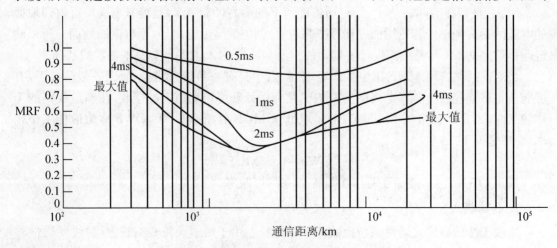

图 10-5　射线间传播延时差值的统计分布

差值的统计值。这种多径间的最大延时差(简称多径延时)是指电波在同一方向沿着不同路径传播时,到达接收端同一脉冲的各条射线间最大的允许延时差值。

在短波信道上,多径延时有下列特征:

(1)多径延时随着工作频率偏离MUF的增大而增大

工作频率偏离MUF的程度可用多径缩减因子(MRF)表示,MRF定义如下。

$$MRF = \frac{f}{MUF} \qquad (10.1-2)$$

式中:f为工作频率。显然,MRF越小,表示工作频率偏离MUF越大。若希望得到小的多径延时,工作频率应尽可能靠近MUF。

(2)多径延时和通信距离有密切关系

图10-6示出了多径延时和通信距离之间的关系曲线。可见,在200~300km的短波线路上,由于电离层与地面间的多次反射,使多径延时最严重,可达8ms;在2000~8000km的线路上,可能存在的传播模式减少,故多径延时只有2~3ms。当通信距离进一步增大时,由于不再存在单跳模式,多径延时又随之增大,当距离为20000km时,可达6ms。

图10-6是在同时考虑通信距离和工作频率时的实验结果,当给定通信距离和工作频率时,可以从图中查到典型的多径延时。

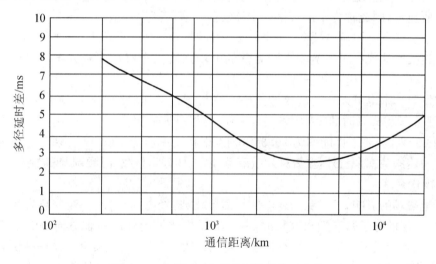

图10-6 多径延时和通信距离的关系曲线

(3)多径延时随时间而变化

多径延时随时间变化的原因是电离层的电子密度随时间变化,从而使MUF随时间变化。电子密度变化越急剧,多径延时的变化越严重。比如,在日出和日落时刻,多径延时现象最严重、最复杂,中午和子夜时刻多径延时一般较小而且稳定。

4. 衰落

在短波天波传播过程中,由于电离层电特性的随机变化,引起传播路径和能量吸收的随机变化,使得接收电平呈现忽大忽小的不规则起伏,这种现象称为"衰落"。持续时间仅几分之一秒的信号起伏称为快衰落,持续时间比较长的衰落(可能达1h或者更长)称为慢衰落。

根据衰落产生的原因,可分为以下 3 种。

(1) 吸收型衰落

慢衰落主要是吸收型衰落。它是由电离层电子密度及高度的变化造成电离层吸收特性的变化而引起的,表现为信号电平的慢变化,其周期可从数分钟到数小时。日变化、季节变化及 11 年周期变化均属于慢衰落。吸收衰落对短波整个频段的影响程度是相同的。在不考虑磁暴和电离层扰动时,衰落深度可能低于中值 10dB。吸收衰落对整个短波频段的影响程度是相同的,要克服慢衰落,应该增加发射机功率,以补偿传输损耗。根据测量得到的短波信道小时中值传输损耗的典型概率分布,可以预计在一定的可通率要求下所需增加的发射功率。通常,要保证 90% 的可通率,应补偿的传输损耗约为 −130dB;若要求 95% 的可通率,则应补偿可能出现的 95% 的传输损耗。

值得注意的是,太阳黑子区域常常发生耀斑爆发,此时,有强 X 射线和紫外线辐射,使得白昼时电离层的电离增强,会把短波大部分甚至全部吸收,以致通信中断。通常这种扰动的持续时间为几分钟到 1 小时。

(2) 干涉型衰落

快衰落是一种干涉型衰落,它是由随机多径传输引起的。由于电离层媒质的随机变化,各径相对延时亦随机变化,使得合成信号发生起伏,在接收端看来,这种现象是由于多个信号的干涉所造成,因此称为干涉衰落。干涉衰落的衰落速率一般为 10~20 次/min,故为快衰落。干涉衰落具有明显的频率选择性。试验证明,两个频率差值大于 400Hz 后,它们的衰落特性的相关性就很小了。遭受干涉衰落的电场强度振幅服从瑞利分布。大量的测量表明,干涉衰落的深度可达 40dB,偶尔达 80dB。

增加发射功率也可以补偿快衰落。但是,单纯通过增加功率来补偿快衰落是不经济的。例如,若可通率为 50% 时的发射功率是 100W,要将可通率提高到 90%,则需要增加发射机的功率到 660W,若要求可能率为 99.3%,则发射机功率应为 10000W。通常除了为补偿快衰落留有一定的功率余量外,主要采用抗衰落技术,如分集接收、时频调制和差错控制等。

(3) 极化衰落

由于地磁场的影响,发射到电离层的平面极化波,经电离层后,一般分裂为两个椭圆极化波,当电离层的电子密度随机起伏时,每个椭圆极化波的椭圆主轴方向也随之相应的改变,因而在接收天线上的感应电势有相应的随机起伏。可见,极化衰落也是一种快衰落。不过,极化衰落的发生概率远比干涉衰落的小,一般占全部衰落的 10%~15% 左右。为了避免极化衰落,可采用不同极化的天线进行极化分集接收。

5. 相位起伏(多普勒频移)

利用短波信道传播信号时,由于电离层折射率的随机变化及电离层不均匀体的快速运动,会使信号的传输路径长度不断变化而出现相位的随机起伏。当信号的相位随时间变化时,必然产生附加的频移,称为多普勒频移。无线信道中的多普勒频移主要是由于收发双方的相对运动而引起。多普勒频移会导致信号频谱展宽,若从时域角度看就意味着短波信道存在着时间选择性衰落。多普勒频移通常用 Δf 表示。

短波传播中存在的多径效应不仅使接收点的信号振幅随机变化,也使信号的相位起伏不定。必须指出,只存在一条射线,也就是单一模式传播的条件下,由于电离层经常性的快速运动以及反射层高度的快速变化,使得传播路径的长度不断变化,信号的相位随之起伏不定地变化。这种相位起伏也可以看成电离层不规则运动引起的高频载波的多普勒频移,此时,发射信号的频率结构发生变化,频谱畸变。若从时间域的角度观察这一现象,这意味着短波传播中存在时间选择性衰落。

多普勒频移在日出和日落期间呈现出更大的数值,此时有可能影响采用小频移的窄带电报的传输。此外,在发生磁暴时,将产生更大的多普勒频移。在电离层平静时期的夜间不存在多普勒效应,而在其他时间,多普勒频移大约在 $1\sim2$Hz 的范围内。当发生磁暴时,频移最高可达 6Hz。以上给出的 $2\sim6$Hz 的多普勒频移是对于单跳模式传播而言的。若电波按多跳模式传播,则总频移值按下式计算。

$$\Delta f_{tot}=n\Delta f \tag{10.1-3}$$

式中:n 为跳数;Δf 为单跳多普勒频移;Δf_{tot} 为总频移值。

故短波通信的信道参量是随机变化的,采用实时信道估值技术,可以确保短波通信质量。

10.1.3　短波天线

短波通信系统的效果好坏,主要取决于所使用电台性能的好坏和天线的带宽、增益、驻波比、方向性等因素。在短波通信中,选用一个性能良好的天线对于改善通信效果极为重要。

1. 天线性能

(1)辐射类型。决定了辐射能量的分配,是天线所有特性中最重要的因素,它包括全向型和方向型。

(2)极化特性。定义了天线最大辐射方向电场矢量的方向,垂直或单极化天线(鞭天线)具有垂直极化特性,水平天线具有水平极化特性。

(3)增益。是指定向天线的最大辐射强度与全天向天线对同一辐射点强度的比值。天线的增益是天线的基本属性,可以衡量天线的优劣。

(4)阻抗和驻波比(VSWR)。天线系统的输入阻抗直接影响天线发射效率。当驻波比(VSWR)为 1:1 时没有反射波,电压反射比为 1。当 VSWR 大于 1 时,反射功率也随之增加。发射天线给出的驻波比值是最大允许值。例如:VSWR 为 2:1 时意味着反射功率消耗总发射功率的 11%,信号损失 0.5dB。

2. 几种常用的短波天线

(1)双极天线

双极天线是短波通信中常用的一种基本天线,如图 10-7 所示,它是一种水平对称天线,也称为 π 型天线。天线两臂 L 可用单极铜线或多股软铜线做成。导线直径由所要求的机械强度和功率容量决定,一般为 $3\sim6$mm。为了避免在两端天线的辅助拉线上感应较大的电流而引起损耗,天线臂通过图示两个高频瓷绝缘与拉线相连,并通过天线杆固定。该天线的特性阻抗通常为 1000Ω 左右,一般与特性阻抗 600Ω 左右双导线馈线(10m 左右)相配。

双极天线结构简单、拆装及维修方便,因而在 500km 通信距离内与半固定式地面电台广泛配用。当架设高度 $H < 0.3\lambda$ 时,高仰角(90°)方向辐射最强,宜作 0~300km 以内短距通信(包括地面移动通信)使用,而不宜做较远距离的通信使用。

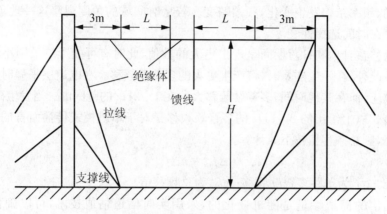

图 10-7　水平双极天线结构图示

为了改进双极天线阻抗特性差、工作频带窄、整个短波段需几副工作频率范围不同的双极天线才能覆盖的缺点,提出了双极天线的变种——笼形天线。

(2) 笼形天线

笼形天线是指将双极天线两天线臂分别用几根导线排成圆柱形的笼子。既等效于振子直径加粗(可达 0.5~2m)特性阻抗变低,工作频带展宽,且不过多增大天线臂的重量及风阻,节约铜材,从而改善了天线的工作带宽。但是,经改造而成的一般笼形天线,安装使用不如双极天线方便,只能用于固定电台;同时在 $L/\lambda = 0.2 \sim 0.3$ 时阻抗匹配仍不够好($K \geqslant 0.2$);为了解决这一问题,进一步展宽其工作频带,提出了分支笼形结构。

(3) 分支笼形天线

分支笼形天线是将由 6 根导线做成的笼,其中 4 根仍同一般笼形那样,而其余 2 根和另一臂的对应 2 根短接而成。根据传输线原理,如果适当选取导线的长度(在 $1\lambda = 0.2 \sim 0.3$),则可使天线对馈电点呈并联谐振特性,从而进一步展宽了工作频带,行波系数 K 可达 0.3 以上。

(4) 角笼形天线

在实际工作中,有时要求天线在水平面内无方向性或只有很弱的方向性。如果适当选择振子的长度,且使两个笼形臂在水平面内互相垂直架设,就构成了角笼形天线。由于角笼形天线两臂的最大辐射方向互相垂直,所以水平面内方向图接近圆形,特别 $L/\lambda = 0.5$ 时,更是如此,而其垂直面内的方向图仍与双极天线相同。

(5) 其他常用天线

其他常用天线有八木天线、对数周期天线、长线天线及车载移动天线等。

3. 天线应用选型

(1) 固定站间远/近距离通信

由于固定站间通讯方向是固定不变的,所以一般采用高增益、方向性强的短波天线。通信距离在 1000~3000km,可使用高增益,低仰角对数周期天线,但天线价格昂贵。如果通信质量要求不是太高也可使用价格相对便宜的天线如八木天线。距离在600km以内时采用水平双极天线可取得较好效果,但水平双极天线占地较大,中心站电台较多不适合布天线阵。

(2)固定站与移动站间通信

由于移动站在运动中,通信方向不固定,所以中心站的天线应选用全向天线,例如,多模短波宽带天线或配有天线调谐器的鞭状天线。多模天线虽然价格较贵,但是一个天线竿上可以绕3副天线(2副高仰角天线,1副低仰角天线),远、近距离通信均可兼顾。中心站也可用鞭状天线,鞭状天线的仰角低,近距(20~100km)通信困难,远距离(500~3000km)只要频率合适,通信效果较好。移动站天线由于安装面积的限制,多采用鞭状天线,国内有时用栅网、双环、三环天线。远距离通信时,鞭状天线竖直,近距离通信则可以放置为倒“L”型,这样使用增加了天线的垂直辐射面,可以提高发射效率。只要天线的发射角、电台的工作频率合适,可以克服短波盲区(30~80km)的通信困难。

(3)干扰环境下的天线选型

电台的干扰与其他自然条件引起的干扰有很大的不同,它带有很大的随机性和不可预测性。在敌方有意识的电子干扰情况下,采用频带宽、增益较高的对数周期天线可取得一定的效果。

10.2 短波信道技术

现代短波信道技术主要分为两大类。一类是针对短波变参信道的特点,为了克服短波空间信道的不稳定性对通信质量的影响,提高短波通信,特别是短波数据通信的可靠性和有效性而发展起来的,称之为信道自适应技术。这一技术以短波实时选频与频率自适应技术为主体。另一类是针对短波通信存在的保密(或隐蔽)性不强、抗干扰能力差的弱点,以及电磁斗争的特点和规律,为了提高短波通信在电子战环境中的生存能力,以及抗测向、抗侦察、抗截获、抗干扰等防御能力而发展起来的,称之为短波通信电子防御技术。这一类技术以短波扩频通信技术为主体,包括短波跳频和自适应跳频技术,以及短波直接序列扩频技术等。

10.2.1 短波自适应通信技术

1. 短波自适应通信的基本概念

所谓自适应,就是能够连续测量信号和系统变化,自动改变系统结构和参数,使系统能自行适应环境变化和抵御人为干扰。广义的自适应包括自适应选频、自适应跳频、自适应功率控制、自适应数据速率、自适应均衡等,但从狭义上讲,我们一般说的短波自适应就是指频率自适应。

短波自适应通信网是指网内自适应电台通过链路质量分析、自动选择呼叫及预置信道扫描,能够自动在预先设置的频率点组中选择最好的频率建立起短波通信,并在通信过程中不断测试短波信道的传输质量,实时选择最佳工作频率,使短波通信链路始终处在传输条件较好的信道上。相较于传统的短波通信网,自适应通信网主要在以下四方面有较大改进:

(1)通过链路质量分析,短波通信可以避开衰落现象比较严重的信道,选择在通信质量较稳定的信道上工作,可以有效地改善衰落现象。

（2）通过自动链路建立功能,系统可以在所有的信道上尝试建立通信链路,找到不在"静区"的信道工作,可以有效地克服"静区"效应。

（3）具有"自动信道切换"的功能,当遇到严重干扰时,通信系统做出切换信道的响应,选择条件良好的弱干扰或无干扰信道继续工作,提高了短波通信的抗干扰能力。

（4）由于采用了数字信号处理技术,短波自适应通信系统在外接数字调制解调器和相应的终端设备后,可以进行数字、传真和静态图像等非话音业务通信,有效拓展了短波通信的业务范围。

2. 短波自适应通信的定义与作用

从广义上讲,所谓自适应,就是能够连续测量信号和系统特性的变化,自动改变系统结构和参数,使系统能自行适应环境的变化和抵御人为干扰。因此,短波自适应的含义很广,包括自适应选频、自适应调制解调器、自适应跳频、自适应数据速率、自适应功率控制、自适应调零天线、自适应误差控制、自适应网管等。这些自适应技术的不断发展和应用,使短波通信逐步克服自身的弱点,在传输速率、传输可靠性和抗干扰、抗截获等各方面都获得了较大的提高,其作为远程通信手段的作用和地位又大大加强了,从狭义上讲,由于短波通信的主要参数均与频率的选择密切相关,各种自适应技术都是建立在短波信道测量和频率自动最佳选择的基础之上,改善短波通信质量、提高可通率的最有效的途径是实时地选频和换频,频率自适应是短波自适应通信的根本所在。

短波自适应通信技术有如下的作用。

（1）有效地改善衰落现象。信号经过电离层传播后幅度的起伏现象叫作衰落,这是一种最常见的传播现象。衰落的主要原因有:多径传播,子波干涉,吸收变化,极化旋转和电离层的运动等。衰落时,信号的强度变化可达几十倍到几百倍,衰落的周期由十分之几秒到几十秒不等,严重地影响了短波通信的质量。采用自适应通信技术后,通过链路质量分析,短波通信可以避开衰落现象比较严重的信道,选择在通信质量较稳定的信道上工作。

（2）有效地克服"静区"效应。在短波通信中,时常会遇到在距离发信机较近或较远的区域都可以收到信号,而在中间某一区域却收不到信号的现象,这个区域就称为"静区"。产生"静区"的原因:一方面是地波受地面障碍物的影响,衰减很大;另一方面是对于不同频率的电波、电离层对其反射的角度不一样,因而造成了在天波反射超出,地波又到达不了的区域不能正常通信。采用短波自适应通信技术,可通过自动链路建立功能,系统可以在所有的信道上尝试建立通信链路,找到不在"静区"的信道工作。

（3）有效地提高短波通信抗干扰能力。短波电台进行远距离通信,主要是靠电离层反射来实现的,因此电离层的变化对短波通信影响很大,特别是太阳表面出现的黑子会发射出强大的紫外线和大量的带电粒子,使电离层的正常结构发生变化。对于不同的短波频率,电离层对其反射能力不同,而电离层的变化对不同频率的电波的影响也不相同;同时,短波通信过程中还存在着外界的大气无线电噪声和人为干扰,这些因素已成为影响高频通信系统顺畅的主要干扰源。采用自适应通信技术,可使系统工作在传输条件良好的弱干扰或无干扰的频道上。目前的短波自适应通信系统,已具有"自动信道切换"的功能,当遇到严重干扰时,通信系统做出切换信道的响应,提高了短波通信的抗干扰能力。

（4）有效地拓展短波通信业务范围。由于采用了数字信号处理技术,短波自适应通信系统不仅可以进行传统的报话通信,而且,在外接数字调制解调器和相应的终端设备,如计算机、传真机等,可以进行数字、传真和静态图像等非话业务通信。总之,采用短波自适应技术可充分利用频率资源、降低传输损耗、减少多径影响,避开强噪声与电台干扰,提高通信链路的可靠性。短波模拟通信已普遍采用自适应实时选频。

3. 自适应通信系统

（1）组成

短波自适应选频通信系统的组成如图 10-8 所示,其核心是自适应控制器。

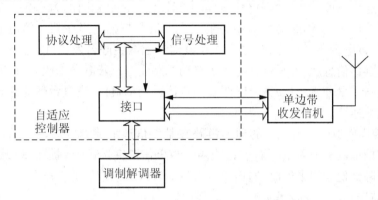

图 10-8　短波自适应选频通信系统的组成

自适应控制器通常由 3 部分组成:协议处理（控制）、信号处理和接口单元。

协议处理部分完成的主要功能是:实现呼叫、建立通信线路、线路质量分析的过程管理;对主机相应的控制（信道、工作方式、收发状态等的切换）。

信号处理部分完成的主要功能是:调制解调、信道参量的测量与估算。

接口部分是自适应控制器与收发信机及调制解调器的接口,有数字接口及模拟接口两部分。

（2）自适应选频的基本原理

典型的短波自适应选频系统能够使无线电台在最佳信道上自动建立通信,这是通过线路质量分析、自动线路建立和自动转换信道 3 个环节来实现的。

① 线路质量分析。线路质量分析（LQA）是一种实时选频技术。对信道进行 LQA 就是对信道参量进行测量和统计分析,然后按测试结果对信道进行评分和排序。LQA 的结果存储在 LQA 矩阵表中,当装配有自适应控制器的电台要进行选择性呼叫时,便根据 LQA 的结果,自动地在最佳信道上进行。在自适应系统中可以根据需要随时或定时进行 LQA。可以进行点对点的 LQA,也可以进行网络的 LQA。网络 LQA 着眼于测量网络中各台站之间公共信道的线路质量,然后得到网络信道评分。如当需要召集一个会议时,便在网络的最佳信道上进行。

线路质量分析测量的信道参量通常为信噪比和时延散布,由这些信道参量可以推算出通信系统的通信质量,从而进行信道排序。也有许多自适应电台直接测量二进制码元的比特错误率（BER）,通过 BER 对信道优劣进行排序。

② 自动线路建立（ALE）。ALE是短波自适应通信，最终要解决下述三方面的问题：

• 主呼台选择性呼叫。主呼台的自适应控制器根据线路质量分析的结果，在LQA矩阵表中选出最佳的信道。自动呼叫首先在最佳的信道上进行，若在最佳信道上和被呼台的通信不能建立，则将试用次佳信道；同样，若通信不能建立则试用第3个信道；这一过程一直持续到电路沟通，或将所有信道都试一遍仍然不能建立通信为止。一旦线路自动建立，两个电台均发出"音鸣"信号，通知操作员可以开始正常的通信；如果在所有信道上均无法建立通信，呼叫台将显示相应的提示信息。

• 被呼台预置信道扫描。当操作员发出扫描命令后，自适应电台便进入预置信道的扫描状态。扫描速率一般是2个信道/秒，即每个扫描信道的驻留时间为0.5s。电台根据内存中存储的预置信道信息，周而复始地在一组频率上进行扫描。当在某个信道上接收到呼叫该台的信号时，该电台便自动停止扫描，并在该信道上向主呼台发出"响应"信息；当再次从主呼台收到"认可"信息后，被呼台就完成了自动线路建立。若电台未收到呼叫信号，则继续扫描。通过线路质量分析、自动选择呼叫及预置信道扫描，自适应电台便能在较佳的信道上自动建立起短波通信。

• 自动转换信道。电台之间的通信链路在某一信道上建立以后，在进行通信的同时，电台仍然对该信道的通信质量不断进行监测。当该信道突然遭受到强烈的无线电干扰，致使信道质量下降到低于门限值时，通信双方将自动转入下一个信道工作。

（3）自适应选频的主要技术

① 实时信道估算（RTCE）技术。短波通信通过实时地对信道进行探测和估值，即采用实时信道估值（RTCE）技术，来确定最佳工作频率。RTCE(Real Time Channel Evaluation)技术是现代短波通信系统中最为重要的核心技术，是其他自适应技术的基础，它使短波通信系统具有和传输媒质相匹配（相适应）的能力。目前，世界上已生产的各种型号的短波自适应选频系统都采用了RTCE技术对线路质量进行分析。

RTCE是一个术语，它的定义可叙述为"对一组通信信道的适当参数进行实时测试，并利用所得参数定量描述这组信道的状态和对传输某种通信业务的能力"的过程。

RTCE的主要目的是对所希望选用的频率进行实时地考察，看看哪个频率最适合用户使用。为了实现这个目标，信道估算的实施方法和考虑问题的出发点，采用了长期预测及短期预测不同的途径。RTCE特点是，不考虑电离层的结构和具体变化，从特定的通信模型出发，实时地处理到达接收端不同频率的信号，并根据诸如接收信号的能量、信噪比、多径展宽、多普勒展宽等信道参数的情况和不同通信质量要求（如数字通信误码率等级要求），选择公共通信使用的频段和频率。因此，广义地说，实时频率预测好像一种在短波信道上实时进行的同步扫频通信，只不过所传递的消息和对消息的解释是为了评价信道的质量，及时地给出通信频率而已。显然，这种在短波通信电路上进行的频率实时预报和选择，要比建立在统计学基础上的长期预测和短期预测准确。其突出的优点是：可以提供高质量的通信电路，提高传递信息的准确度；采用实时频率分配和调用，可以扩大用户数量；可以使高质量通信干线的利用率提高；在任何电离层和干扰的情况下，总可以为每个用户、每条电路提供可供利用的频率资源。因而，在电缆、卫星通信中继时，短波通信能够担负起紧急的通信任务。

对实时信道估算值的要求是准确、迅速，而这两个要求又相互矛盾。要求实时信道估算准确,就要尽可能多地测量一些电离层和信道参数,如信噪比、多径时延、频率扩散、衰落速率、衰落深度、衰落持续时间、衰落密度、频率偏移、噪声/干扰统计特性、频率和振幅、谐波失真等。但在实际工程中,测量这样多的参数并进行实时数据处理,势必延长系统的运转周期,同时要求信号处理器具有很高的运算速度,这在经济上是不合算的。

研究表明,只需对通信影响大的信噪比、多径时延和误码率 3 个参数进行测量就可以较全面地反映信道的质量。

② 自适应信号处理技术。在短波自适应选频通信系统中,自适应信号处理器是系统的核心部件,实时探测的电离层信道参数都在这里计算处理。它要求计算速度快、准确,当探测参数多时,计算处理的任务就相当繁重。采用什么样的信号形式进行电离层信道探测?探测哪些参数?如何快速准确地进行计算、分析和处理?这些就是自适应信号处理技术要研究的内容。

目前,国际上研制成功的调整编程信号处理器,采用 FFT 算法来提取多种电离层信道参数,估算各种传输速率所需的各种质量等级的频率,供通信实时应用。研制自适应信号处理芯片,利用微处理机的软硬件技术实现高速编程信号处理器是发展方向。利用自适应信号处理芯片,可使自适应短波通信系统复杂程度降低、体积减小、成本减少,由于信号处理芯片是可编程的,因此可以根据不同的自适应功能要求编程,改变信号处理器的软硬件功能,以适应不同系统的要求。

③ 自适应控制技术。在短波自适应通信系统中,自适应控制器是系统的指挥中心,是系统成败的关键。自适应控制系统是一种特殊的非线性控制系统,系统本身的特性(结构和参数)、环境及干扰特性存在某种不确定性。在系统运行期间,系统本身只能在线地积累有关信息,进行系统结构有关参数的修正和控制,使系统处于所要求的最佳状态。

由于短波信道是一种不稳定的时变信道,所以短波自适应系统属于随机自适应控制系统。通常,随机自适应控制系统是由被测对象、辨识器和控制器 3 部分组成。辨识器根据系统输入法输出数据进行采样后,辨识出被测对象参数,根据系统运行的数据及一定的辨识算法,实时计算被控对象未知参数的估值和未知状态的估值,再根据事先选定的性能指标,综合出相应的控制作用。由于控制作用是根据这些变化着的环境及系统的数据不断辨识、不断综合出新的规律,因此系统具有一定的适应能力。目前,参数估计和状态估算的方法很多,最优控制算法也很多,因而组成相应的随机自适应控制系统也是非常灵活的。

在短波自适应通信系统中,随着自适应功能不断增强,控制的参数也不断增加,辨识器的功能和形式也逐渐增多,控制能力势必要增大,因此自适应控制器也相应复杂起来,需要自适应设计者统观全局、综合分析,以尽可能减少被测对象,以简单可行而又有效的辨识方法,获得尽可能多的自适应控制能力。

10.2.2 短波扩跳频通信技术

1. 扩频通信的概念及理论基础

扩展频谱通信就是利用与信息不相关的伪随机码进行编码、调制,使射频信号频带宽度远大于信息信号(基带信号)频带宽度,在接收端用相同的伪随机码进行相关解调、解扩,从而恢复所传信息数据的一种通信方式,简称扩频通信 SSC(Spread Spectrum Communication)。

扩频通信的理论基础,可以用香农信道容量公式来解释。已知香农公式为

$$C = W \log_2 \left(1 + \frac{S}{N}\right) \tag{10.2-1}$$

式中:C 为信道容量;W 为信道带宽;S 为信号的平均功率;N 为信道的高斯白噪声功率;S/N 为信噪功率比。

当 S/N 很小时,例如 $S/N \leqslant 0.1$,则香农公式可近似为 $C/W \approx 1.44 S/N$。

由上式可以看出,在无差错传输的信息速率 C 不变,当 S/N 很小时,则必须使用足够大的带宽 W 来传输信号,也就是说,如果增加频带宽度,就可以在较低的信噪比的情况下用相同的信息速率来传输信息。甚至在信号被淹没的情况下,只要相应地增加信号带宽,也能保持可靠的通信。因此,用信息带宽的百倍甚至上千倍的宽带信号来传输信息,即可保障在强干扰条件下安全地进行通信,这就是扩频通信的理论基础和依据。

2. 直接序列扩频(DS)系统原理

图 10-9 示出了直接扩频通信系统组成框图。

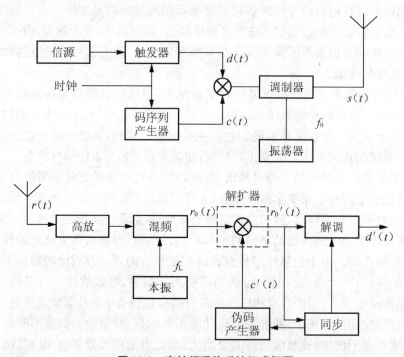

图 10-9　直扩频通信系统组成框图

如图 10-10 所示,基带信息码元与伪码序列进行模 2 加(即时域相乘后),得到扩频信号,再经调制发送到信道。我们以 BPSK 调制方式为例讨论直接扩频系统的工作过程。直扩信号表达式为

$$s(t) = d(t)c(t)\cos\omega_0 t \tag{10.2-2}$$

式中:$d(t) \in \{\pm 1\}$;$c(t) \in \{\pm 1\}$。

发送端各点波形如图 10-10 所示。图中,一个信息码元包含一个周期的伪码。伪码码元对载波进行 BPSK 调制,当信息码元为"1"时,伪码以原码对载波进行调制,当信息码元为

"−1"时，伪码以反码对载波进行调制，当伪码从"0"变到"1"或从"1"变到"0"时，载波相位发生180°相移。扩频信号功率谱如图 10-11 所示。

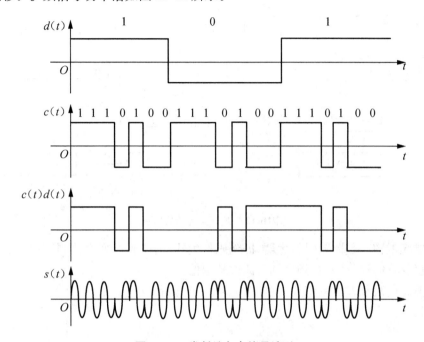

图 10-10 发射端各点信号波形

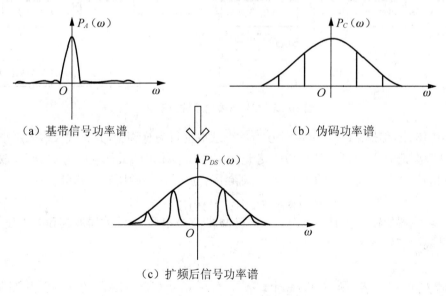

（a）基带信号功率谱   （b）伪码功率谱

（c）扩频后信号功率谱

图 10-11 扩频信号功率谱图

3. 跳频系统的组成及工作原理

所谓跳频（FHSS，Frequency Hopping Spread Spectrum），是在收发双方约定的情况下不断改变载波频率而进行的通信，其载波频率改变的规律称作跳频图案。由于工作频率的改变受伪随机码的控制,因此跳频通信具有抗截获、抗窃听及抗干扰能力。跳频系统的组成框图如图 10-12 所示。

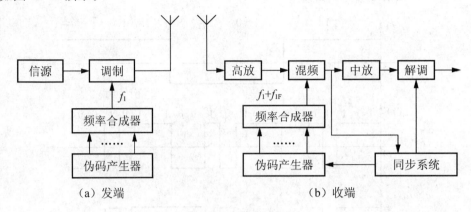

图 10-12　跳频系统组成框图

实现跳频的核心是跳频码发生器,即伪码产生器,由此码序列去控制频率合成器的输出功率,使发射机的发射频率在频率轴上离散地取值。

一种典型的跳频发送系统原理框图如图 10-13 所示。

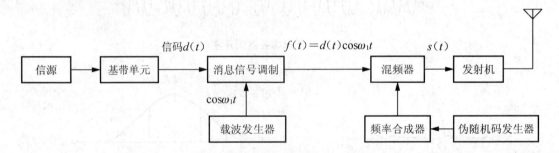

图 10-13　FH/SS 发送系统原理框图

图 10-13 中,信码 $d(t)$ 先对频率为 f_1 的副载波进行消息调制,其方式大多采用小频偏的 2FSK,已调波记为 $f(t)$,带宽记为 B。若记频率合成器输出的最低频率为 f_2,两个取值相邻的频率间隔为 Δf,不同频率的数目为 N,则频率合成器输出的所有频率可表示为

$$f_2+n\Delta f \quad (n=0,1,2,\cdots,N-1) \tag{10.2-3}$$

频率合成器的输出在混频器中与信码已调波 $f(t)$ 相乘,经滤波器取其和频成分,由此得到的就是跳频信号 $S(t)$。$S(t)$ 的载波频率为

$$f_1+(f_2+n\triangle f) \tag{10.2-4}$$

若记 $f_1+f_2=f_0$,则 $s(t)$ 是一个载频在 $f_0 \sim [f_0+(N-1)\Delta f]$ 的大范围内伪随机地跳变的、在每一个载频值处都具有瞬时带宽 B 的频率键控信号。也就是说,在伪随机码的每个码元宽度 T_c 时间内 $s(t)$ 的能量集中在一个带宽为 B 的窄带子频谱内。由于载频跳变速度很高(每秒跳变数十次至数万次),$s(t)$ 的频谱实际上决定于所有瞬时载频所覆盖的全部范围。即在伪随机码的整个周期中,$s(t)$ 的能量随着载频的跳变而均匀地散布在从 $f_0 \sim [f_0+(N-1)\Delta f]$ 的范围之内,如图 10-14 所示。

为了确保邻近频道不发生干扰,两个取值相邻的瞬时载频之间的间隔(频率跳变的最小间隔)Δf 一般应大于 $s(t)$ 的瞬时带宽 B,即一般应有 $\Delta f \geqslant B$。

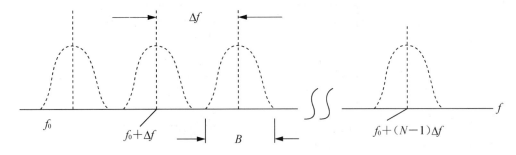

图 10-14　跳频信号的频谱

若取 $\Delta f = B$,则 s(t)的带宽为 $B_{SF} = N\Delta f = NB$,此时的频谱如图 10-15(a)所示。

事实上,一些实用的 FH/SS 系统,为了节省频率资源,减小射频信号带宽,也有采用 $\Delta f = B/2 < B$ 的情况,如图 10-15(b)所示。由图可见,载频为 f_1 时的跳频信号瞬时频谱,其零值正好处于载频为 $(f_1 + \Delta f)$ 时的瞬时频谱峰值处,构成了频率的正交关系,因而也是可用的。

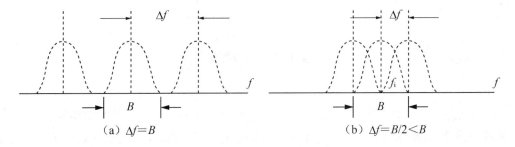

（a）$\Delta f = B$　　　　　　　　　（b）$\Delta f = B/2 < B$

图 10-15　跳频信号的跳频频率间隔

载频跳变的规律由伪随机码的结构决定。在伪随机码的每个码元宽度 T_c 内,载频取某一频率,通常称为一个"切普"(chip),也可称为一个"码片"。这段时间内,$s(t)$ 占有瞬间带宽 B。在伪随机的一个周期(即一个跳频周期)T 内,要求不重复地使用扩频带宽内的每一个可用频率。所以一般地说,伪随机码一个周期 T 内所含的码元数(码长)与跳频的频率数相同,即应有 $T = NT_c$。伪随机码控制载频跳变,从而发送信号 $S(f)$ 的瞬时频谱也随之跳变。

对于跳频信号的解调,其原理框图如图 10-16 所示。本地伪随机码与发送端的伪随机码结构完全相同,用其控制本地频率合成器,产生与发送端跳变规律相同的本振频率,每个本振频率高出接收信号一个固定的中频 f_1,在时间上与接收机输入端的输入跳频信号 $s(t)$ 同步,上述本地振荡信号与 $s(t)$ 经本地混频器混频后,取其差频,输出一个固定的中频,从而完成解跳工作。再经 FSK 信号解调器,即可得到原始消息信号 $d(t)$。

跳频系统的频率随时间的变化规律又称为跳频图案,或称时间频率矩阵图,如图 10-17 所示。

跳频图案的不同,其干扰的效果也不尽相同。当跳频图案的随机性越大时,跳频抗干扰的能力就越强。

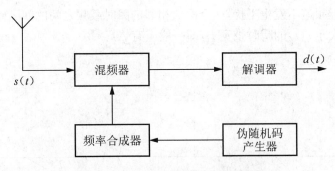

图 10-16　FH/SS 接收系统原理框图

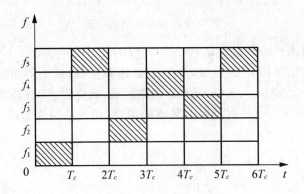

图 10-17　跳频图案

4．跳频系统的同步问题

跳频系统的同步是关系到跳频通信能否建立的关键。同步是跳频图案相同、跳变的频率序列(也称频率表)相同。因此,为了实现收、发双方的跳频同步,收端首先必须获得有关发端的跳频同步的信息,它包括采用什么样的跳频图案,使用何种频率序列,在什么时刻从哪一个频率上开始起跳,并且还需要不断地校正收端本地时钟,使其与发端时钟一致。

根据收端获得发端同步信息和校对时钟的方法不同而有各种不同的跳频同步方式。

(1) 独立信道法

利用一个专门的信道来传送同步信息,收端从此专门的信道中接收发端送来的同步信息后,依照同步信息的指令,设置接收端的跳频图案、频率序列和起止时刻,并校准收端的时钟,在规定的起跳时刻开始跳频通信。其优点是传送的同步信息量大,同步建立的时间短,并能不断地传送同步信息,保持系统的长时间同步。但需要专门的信道来传送同步信息,因此它占用频率资源和信号功率。另外,其同步信息传送方式不隐蔽,易于被发现和干扰。

(2) 前置同步法(同步字头法)

在跳频通信之前,选定一个或几个频道上先传送一组特殊的携带同步信息的码字,收端接收此同步信息码字后,按同步信息的指令进行时钟校准和跳频。因为是在通信之前先传送同步码字,故称同步字头法。采用同步字头法的跳频系统为了能保持系统的长时间同步,还需在通信过程中,插入一定的同步信息码字。同步字头法虽然不需专门的同步信息信道,而是利用通信信道来传送同步信息,但它还是挤占了通信信道频率资源和信号功率,所以它的缺点与独立信道法相似。为了使同步信息隐蔽，应采用尽量短的同步字头，但是同步字头太短又影响传送的同步信息量的多少，需折中考虑。

（3）自同步法（同步信息提取法）

这种方法是利用发端发送的数字信息序列中隐含的同步信息，在接收端将其提取出来从而获得同步信息实现跳频。此法不需要专门的信道和发送专门的同步码字，所以它具有节省信道、节省信号功率和同步信息隐蔽等优点。但由于发端发送的数字信息序列中所能隐含的同步信息是非常有限的，所以在接收端所能提取的同步信息就更少了。此法只适用于简单跳频图案的跳频系统，并且系统同步建立的时间较长。

上述3种基本的同步信息传递方法各有利弊。在实际的跳频系统中，常常是将这几种基本方法组合起来应用，使跳频系统达到某种条件下的最佳同步。

10.3　短波通信网技术

根据网络形式划分，短波组网可以分为集中控制、分布控制和二者结合的混合控制网络。集中控制就是以某些特殊的网络节点作为中心（基站），其他的节点属于从属地位，所有的信息交互通过基站的统一资源调配来完成。这种网络形式的优点在于控制简单可靠，管理方便，信道利用率高，缺点是抗毁性差，尤其是一旦基站节点毁坏，全网将陷入瘫痪，受基站中心作用的影响，其网络覆盖面积取决于该基站的通信范围，网络的扩展显得很困难。分布控制网络也叫作无中心网络，网络中的每个节点都处于平等地位，其优点在于网络的自组织能力和自恢复能力，任意节点的损毁不会引起整体的网络故障，缺点是网络管理困难，网络协议非常复杂。而混合型网络则同时采用了这两种网络结构，根据具体情况设计网络的布局。

10.3.1　短波通信网拓扑结构

常规的通信方式属于集中控制网络，包括蜂窝手机、互联网、电话网等，这些通信网络虽然在正常情况下工作状况良好，性能很高，可是这些网络无一例外的需要建立信息交换控制中心和数据转发的基站，基站或控制中心的结构一般都十分复杂，并且需要处理整个小区或全网的所有数据，一旦某一个基站失效，则会造成整个小区内的信息被封闭，而一旦控制中心失效，则会导致与其关联的所有基站都失效，更大的区域将会处于与世隔绝的状态，这就是集中式网络的最大缺点。

与此相对的另一种网络：分布式网络，也即无中心 AdHoc 网络。AdHoc 网络的建立则无须依赖基站和控制中心的集中转发数据，而是任意节点之间可以直接收发信息，间接可达的节点可以选择某些节点为其转发信息，每个节点在网络中都处于平等的地位，任意节点的失效不会造成大片的网络崩溃，与此同时，AdHoc 网络的节点并不如基站一样需要特殊的复杂设计，因而完全可以做到上电即可用，掉电不损坏网络的特性。

考虑到在受灾情况下基站和控制中心的建立十分困难，无中心网络是灾后应急通信网的首选。AdHoc 网络具有以下几个特点。

（1）没有中心节点。网络属于对等网络，每个网络节点在网络中的硬件结构一样，网络地位平等，节点可以随时加入和离开网络，任何节点的故障不影响整个网络运行，具有很强的抗毁性。

（2）自组织。网络的连接和展开无须设定的网络设施干预，一旦节点开机启动，可以自己搜寻周围的网络并加入，迅速组建一个独立完善的网络。

（3）多跳路由。网络节点任意两点间可以通信，相隔距离遥远的两点间的通信通常需要经过若干节点的转发，俗称"多跳"，这和传统的中心网络中，节点只和路由通信的结构有本质区别。

（4）动态拓扑。网络具有很强的动态拓扑和自愈能力，随着节点的移动，信号的强弱改变，节点的加入和退出等，网络都可以根据自组织协议进行调整，更新路由信息，以适应网络结构的改变。

短波自组织网的树形分级典型结构如图 10-18 所示。在多频分级网络中，不同级的网络采用不同的通信频率或不同的信道条件。低级节点的通信范围较小，而高级节点的覆盖范围大，同时可以处于多个级中，使用多个频率，用不同的频率实现不同级的通信。而频率 1只用于不同簇头之间的通信。

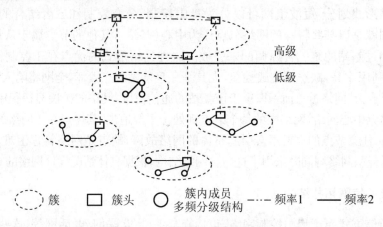

图 10-18　树形分级典型结构

10.3.2　短波自组网路由协议

路由协议是 Adhoc 网络的重要组成部分。要实现无线多跳路由，必须要有专用路由协议的支持。传统的固定网络中为实现端到端的通信已经有了一些路由算法。但由于移动 AdHoc 网络拓扑结构不固定、可能出现单向链路等原因，传统的路由协议并不能适用于移动 AdHoc 网络。至今已经出现了很多适用于移动 AdHoc 网络的路由协议，如图 10-19所示。

在平面路由协议中，各节点地位平等。在层次路由协议中，节点则分为簇头、网关、普通节点等。层次路由协议适应于体系结构是分级的 AdHoc 网络，通常由一些节点担任簇头的角色，负责其区域内节点和区域间节点的通信。位置路由则要求每个节点必须装备 GPS 设备，能够确定节点方位，辅助路由协议进行路由的建立。

平面路由协议中分为主动式路由协议和按需路由协议以及两者的混合类三大类，主动式路由协议一般是表驱动的，网络中的每个节点维护一个或多个路由表，路由表项记录了该节点到网络中所有其他节点的路由信息。每个节点定期向网络广播拓扑信息,收到最新拓扑信息的节点则进行更新。优点是当节点需要发送数据分组时,只要以前的节点路由存在,就可直接发送,所需的延迟小,能满足 QoS 的需求。缺点是需要周期性地广播路由信息分组来交换路由信息,开销较大。主动式路由协议有 DSDV(Destination-Sequenced Distance-Vector Routing Protocol,目的节点序列距离矢量)、FSR(Fisheye State Routing Protocol,鱼眼状态路由协议)、OLSR(Optimized Link State Routing,优化链路状态路由协议)等。

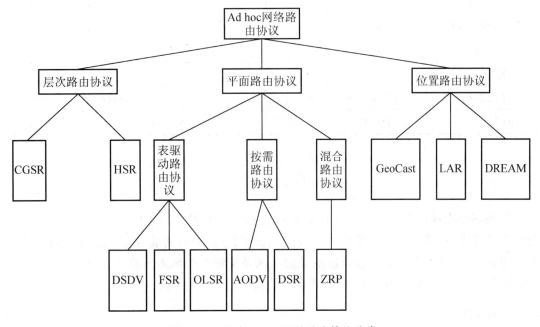

图 10-19　移动 AdHoc 网络路由协议分类

按需路由协议并不需要周期性地交换路由信息,只有当节点需要发送数据时才建立路由,通信过程中才维持路由,通信完毕后就不再维持路由,从而降低了对网络带宽和能量的消耗。当源节点需要一个到达某一目的节点的路由时,它将在网络中发起一个路由发现过程;路由建立之后,将会由一个路由维护进程进行维护,直到每条路径都断开或不再需要路由为止。典型的按需路由协议包括 DSR(Dynamic Source Routing Protocol,动态源路由协议)、AODV(Ad-Hoc On-Demand Distance Vector Routing Protocol,Ad Hoc 按需距离矢量路由协议)等。

混合式路由是对表驱动路由和按需路由的综合。在一些复杂网络环境下,当采用表驱动路由和按需路由都不能胜任的时候,可以使用混合式路由。混合式路由是在一定的网络区域内采用表驱动路由协议,区域间则采用按需路由协议。比较常见的混合路由协议有 ZRP(Zone Routing Protocol)等。混合式路由的优点是带宽损耗相对较低,路由发现延迟较小,适用于大规模的网络,具有很强的网络扩展性。混合式路由引入簇的概念,采用分级结构,它的缺点是增加了网络的管理和维护的开销,提高了路由算法的复杂度,在提高扩展能力的同时增加了网络负担。表驱动路由、按需路由和混合路由的性能比较见表 10-1。

表10-1　表驱动路由、按需路由和混合路由的性能比较

表10-1　表驱动路由、按需路由和混合路由的性能比较

对比项	表驱动路由	按需驱动路由	混合路由
控制开销	高	移动越多开销越大	中等
是否周期更新	是	否	是
可扩展性	弱	一般	强
耗电量	高	低	中等
拓扑变化适应性	弱	强	一般
路由延时	小	大	一般
带宽开销	高	低	中等
路由结构	大多数是平面	平面结构	分级结构
路由可靠性	一直有效	需要是有效	一部分一直有效,另一部分需要时有效

小　　结

短波通信在通信发展史上占有重要地位,是应用较早的通信手段之一。本章给出了短波通信的定义,介绍了短波传播的方式、特性、天线性能,对几种常用的短波天线进行了分析。此外,本章详细介绍了短波自适应通信技术及短波扩跳频通信技术。最后,对短波通信网拓扑结构及短波自组网路由协议进行了分析研究。

 阅读材料

永不消逝的电波——战场的"神行太保"

每次看到战争片就看见一个士兵背着个电台,没有键盘也没有字符,在那儿就能发字,滴答滴答发出打电报的声音。这其实就是最早时期的短波通信,陆地上的作战指挥所要与远处的部队或海上的军舰进行通信,都要依靠短波电台。其发射功率小,传输距离远,建站迅速,便于机动,是军用无线电通信的主要方式之一,被誉为现代战场的"神行太保"。

然而,在战争之初,短波通信却没有受到青睐。人们之前利用无线电波进行通信时,主要都是利用波长在1000m以上的中、长波。因为长波和中波可以沿地表传播很远,而短波在沿地表传播时,却只能传播几十千米。短波在传输过程中比长波、中波衰减要强,因而短波因为能量损失较多而不能传播到很远的距离。可是,当人们不断采用波长更长的电波,发射和接收天线就得做得越来越高,发射机和接收机的体积因此也越来越庞大。长波通信的高额成本和笨重的设备大大限制了无线电通信的发展。

直到1921年,意大利首都罗马的近郊发生了一场大火才改变了短波通信的命运。一个业余无线电爱好者用仅有几十瓦功率的小短波发射台向外发出了求救信号。他原指望附近能有人收到信号并通知消防人员,但这一信号竟意外被几千千米外、处于欧洲大陆另一端的丹麦首都哥本哈根的一些业余无线电台收到了。这在当时简直是一件不可思议的事情。科学家们终于重新开始研究短波的传播规律。

经过研究,科学家们终于发现,短波是利用大气层中的电离层的反射传播到几千千米以外的地方去的,这称为天线传播。而长波在电离层中传播时被吸收得很厉害,还没有回到地面,就衰减完了。第一条短波通信线路于1924年在德国的瑙恩和阿根廷的布宜诺斯艾利斯之间建立。1927年,我国开始生产短波电台,并在中国国民革命军中建立了短波通信。1931年,中国工农红军开始建立短波通信。在历次革命战争中,短波通信对保障作战指挥发挥了重要的作用。卫星通信问世以来,许多短波通信业务被卫星通信所代替,但由于短波通信的诸多优点,使它在军事上仍是一种不可缺少的通信方式。

习　　题

1. 请简要描述常用的几种短波天线。
2. 单边带调制有哪些特点。
3. 简要描述跳频同步的几种方式及其优缺点。

参 考 文 献

[1] 樊昌信,曹丽娜. 通信原理. 7 版. 北京:国防工业出版社,2012.

[2] [美]奥本海姆,等著. 信号与系统. 2 版. 刘树棠,译. 北京:电子工业出版社,2013.

[3] 张小虹. 信号与系统. 3 版. 西安:西安电子科技大学出版社,2014.

[4] 王明泉,等. 信号与系统. 北京:科学出版社,2008.

[5] 王宝祥. 信号与系统. 3 版. 北京:电子工业出版社,2010.

[7] 丁奇. 大话无线通信. 北京:人民邮电出版社,2009.

[8] 陈后金,等. 信号与系统. 2 版. 北京:北京交通大学出版社,2003.

[9] 沈琪琪,朱德生. 短波通信. 西安:西安电子科技大学出版社,1989.

[10] 王坦. 短波通信系统. 北京:电子工业出版社,2012.

[11] 顾畹仪. 光纤通信. 2 版. 北京:人民邮电出版社,2011.

[12] 王辉. 光纤通信. 3 版. 北京:电子工业出版社,2014.

[13] 庞宝茂. 移动通信. 西安:西安电子科技大学出版社,2009.

[14] 陈相宁. 网络通信原理. 北京:科学出版社,2014.

[15] 谢希仁. 计算机网络. 6 版. 北京:电子工业出版社,2013.

北京大学出版社本科电气信息系列实用规划教材

序号	书名	书号	编著者	定价	出版年份	教辅及获奖情况
		物联网工程				
1	物联网概论	7-301-23473-0	王 平	38	2014	电子课件/答案,有"多媒体移动交互式教材"
2	物联网概论	7-301-21439-8	王金甫	42	2012	电子课件/答案
3	现代通信网络	7-301-24557-6	胡珺珺	38	2014	电子课件/答案
4	物联网安全	7-301-24153-0	王金甫	43	2014	电子课件/答案
5	通信网络基础	7-301-23983-4	王昊	32	2014	
6	无线通信原理	7-301-23705-2	许晓丽	42		电子课件/答案
7	家居物联网技术开发与实践	7-301-22385-7	付 蔚	39	2013	电子课件/答案
8	物联网技术案例教程	7-301-22436-6	崔逊学	40	2013	电子课件
9	传感器技术及应用电路项目化教程	7-301-22110-5	钱裕禄	30	2013	电子课件/视频素材,宁波市教学成果奖
10	网络工程与管理	7-301-20763-5	谢 慧	39	2012	电子课件/答案
11	电磁场与电磁波(第2版)	7-301-20508-2	邬春明	32	2012	电子课件/答案
12	现代交换技术(第2版)	7-301-18889-7	姚 军	36	2013	电子课件/习题答案
13	传感器基础(第2版)	7-301-19174-3	赵玉刚	32	2013	
14	物联网基础与应用	7-301-16598-0	李蔚田	44	2012	电子课件
15	通信技术实用教程	7-301-25386-1	谢 慧	36	2015	电子课件/习题答案
		单片机与嵌入式				
1	嵌入式ARM系统原理与实例开发(第2版)	7-301-16870-7	杨宗德	32	2011	电子课件/素材
2	ARM嵌入式系统基础与开发教程	7-301-17318-3	丁文龙 李志军	36	2010	电子课件/习题答案
3	嵌入式系统设计及应用	7-301-19451-5	邢吉生	44	2011	电子课件/实验程序素材
4	嵌入式系统开发基础-----基于八位单片机的C语言程序设计	7-301-17468-5	侯殿有	49	2012	电子课件/答案/素材
5	嵌入式系统基础实践教程	7-301-22447-2	韩 磊	35	2013	电子课件
6	单片机原理与接口技术	7-301-19175-0	李 升	46	2011	电子课件/习题答案
7	单片机系统设计与实例开发(MSP430)	7-301-21672-9	顾 涛	44	2013	电子课件/答案
8	单片机原理与应用技术	7-301-10760-7	魏立峰 王宝兴	25	2009	电子课件
9	单片机原理及应用教程(第2版)	7-301-22437-3	范立南	43	2013	电子课件/习题答案,辽宁"十二五"教材
10	单片机原理与应用及C51程序设计	7-301-13676-8	唐 颖	30	2011	电子课件
11	单片机原理与应用及其实验指导书	7-301-21058-1	邵发森	44	2012	电子课件/答案/素材
12	MCS-51单片机原理及应用	7-301-22882-1	黄翠翠	34	2013	电子课件/程序代码
		物理、能源、微电子				
1	物理光学理论与应用	7-301-16914-8	宋贵才	32	2010	电子课件/习题答案,"十二五"普通高等教育本科国家级规划教材
2	现代光学	7-301-23639-0	宋贵才	36	2014	电子课件/答案
3	平板显示技术基础	7-301-22111-2	王丽娟	52	2013	电子课件/答案
4	集成电路版图设计	7-301-21235-6	陆学斌	32	2012	电子课件/习题答案
5	新能源与分布式发电技术	7-301-17677-1	朱永强	32	2010	电子课件/习题答案,北京市精品教材,北京市"十二五"教材
6	太阳能电池原理与应用	7-301-18672-5	靳瑞敏	25	2011	电子课件

序号	书名	书号	编著者	定价	出版年份	教辅及获奖情况
7	新能源照明技术	7-301-23123-4	李姿景	33	2013	电子课件/答案
基 础 课						
1	电工与电子技术(上册)(第2版)	7-301-19183-5	吴舒辞	30	2011	电子课件/习题答案,湖南省"十二五"教材
2	电工与电子技术(下册)(第2版)	7-301-19229-0	徐卓农　李士军	32	2011	电子课件/习题答案,湖南省"十二五"教材
3	电路分析	7-301-12179-5	王艳红　蒋学华	38	2010	电子课件,山东省第二届优秀教材奖
4	模拟电子技术实验教程	7-301-13121-3	谭海曙	24	2010	电子课件
5	运筹学(第2版)	7-301-18860-6	吴亚丽　张俊敏	28	2011	电子课件/习题答案
6	电路与模拟电子技术	7-301-04595-4	张绪光　刘在娥	35	2009	电子课件/习题答案
7	微机原理及接口技术	7-301-16931-5	肖洪兵	32	2010	电子课件/习题答案
8	数字电子技术	7-301-16932-2	刘金华	30	2010	电子课件/习题答案
9	微机原理及接口技术实验指导书	7-301-17614-6	李干林　李升	22	2010	课件(实验报告)
10	模拟电子技术	7-301-17700-6	张绪光　刘在娥	36	2010	电子课件/习题答案
11	电工技术	7-301-18493-6	张莉　张绪光	26	2011	电子课件/习题答案,山东省"十二五"教材
12	电路分析基础	7-301-20505-1	吴舒辞	38	2012	电子课件/习题答案
13	模拟电子线路	7-301-20725-3	宋树祥	38	2012	电子课件/习题答案
14	电工学实验教程	7-301-20327-9	王士军	34	2012	
15	数字电子技术	7-301-21304-9	秦长海　张天鹏	49	2013	电子课件/答案,河南省"十二五"教材
16	模拟电子与数字逻辑	7-301-21450-3	邬春明	39	2012	电子课件
17	电路与模拟电子技术实验指导书	7-301-20351-4	唐颖	26	2012	部分课件
18	电子电路基础实验与课程设计	7-301-22474-8	武林	36	2013	部分课件
19	电文化——电气信息学科概论	7-301-22484-7	高心	30	2013	
20	实用数字电子技术	7-301-22598-1	钱裕禄	30	2013	电子课件/答案/其他素材
21	模拟电子技术学习指导及习题精选	7-301-23124-1	姚娅川	30	2013	电子课件
22	电工电子基础实验及综合设计指导	7-301-23221-7	盛桂珍	32	2013	
23	电子技术实验教程	7-301-23736-6	司朝良	33	2014	
24	电工技术	7-301-24181-3	赵莹	46	2014	电子课件/习题答案
25	电子技术实验教程	7-301-24449-4	马秋明	26	2014	
26	微控制器原理及应用	7-301-24812-6	丁筱玲	42	2014	
27	模拟电子技术基础学习指导与习题分析	7-301-25507-0	李大军　唐颖	32	2015	电子课件/习题答案
28	电工学实验教程（第2版）	7-301-25343-4	王士军　张绪光	27	2015	
电子、通信						
1	DSP技术及应用	7-301-10759-1	吴冬梅　张玉杰	26	2011	电子课件,中国大学出版社图书奖首届优秀教材奖一等奖
2	电子工艺实习	7-301-10699-0	周春阳	19	2010	电子课件
3	电子工艺学教程	7-301-10744-7	张立毅　王华奎	32	2010	电子课件,中国大学出版社图书奖首届优秀教材奖一等奖
4	信号与系统	7-301-10761-4	华容　隋晓红	33	2011	电子课件
5	信息与通信工程专业英语(第2版)	7-301-19318-1	韩定定　李明明	32	2012	电子课件/参考译文,中国电子教育学会2012年全国电子信息类优秀教材
6	高频电子线路(第2版)	7-301-16520-1	宋树祥　周冬梅	35	2009	电子课件/习题答案

序号	书名	书号	编著者	定价	出版年份	教辅及获奖情况
7	MATLAB 基础及其应用教程	7-301-11442-1	周开利　邓春晖	24	2011	电子课件
8	计算机网络	7-301-11508-4	郭银景　孙红雨	31	2009	电子课件
9	通信原理	7-301-12178-8	隋晓红　钟晓玲	32	2007	电子课件
10	数字图像处理	7-301-12176-4	曹茂永	23	2007	电子课件，"十二五"普通高等教育本科国家级规划教材
11	移动通信	7-301-11502-2	郭俊强　李　成	22	2010	电子课件
12	生物医学数据分析及其 MATLAB 实现	7-301-14472-5	尚志刚　张建华	25	2009	电子课件/习题答案/素材
13	信号处理 MATLAB 实验教程	7-301-15168-6	李　杰　张　猛	20	2009	实验素材
14	通信网的信令系统	7-301-15786-2	张云麟	24	2009	电子课件
15	数字信号处理	7-301-16076-3	王震宇　张培珍	32	2010	电子课件/答案/素材
16	光纤通信	7-301-12379-9	卢志茂　冯进玫	28	2010	电子课件/习题答案
17	离散信息论基础	7-301-17382-4	范九伦　谢　勰	25	2010	电子课件/习题答案，"十二五"普通高等教育本科国家级规划教材
18	光纤通信	7-301-17683-2	李丽君　徐文云	26	2010	电子课件/习题答案
19	数字信号处理	7-301-17986-4	王玉德	32	2010	电子课件/答案/素材
20	电子线路 CAD	7-301-18285-7	周荣富　曾　技	41	2011	电子课件
21	MATLAB 基础及应用	7-301-16739-7	李国朝	39	2011	电子课件/答案/素材
22	信息论与编码	7-301-18352-6	隋晓红　王艳营	24	2011	电子课件/习题答案
23	现代电子系统设计教程	7-301-18496-7	宋晓梅	36	2011	电子课件/习题答案
24	移动通信	7-301-19320-4	刘维超　时　颖	39	2011	电子课件/习题答案
25	电子信息类专业 MATLAB 实验教程	7-301-19452-2	李明明	42	2011	电子课件/习题答案
26	信号与系统	7-301-20340-8	李云红	29	2012	电子课件
27	数字图像处理	7-301-20339-2	李云红	36	2012	电子课件
28	编码调制技术	7-301-20506-8	黄　平	26	2012	电子课件
29	Mathcad 在信号与系统中的应用	7-301-20918-9	郭仁春	30	2012	
30	MATLAB 基础与应用教程	7-301-21247-9	王月明	32	2013	电子课件/答案
31	电子信息与通信工程专业英语	7-301-21688-0	孙桂芝	36	2012	电子课件
32	微波技术基础及其应用	7-301-21849-5	李泽民	49	2013	电子课件/习题答案/补充材料等
33	图像处理算法及应用	7-301-21607-1	李文书	48	2012	电子课件
34	网络系统分析与设计	7-301-20644-7	严承华	39	2012	电子课件
35	DSP 技术及应用	7-301-22109-9	董　胜	39	2013	电子课件/答案
36	通信原理实验与课程设计	7-301-22528-8	邬春明	34	2015	电子课件
37	信号与系统	7-301-22582-0	许丽佳	38	2013	电子课件/答案
38	信号与线性系统	7-301-22776-3	朱明早	33	2013	电子课件/答案
39	信号分析与处理	7-301-22919-4	李会容	39	2013	电子课件/答案
40	MATLAB 基础及实验教程	7-301-23022-0	杨成慧	36	2013	电子课件/答案
41	DSP 技术与应用基础(第 2 版)	7-301-24777-8	俞一彪	45	2015	
42	EDA 技术及数字系统的应用	7-301-23877-6	包　明	55	2015	
43	算法设计、分析与应用教程	7-301-24352-7	李文书	49	2014	
44	Android 开发工程师案例教程	7-301-24469-2	倪红军	48	2014	
45	ERP 原理及应用	7-301-23735-9	朱宝慧	43	2014	电子课件/答案
46	综合电子系统设计与实践	7-301-25509-4	武　林　陈　希	32(估)	2015	
47	高频电子技术	7-301-25508-7	赵玉刚	29	2015	电子课件
48	信息与通信专业英语	7-301-25506-3	刘小佳	29	2015	电子课件

序号	书名	书号	编著者	定价	出版年份	教辅及获奖情况
	自动化、电气					
1	自动控制原理	7-301-22386-4	佟 威	30	2013	电子课件/答案
2	自动控制原理	7-301-22936-1	邢春芳	39	2013	
3	自动控制原理	7-301-22448-9	谭功全	44	2013	
4	自动控制原理	7-301-22112-9	许丽佳	30	2015	
5	自动控制原理	7-301-16933-9	丁 红 李学军	32	2010	电子课件/答案/素材
6	自动控制原理	7-301-10757-7	袁德成 王玉德	29	2007	电子课件，辽宁省"十二五"教材
7	现代控制理论基础	7-301-10512-2	侯媛彬等	20	2010	电子课件/素材，国家级"十一五"规划教材
8	计算机控制系统(第2版)	7-301-23271-2	徐文尚	48	2013	电子课件/答案
9	电力系统继电保护(第2版)	7-301-21366-7	马永翔	42	2013	电子课件/习题答案
10	电气控制技术(第2版)	7-301-24933-8	韩顺杰 吕树清	28	2014	电子课件
11	自动化专业英语(第2版)	7-301-25091-4	李国厚 王春阳	46	2014	电子课件/参考译文
12	电力电子技术及应用	7-301-13577-8	张润和	38	2008	电子课件
13	高电压技术	7-301-14461-9	马永翔	28	2009	电子课件/习题答案
14	电力系统分析	7-301-14460-2	曹 娜	35	2009	
15	综合布线系统基础教程	7-301-14994-2	吴达金	24	2009	电子课件
16	PLC原理及应用	7-301-17797-6	缪志农 郭新年	26	2010	电子课件
17	集散控制系统	7-301-18131-7	周荣富 陶文英	36	2011	电子课件/习题答案
18	控制电机与特种电机及其控制系统	7-301-18260-4	孙冠群 于少娟	42	2011	电子课件/习题答案
19	电气信息类专业英语	7-301-19447-8	缪志农	40	2011	电子课件/习题答案
20	综合布线系统管理教程	7-301-16598-0	吴达金	39	2012	电子课件
21	供配电技术	7-301-16367-2	王玉华	49	2012	电子课件/习题答案
22	PLC技术与应用(西门子版)	7-301-22529-5	丁金婷	32	2013	电子课件
23	电机、拖动与控制	7-301-22872-2	万芳瑛	34	2013	电子课件/答案
24	电气信息工程专业英语	7-301-22920-0	余兴波	26	2013	电子课件/译文
25	集散控制系统(第2版)	7-301-23081-7	刘翠玲	36	2013	电子课件，2014年中国电子教育学会"全国电子信息类优秀教材"一等奖
26	工控组态软件及应用	7-301-23754-0	何坚强	49	2014	电子课件/答案
27	发电厂变电所电气部分(第2版)	7-301-23674-1	马永翔	48	2014	电子课件/答案
28	自动控制原理实验教程	7-301-25471-4	丁 红 贾玉瑛	29	2015	
29	自动控制原理（第2版）	7-301-25510-0	袁德成	35	2015	
30	电机与电力电子技术	7-301-25736-4	孙冠群	45	2015	电子课件/答案

如您需要更多教学资源如电子课件、电子样章、习题答案等，请登录北京大学出版社第六事业部官网 www.pup6.cn 搜索下载。
如您需要浏览更多专业教材，请扫下面的二维码，关注北京大学出版社第六事业部官方微信（微信号：pup6book），随时查询专业教材、浏览教材目录、内容简介等信息，并可在线申请纸质样书用于教学。

感谢您使用我们的教材，欢迎您随时与我们联系，我们将及时做好全方位的服务。联系方式：010-62750667，szheng_pup6@163.com，pup_6@163.com，lihu80@163.com，欢迎来电来信。客户服务QQ号：1292552107，欢迎随时咨询。